重点大学计算机教材

智能嵌入式系统设计

陈仪香 陈彦辉 ●编著

图书在版编目（CIP）数据

智能嵌入式系统设计 / 陈仪香，陈彦辉编著 .—北京：机械工业出版社，2023.2
重点大学计算机教材
ISBN 978-7-111-72657-9

Ⅰ. ①智… Ⅱ. ①陈… ②陈… Ⅲ. ①微型计算机－系统设计－高等学校－教材 Ⅳ. ① TP360. 21

中国国家版本馆 CIP 数据核字（2023）第 028465 号

机械工业出版社（北京市百万庄大街 22 号　邮政编码 100037）
策划编辑：姚　蕾　　　　　　责任编辑：姚　蕾
责任校对：张昕妍　卢志坚　　责任印制：单爱军
北京联兴盛业印刷股份有限公司印刷
2023 年 7 月第 1 版第 1 次印刷
185mm×260mm · 13.25 印张 · 333 千字
标准书号：ISBN 978-7-111-72657-9
定价：79.00 元

电话服务	网络服务
客服电话：010-88361066	机　工　官　网：www.cmpbook.com
010-88379833	机　工　官　博：weibo.com/cmp1952
010-68326294	金　　书　　网：www.golden-book.com
封底无防伪标均为盗版	机工教育服务网：www.cmpedu.com

前　　言

智能嵌入式系统在硬件基础上融入了人工智能科学与方法，让机器通过一定的方式进行智能判断、智能决策和智能控制，以便有效地实现其智能功能。从人们日常生活到安全攸关的国家工程都会使用智能嵌入式系统，它极大地推动了各行各业进入智能时代。

软硬件协同设计是智能嵌入式系统设计与实现的基本方法和技术，它针对智能嵌入式系统产品的多个性能指标进行软硬件优化配置，使整个系统性能最优。这些性能指标有时是矛盾的，如系统运行速度越快系统成本就越高。软硬件本身的性能指标也是有差异的，如硬件执行时间一般要短于软件执行时间，但硬件有面积的限制。因此，如何进行软硬件划分，即如何划分用软件实现的任务和用硬件实现的任务，成了智能嵌入式系统性能指标整体优化的关键问题。

本教材定位为实践探究型，以智能嵌入式系统行业前沿学术研究成果作为基本内容，以结合行业前沿案例作为选取基本知识点的推动剂，具备产业技术与学科理论相融合的特点。本教材的编写目的是：一方面为电子信息领域人才培养提供有力支撑，另一方面为解决信息领域"卡脖子"问题培养复合型高端人才。

本教材的知识目标：①学习系统级建模与仿真、性能指标获取等基础知识；②掌握依据系统性能指标的智能嵌入式系统软硬件优化配置的核心技术；③具备在异构嵌入式系统设计平台上，集成开发具体智能嵌入式系统的设计和实践能力。本教材是数字逻辑、嵌入式系统设计、智能系统规范与建模等知识的融合和延伸，为后续物联网及智能嵌入式系统开发实践提供更加具体和综合的理论、方法和技术基础，为培养具有系统级的科学研究和综合开发素质的高级研发人员提供恰当的知识和技能。

本教材包括完整的智能嵌入式系统软硬件协同设计的知识体系，知识点由三篇组成：第一篇为基础篇，包括第1～4章；第二篇为核心篇，包括第5～8章；第三篇为实践篇，包括第9、10章。本教材囊括了经过9年近20次课程教学实践所形成的既具特色又难易程度适中的智能嵌入式系统软硬件优化配置与集成知识体系和教学内容。

采用本教材授课，可以灵活地依据学生情况组织教学内容。第1、2、3、5、7章，以及8.1节是最基础的教学内容，在此基础上可以选讲其他内容。偏重于设计实践的课程可以选讲第4、9、10章。第6章、8.2节和8.3节偏重于实时系统调度，难度稍微高些。教学时可以采取理论知识与实践项目结合的教学方式，培养学生熟练使用工具以及自己开发相关工具的能力，搭建自己的工具链。也可以面向行业典型案例，采取课堂教学、课堂实践以及课程设计实践等教学形式。本教材旨在传授最新研究成果的同时解决实践探究性问题，培养学生对于开发完整系统的认知能力、动手能力、设计优化能力以及工程创新能力。

学习考核可以采取作业、编程实践和课程实践设计报告并重的考核方式，加大平时学习过程中认识能力和编程实践能力在学习成绩中的比重，让学生"忙起来""动起来"。改变通用的"死记硬背"答题式考核，可以组织期中和期末两次纯上机实验考试，期中检查学生熟练使用现有工具(第2～5章)的能力，期末检查学生快速使用自己实现的工具(第6～8章)的能力，同时要求学生选择典型的智能嵌入式系统，并使用学到的知识和方法实现该系统(第9～10章)，还要以此为基础撰写课程设计报告。以此培养学生集成开发具体智能嵌入式系统的设计实践能力、软硬件优化配置的综合开发能力和系统级缜密思维，以及新工科团队协作、敢于创新、敢于挑战的工匠精神。

本教材内容来自从2012年开始给研究生和本科生开设的软硬件协同设计课程，在研究生教学中累计讲授10次，在本科生教学中累计讲授8次。本课程在2015年成功入选上海市教委重点建设课程，2016年入选华东师范大学在线教学平台课程建设项目(大夏学堂)，2017年成功申请华东师范大学精品教材建设专项基金，2021年入选华东师范大学在线开放课程建设项目，2022年入选上海市课程思政示范课程。

本教材内容由陈仪香策划，陈彦辉负责撰写通信方面内容，其余内容由陈仪香负责撰写，最后由陈仪香审定定稿。本教材撰写得到了软硬件协同设计技术与应用教育部工程研究中心的大力支持。2012年第1次给研究生开课时与同事朱明华教授、曹桂涛教授和刘献忠副教授一起讨论授课内容选材。同事郭建副教授、琚小明副教授、陈玮婷副教授分别将智能系统规范与建模、编译原理、FPGA系统开发课程的教学内容提供给我们，为本教材内容选取提供了素材。研究生刘毅泽、马玉静、李金洋、方诚颖、屈媛、许巾一、刘晗、石昊、蒋清源、李凯旋、聂奇隆、岳泽龙、陈新宇、陈学毅、侯学成等对本教材内容完善提供了大量帮助。西北工业大学董云卫教授、同济大学江建慧教授、华东理工大学虞慧群教授等专家对本教材提出了很有价值的意见和建议。这里一并表示最诚挚的感谢。

华东师范大学软件工程学院

陈仪香

2023年1月8日

目　录

第一篇

基 础 篇

本篇将介绍智能嵌入式系统的基础概念和方法。旨在让你了解智能嵌入式系统涉及的基础概念、性能指标以及软硬件优化配置体系及开发过程规范，掌握基于有限状态自动机的智能嵌入式系统建模方法，熟练使用基于硬件描述语言 Verilog 以及混成系统建模语言 Simulink 仿真工具，熟练使用 Matlab 工具以及 C、C++编程语言获取任务软件执行时间方法，熟练使用高阶层次综合工具 Vivado HLS 获取任务硬件执行时间、现场可编程门阵列 FPGA 的查找表(LUT)数以及触发器(FF)数的方法，掌握处理系统 PS 与处理逻辑 PL 之间通信时延获取方法。

第1章 概　　述

凡事豫则立，不豫则废 《礼记·中庸》

以人工智能为代表的智能嵌入式系统在飞速发展，强有力地推动人类社会的进步，其基本特征是人工实现的具有智能能力的嵌入式系统。本章重点介绍智能系统与嵌入式技术融合产生的智能嵌入式系统相关内容，包括智能嵌入式系统软硬件协同优化设计体系架构，以及基本概念，如微处理器、操作系统、异构系统平台、处理系统 PS 与处理逻辑 PL、软硬件通信、软件、硬件。还包括智能嵌入式系统的性能指标，如成本、能耗、时间性能、硬件面积、FPGA 的查找表数、通信代价和可靠度等。

1.1 智能嵌入式系统

人工智能(Artificial Intelligence，AI)是解释和模拟人类智能、智能行为及其规律的学科，主要任务是建立智能信息处理理论，进而设计可展现近似人类智能行为的计算机系统[1]。围棋机器人 Alpha Go 以及智能手机都是人工智能系统。

智能嵌入式系统(Intelligent Embedded System)是先进的计算机技术、半导体技术、新一代人工智能技术等与各个行业的具体应用相结合的产物，正在成为各种智能体系的基础，具有技术密集、资金密集、高度分散、不断创新的特点[2]。智能手机是典型的智能嵌入式系统，而围棋机器人 Alpha Go 虽然也呈现了嵌入式技术，但更体现了并行计算和高性能计算特征。

智能嵌入式系统在硬件基础上融入了人工智能科学与方法，让机器通过一定的方式进行判断、决策和控制，以便最有效地实现其智能功能。它是一个具有传感、控制、人机交互、网络接入等功能的实体系统。

智能嵌入式系统存在于人们日常生活中：消费类电子产品(智能手机、智能手环)、家用电器产品(智能空调、智能照明系统、智能家居)、办公自动化设备(双面自动打印机、智能扫描仪以及 3D 打印机)、商用设备(路边自动收费机、智能售货机、智能存取款机)、车用设备(汽车驾驶辅助系统，如定速巡航控制系统以及防锁死刹车器，无人驾驶系统)、医疗健康设备(智能健康监测设备、康复机器人、心脏起搏器、肌电信号识别仪)等。

智能嵌入式系统更存在于安全攸关的国家工程中：航空航天控制设备(运载火箭、人造卫星、玉兔号登月车、祝融号火星巡视车、导弹以及各式各样飞机)、轨道交通、车联网、制造业设备(自力式温度控制器、液位控制器以及过程控制系统)、工业互联网、智能制造等。

近期的信息物理融合系统(Cyber-Physical System，CPS)是计算进程与物理进程的集成[3]，关联了物联网、工业 4.0、工业互联网的热点词汇[4]。这些都可以容纳到智能嵌入式系统中。

1.2 嵌入式技术

嵌入式技术(Embedded Technology)是以应用为中心，以计算机技术与软件工程为基础，软硬件可裁剪，对功能、可靠度、成本、体积、功耗严格要求的专用计算机技术。嵌入式技术通过“感知、通信、控制和监控”等方式在板(片)上实现智能系统。

嵌入式技术的产品是嵌入式系统，它是软件和硬件的综合体，还可以涵盖机械等附属装置。嵌入式系统上运行的软件一般称为嵌入式软件，嵌入式软件在嵌入式微处理器上运行。

嵌入式系统一般由5部分组成：微处理器、专用集成电路、外围硬件设备、嵌入式操作系统和特定应用程序。

中央处理器CPU(Central Processing Unit)是系统的运算和控制核心，也是信息处理、程序运行的最终执行单元。CPU一般包含算术逻辑单元ALU(Arithmetic and Logic Unit)、控制单元以及工作寄存器[5]。基于MIPS的国产芯片龙芯迅速崛起，为芯片国产化提供了技术保障。

微处理器MPU(Microprocessor Unit)是具有中央处理器的硅芯片，能够依据厂商专用的预定义指令集，执行算术运算和逻辑运算。微处理器不是独立的单位，为了实现正确的功能，需要与其他硬件设备组合使用，比如存储器、定时器、中断控制器等[5]。微处理器通常有4位、8位、32位和64位。

高阶精简指令集机器ARM(Advanced RISC Machine)作为嵌入式系统最常用的MPU，它具有精简指令集计算机RISC(Reduced Instruction Set Computer)架构。采用RISC架构的ARM具有体积小、功耗低、成本低、性能高以及指令长度固定等特点；它支持Thumb(16位)/ARM(32位)双指令集，能很好地兼容8位/16位器件；ARM拥有大量寄存器，大多数据操作在寄存器中完成，因此指令执行速度快，寻址方式灵活简单，执行效率高。

专用集成电路ASIC(Application Specific Integrated Circuit)是指应特定用户要求和特定电子系统的需要而设计、制造的集成电路，实现系统的特定功能。在嵌入式技术领域，ASIC除了实现系统的特定功能外，还有加速功能，使系统运行速度更快。目前复杂可编程逻辑器件CPLD(Complex Programmable Logic Device)和现场可编程门阵列FPGA(Field-Programmable Gate Array)是最为流行的ASIC设计方式[6]。

FPGA是目前ASIC中集成度最高的一种半定制电路[7]。FPGA采用了逻辑单元阵列LCA(Logic Cell Array)，内部包括逻辑阵列块LAB(Logic Array Block)或可配置逻辑块CLB(Configurable Logic Block)、输入输出块IOB(Input Output Block)和内部连线(Interconnect)三个部分，还包括存储器、乘法器、时钟源等其他资源，主要用于实现以状态机为主要特征的时序逻辑电路。国内FPGA生产企业有复旦微电子、广州高云、中芯国际等。

用户可对FPGA内部的逻辑块和输入输出块重新配置，以实现所需的逻辑架构。它具有静态部分可重复编程和动态部分可重复配置的特性，使得硬件的功能可以像软件一样通过编程来修改。作为ASIC领域的一种半定制电路，FPGA既解决了定制电路的不足，又克服了原有可编程器件门电路数量有限的缺点。FPGA中最小的逻辑单元由查找表LUT(Look Up Table)、可编程寄存器PR(Programmable Register)、触发器FF(Flip Flop)和数字信号处理DSP(Digital Signal Processing)等单元组成。

外围硬件设备依据应用场景的不同而不同，通常包括用来为嵌入式系统提供电能的电源、通用输入输出(General Purpose Input Output，GPIO)、串行外设接口SPI(Serial Peripheral Interface)、控制器域网CAN(Controller Area Network)总线、无线与网络扩展接口、音频/视频接口、USB接口、打印机、PC机以及键盘与鼠标等通用设备。

嵌入式操作系统EOS(Embedded Operating System)是嵌入式系统设计实现的基础之一，它与桌面操作系统有共同的特点：负责软硬件资源的分配与调度，控制与协调并发事务的活动，完成任务调度、同步机制与中断管理等。EOS具有实时操作性、专用性、精简性、稳定性等特点。常见的EOS有Linux、μClinux、μC/OS、Windows CE、VxWorks、ReWorks、Palm OS等。面向智能嵌入式系统的EOS也在发展中：ARM Mbed OS(2014)、华为Lite OS(2015)、AliOS Things(2017)、中国移动One OS(2020)[8]和华为鸿蒙及欧拉(2021)。

调度通常涉及4个任务状态：①执行(Execute)：任务获得MPU控制权；②就绪(Ready)：任务进入任务等待队列，通过调度可转为运行状态；③挂起(Suspend)：任务发生阻塞，被移出任务等待队列，等待系统实时事件发生后被唤醒，从而转为就绪或运行状态；④休眠(Dormant)：任务因完成或发生错误等原因被清除，也可以表示系统中不存在的任务。任何时刻系统中都只能有一个任务处在运行状态，各任务按级别通过时间片算法获得对MPU的控制权。

特定应用程序一般是指嵌入式系统要完成的具体功能和任务，依赖于应用领域和实现的功能与任务。如智能手机的照片美颜功能；再如房间空调的温控应用程序，当设定房间的温度(如20℃)后，空调温控应用程序就会自动启动或关闭空调以便将房间温度保持在这个温度。

1.3 异构系统平台

一个处理实体的智能嵌入式系统至少有一个固定MPU，它可以完成大部分系统功能，但有时不能完全满足系统性能要求。因此通常采用FPGA/ASIC作为硬件加速器，实现系统的一个或者多个功能并满足其性能。在智能嵌入式系统中，硬件实现的任务可以并行执行，软件实现的任务为串行执行。硬件实现的性能一般远高于软件实现，相应地，其成本一般也远高于软件实现，所以系统成本主要取决于占用的硬件面积。

目前智能嵌入式系统的软硬件架构如图1-1所示，是由处理系统PS(Processing System)单元和可编程逻辑PL(Programmable Logic)单元构成的异构平台。

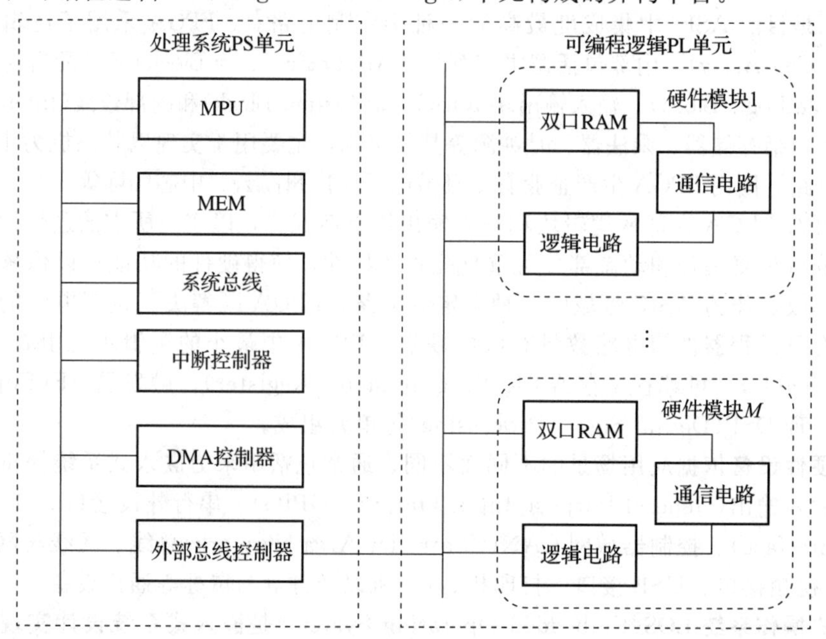

图1-1 异构平台体系架构图

PS单元以MPU为核心，由存储器MEM、系统总线、中断控制器、直接存储器访问DMA(Direct Memory Access)控制器和外部总线控制器组成，主要执行软件处理，负责整个系统的调控和部分模块的执行。

PL单元以FPGA/ASIC为核心，主要执行硬件处理，负责硬件模块的执行。每个硬件模块通常由双口RAM、通信电路和逻辑电路三部分组成。双口RAM主要用于实现软硬件模块之间的数据交换操作，通信电路用于提供软硬件模块之间的通信控制，逻辑电路用于执行模块的处理算法。

1.4 软硬件模块间的通信

软硬件间通信实现了软件与硬件间的数据传输，包括数据传输和双方握手两个过程。

PL单元通过外部总线控制器与PS单元互联，可以视为PS单元的外部设备。PL单元内部拥有用于通信的通信电路、用于处理LUT的逻辑电路，以及用于缓存通信数据的双口RAM。PS单元内部有MPU(用于执行处理代码和通信代码)和MEM(用于保存处理数据和通信数据)。图1-2是软件模块和硬件模块的数据流关系示意图。

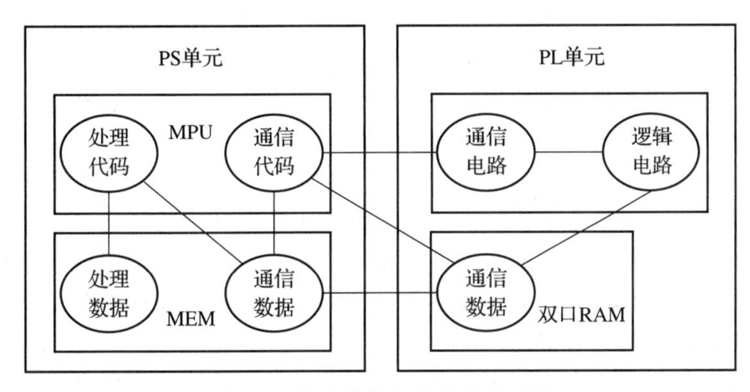

图1-2 软硬件模块数据流关系图

在PS单元中，所有处理均在MPU中进行，所有的处理数据及通信数据都保存在MEM中。需要通信时，MPU执行通信代码，执行通信控制和数据传输操作，与PL单元进行通信。在PL单元中，所有操作均在逻辑电路中进行，通信数据使用双口RAM来保存。

1.5 性能指标

智能嵌入式系统的性能指标反映了智能嵌入式系统的能力。一般除了要规定智能嵌入式系统应该完成什么任务以外，也要规定评价该任务完成度的性能指标，如时间指标、成本指标等。设计与开发智能嵌入式系统时要考虑这些任务的硬件和软件性能指标。

智能嵌入式系统硬件通常是指一种基于特定目的设计的集成电路，又称ASIC，一般是由组合逻辑和触发器组成的单时钟同步电路板。该单时钟同步电路由寄存器、加法器和乘法器等基本模块组成，从底层器件的角度讲，包括逻辑门和晶体管。由时钟驱动的硬件模型通常称为寄存器传输级RTL(Register Transfer Level)模型。

软件在本书中定义为嵌入式系统上可以执行的程序，包括单线程串行执行的程序、多线程并行执行的程序、实现软硬件接口的程序以及实现智能嵌入式系统应用的程序，可用汇编语言、C、C++或 Python 等编程语言实现。

智能嵌入式系统的性能指标，也称设计指标，是产品可度量的特性。下面列出常用性能指标[9]。

- **成本**：成本是指从设计系统到生产产品所产生的货币成本，这里又分为设计成本和单位生产成本。设计成本：设计系统所需支付的一次性货币成本，包括硬件设计成本和软件开发成本。当系统设计完毕后，不需支付额外的设计费用，就可以制造任意数量的产品。单位生产成本：生产单个产品所需支付的货币成本，包括硬件生产成本和软件开发成本。

  产品单位成本＝单位生产成本＋设计成本÷产品数量

  总成本＝设计成本＋产品单位成本×产品数量

  很明显，生产的产品越多，产品单位成本就越低，产品就越有市场竞争力。
- **大小**：大小是指系统所占用的空间。对于硬件来说是指逻辑门和晶体管数，从高层逻辑讲，是指集成电路板的面积，同时也指 FPGA 的 LUT 数；对于软件而言，一般是指字节数，嵌入式系统软件一般比较小，因此字节数也比较小。硬件面积越小(FPGA 的 LUT 越少)，其成本也就越低。
- **功耗**：功耗是指系统所消耗的功率，它决定了电池的寿命或集成电路 IC(Integrated Circuit)的散热要求，功率越高系统越热。软件部分的功耗主要是指令执行功耗。硬件部分的功耗主要是逻辑电路和双口 RAM 的功耗，可以计入硬件整体功耗。通信功耗主要是通信指令的执行、通信电路的工作所产生的功耗。通信代码和电路的功耗都可以和其他部分软件与硬件的功耗合并在一起计算，所以通信功耗可以计入软硬件的整体功耗中。智能移动终端，比如智能手机，要非常关注其功耗，原因为其电池提供的电能是有限的。
- **时间**：时间是指系统完成规定任务所需要的时间。系统的硬件完成时间和软件完成时间共同影响着系统的时间性能。可以将系统要完成的任务分成若干个子任务，这些子任务的软件完成是串行执行的，而硬件完成一般是并行执行的。因此系统执行时间是这些子任务执行时间之和或者最大执行时间。但在智能嵌入式系统领域中，为了提高时间性能，需要进行并行处理，安排硬件和软件并行处理任务。一般地，硬件执行时间小于软件执行时间。通信时间，也称通信时延，由指令执行与通信总线操作两部分时间构成。一条通信指令需要一个指令周期(Intruction Cycle)与一次总线访问周期(Bus Cycle)。通常指令周期远小于总线访问周期，可以忽略不计，因而通信时延一般指总线访问周期。
- **通信代价**：单一处理实体可以视为一个任务，该任务可以分解成若干个独立的模块。这些模块中，两个存在关系的模块间的数据交换需要占用一定资源、功耗和时延，通常把这些资源、功耗和时延视为通信代价。通信软件资源会计入相应软件模块的整体资源中，通信硬件资源会计入相应硬件模块的整体资源中。通信功耗，可以计入硬件整体功耗中。由于通信资源和通信功耗通常都计入软硬件各自的资源和功耗中，因此通信代价通常采用通信总线操作时间(即时延)来计算。
- **能效**：能效是指单位能量可支持的有效工作量。在给定能量的前提下，工作效率高，能效就高。因此，在设计系统时能效是一个要考虑的指标。比如，将应用的部分以软件实现的功能转化为用硬件实现，将会提高整体应用的能效。通常分级表示电器产品能效的高低：等级越高，能效越差，越不环保。

- **可靠度：**可靠度是指计算机系统在规定的条件下和规定的时间内，完成规定功能的能力[10]。可靠度用于量化计算机系统的可靠程度，一般使用失效率 λ 的指数函数计算：$\exp(-\lambda T)=e^{-\lambda T}$，其中 T 是指系统工作时间。很明显，在给定时间内，系统的失效率越低可靠度就越高；在失效率一定时，系统工作时间越长可靠度就越低。

设计与开发智能嵌入式系统时需要关注和考虑这些常用指标，并优化软硬件配置，以达到这些指标间的一个平衡。针对多个指标而且指标间的性能可能会冲突，优化的目的是在这些指标间找到平衡，但这非常难。比如：大小指标以及时间指标会推动成本指标上涨。人们更关注的是：在成本一定的前提下，如何优化其他指标？

因此，设计智能嵌入式系统时要考虑这些指标的优化，特别要关注软件与硬件的划分与配置。从成本方面考虑软件实施更为合适，而从性能方面考虑则更主张硬件实施。

1.6　软硬件优化设计体系架构

优化设计是设计与开发智能嵌入式系统的基本方法和技术之一，其目标是对智能嵌入式系统的多个指标进行优化。

为使整个系统的各种指标得到优化，进而使整个系统最优化，需要协同整个系统中软件、硬件以及两者之间的关系。因此，智能嵌入式系统优化设计可以定义为：

依据智能嵌入式系统的功能和性能需求，进行软硬件划分、设计以及系统集成的过程和方法。

这里包含了4个层次：系统需求、软硬件划分、软硬件设计、系统集成。

系统需求：规定系统需要完成的功能与任务，以及各种性能指标的确定数值。如成本是多少？硬件面积和软件字节大小，甚至FPGA的LUT个数是多少？再如时间性能，智能嵌入式系统完成整个任务需要多少时间？3秒还是3毫秒？为了环保，也会考虑功耗和能效这些指标，功耗是3瓦还是3.5瓦，能效等级是属于3级还是1级？

软硬件划分：为了实现系统需求，将智能嵌入式系统要完成的任务以及指标分解成若干个子任务并附上性能指标，依据系统整体需求把这若干子任务划分成用硬件实现和用软件实现的两部分，形成软硬件划分结果，建立软件规范、硬件规范以及软硬件间通信协议规范。

软硬件设计：依据系统软硬件划分结果，进行软件实现和硬件实现，以及两者间的通信实现，验证软件与硬件是否满足各自规范以及软硬件间通信协议规范。

系统集成：将软件实现和硬件实现进行集成，并进行协同仿真与验证，再在异构平台（含PS单元和PL单元）上实现系统。若实现后的系统满足系统规范则完成系统的设计，否则回到软硬件划分，重新进行系统划分，再系统集成，如此反复，直到最后实现的系统满足系统规范为止。

依据智能嵌入式系统优化设计的定义，本书构建了该优化设计的体系架构，以及实现这涉及的基本知识、方法、技术与工具，如图1-3所示。

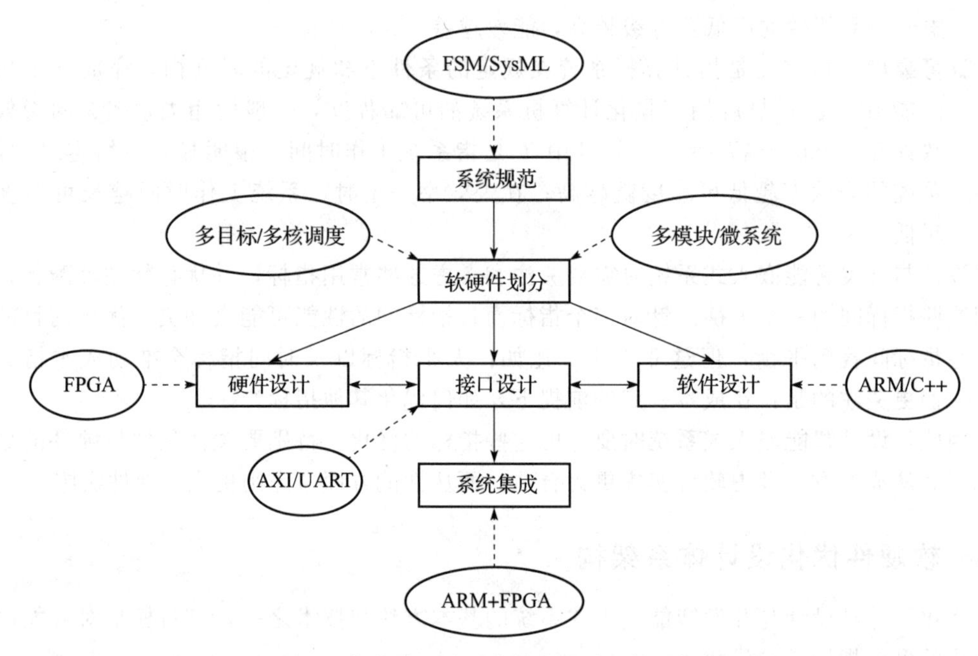

图 1-3　智能嵌入式系统优化设计的体系架构

1.7　智能嵌入式系统开发流程

依据图 1-3，智能嵌入式系统开发流程为 4 个步骤：系统建模、软硬件划分、软硬件设计、系统集成。

系统建模：使用建模工具对系统需求进行建模，包括有限状态机对离散控制系统的建模，Simulink 对离散/连续混合系统的建模。使用 Matlab 工具或 C++编程获得任务的软件时间性能，使用 Vivado HLS 工具产生任务硬件时间性能以及 FPGA 资源量，如 LUT 的个数。在建模基础上，使用仿真工具 Modelsim、Simulink 和 Vivado 对系统进行仿真，验证系统建模的合理性。

软硬件划分：依据系统任务指标对任务进行软硬件划分以及多核划分。可以分为三类：面向系统性能指标的基于线性规划的软硬件划分(多指标划分)，依据任务间依赖关系的实时系统多核调度(多核划分)和基于任务间通信代价的多模块划分。在此基础上，综合建立微系统划分方法。

软硬件设计：使用 C、C++、Python 进行软件设计，使用 FPGA(Verilog)进行硬件设计以及硬件 IP 核生成，以 AXI 接口、UART 接口等进行软件与硬件的接口通信设计。

系统集成：将软硬件设计结果集成到 ARM＋FPGA 的异构平台上，实现智能系统的嵌入式开发。本教材以基于卷积神经网络的交通标志智能识别系统为例，在 Xilinx zynq-7000 AX7020 的 ARM＋FPGA 平台上进行识别系统的设计和开发，实验结果表明，硬件实现加速了识别，提高了时间性能。

1.8　本章小结

本章介绍了智能嵌入式系统的基本概念和性能指标，突出了基于 PS 单元和 PL 单元的异构平台，以及 PS 单元和 PL 单元之间的通信。介绍了基于异构平台的智能嵌入式系统软硬件协同优化设计的体系架构，以及开发流程。

1.9 习题

1.1 智能嵌入式系统定义是什么？通常包含哪几部分？

1.2 举5个以上人们日常社会中的智能嵌入式系统例子，并阐述它们的功能和性能。

1.3 举3个以上例子说明在安全攸关的领域，智能嵌入式系统的缺陷会导致灾难性后果，并解析原因。

1.4 PS单元与PL单元组成的异构平台有什么特征？举4或5个基于异构平台开发的智能嵌入式系统实际例子。

1.5 基于异构平台的智能嵌入式系统优化设计体系是什么？由哪几个部分组成？

1.6 基于异构平台的智能嵌入式系统开发流程是什么？

1.7 调查国产智能嵌入式系统的现状，了解国内智能嵌入式系统的生态圈。

第2章 系统建模

致知在格物 《礼记·大学》

系统建模是一种形式化的建模方法，规范了系统模型中的元素种类以及元素之间的关系，定义了可以使大家都明白其含义的一系列标识符。因此，系统建模需定义模型的语法并规定评价模型的形式是否合法的一系列规则。系统建模通常会提供一套建模工具，使用这个工具可以设计和实现系统的建模模型。

本章介绍智能嵌入式系统的基本建模方法和技术，包括用于规范离散控制建模的有限状态机 FSM、与数据融合的有限状态机 FSMD、描述连续与离散的混成自动机 HA 以及系统级建模语言 SysML。系统建模的基本目的是使用形式化方法无歧义地描述物理场景，掌握物理世界的真实知识。

2.1 有限状态机

智能嵌入式系统的重要功能之一就是控制离散事件，而控制的本质是系统由一个状态转移到另一个状态，如自动门在开和关状态之间进行转移，列车门自动控制系统也是在开和关状态之间转移，交通灯系统在红灯、黄灯和绿灯之间转移。这些具有有限个状态并进行状态间转移的智能嵌入式系统可以使用有限状态机进行建模。

2.1.1 有限状态机的基本概念

有限状态机(Finite State Machine，FSM)也称有限状态自动机或有限自动机，是表示有限个状态以及在这些状态之间的转移等行为的形式化模型。有限状态机用于描写一个状态在何种条件下转移到另一个状态，描述状态控制流和转移流。

定义 2.1(有限状态机) 有限状态机形式化地定义为 4 元组(S,I,f,s_1)，其中 S 是有限状态集$\{s_1,s_2,\cdots,s_n\}$，其元素称为状态；I 是输入集$\{i_1,i_2,\cdots,i_m\}$，其元素称为输入；f 是状态转移函数($f:S\times I\to S$)，一般是偏函数，即在一部分元素上有定义；s_1 是初始状态。

一个有限状态机可用带权值的有向图表示，如图 2-1 所示。

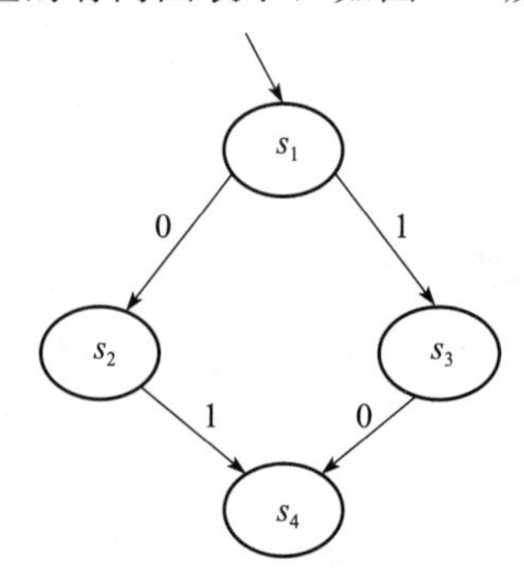

图 2-1 有限状态机

图 2-1 中的有限状态机含有 4 个状态 s_1、s_2、s_3 和 s_4，2 个输入 0 和 1，以及 4 个状态转移：$s_1 \rightarrow s_2$、$s_1 \rightarrow s_3$、$s_2 \rightarrow s_4$ 和 $s_3 \rightarrow s_4$。这些状态转移与输入有关系，系统的输入触发了系统状态的转移，因此系统输入成了系统状态转移的触发因素。比如，s_1 是初始状态，在 s_1 状态下，当输入元素为 0 时，自动机从状态 s_1 转移到状态 s_2；而当输入元素为 1 时，自动机从状态 s_1 转移到状态 s_3。

有限状态机的状态一般表示系统的功能，或者工作状态。如自动门的开状态和关状态，交通灯的红灯状态、绿灯状态和黄灯状态。输入是指有限状态机可以输入的元素，使系统与外界实现了交互，在不同的实际系统中表现形式是不一样的。如自动门的输入是控制信号，表示开信号或关信号；交通灯的输入也是控制信号，表示红灯亮、黄灯亮或绿灯亮。状态转移函数规定了在输入某元素情况后状态的转移情况。如自动门当前状态是关，当输入是开门信号时，状态转移到开。交通灯当前状态是红灯亮，当输入是绿灯信号时，状态转移到绿灯亮。

2.1.2　有限状态机的建模例子

自动门是指在信号控制下能自动开和关的门。在现代日常生活中经常遇到，如高铁的车厢门、电梯门、地铁站出入口的栅门。

例 2.1　旋转式栅门

旋转式栅门(turnstile)是由 3 个齐腰高旋转柄组成的门，其中一个旋转柄在进道口。旋转式栅门一般安装在地铁站出入口等公共场所的人行道，以控制行人的进出。

初始时旋转柄是锁住的，挡着进口，行人无法通过。当旋转式栅门上的刷卡机扫描交通卡(或投币)成功时，旋转柄就解锁了，可允许一个行人通过。在行人通过后，旋转柄又锁住了。

解：使用有限状态机建模。

状态集 $S=\{$锁住，解锁$\}$
输入集 $I=\{$刷卡，通过$\}$
状态转移函数 $f:S\times I\rightarrow S$：
　　(锁住，刷卡)→解锁
　　(解锁，通过)→锁住
初始状态＝锁住

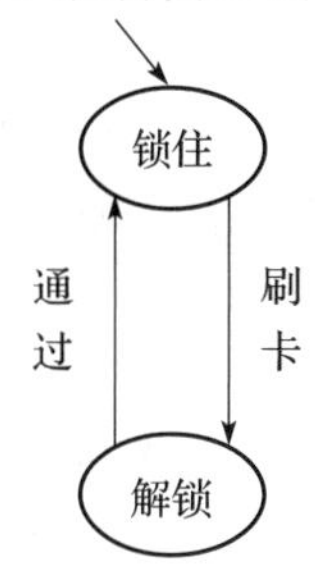

图 2-2　旋转式栅门有限状态机

其示意图如图 2-2 所示。

例 2.2　制热空调

制热空调是最简单的一款空调，只能制热不能制冷，而且一旦加热就不能停止，除非关闭空调。

解：使用有限状态机建模。

状态集 $S=\{$加热，关闭$\}$
输入集 $I=\{$开，关$\}$
状态转移函数 $f:S\times I\rightarrow S$：
　　(关闭，开)→加热
　　(加热，关)→关闭
初始状态＝关闭

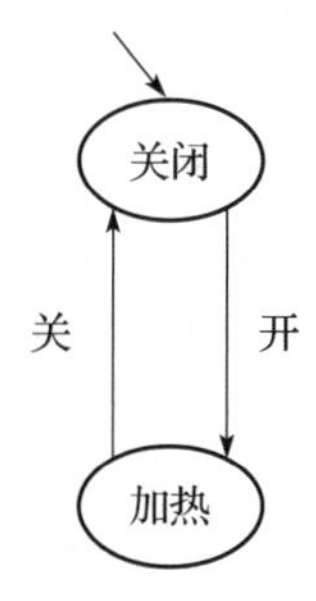

图 2-3　制热空调有限状态机

其示意图如图 2-3 所示。

例 2.3　餐巾纸售货机

一款餐巾纸售货机只接收 5 角和 10 角，1 包餐巾纸价格为 15 角。

解：使用有限状态机建模。

状态集 S={0 角,5 角,10 角,15 角,20 角}

输入集 I={5 角,10 角

初始状态=0 角}

其示意图如图 2-4 所示。

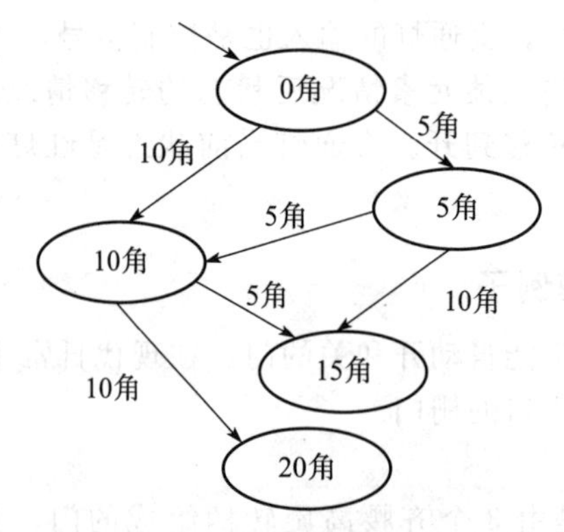

图 2-4　餐巾纸售货机有限状态机

2.2　输入输出有限状态机

自动售货机是日常所见的智能产品，依据售货机上的产品价格进行自动售货。自动售货机除了拥有接收付款功能外，还有自动出货功能。对于自动售货机，使用有限状态机进行建模明显是不够的，需要改造有限状态机使之能对出货功能进行建模。

2.2.1　输入输出有限状态机的基本概念

在有限状态机基础上，增加输出集和输出函数，形成输入输出有限状态机，也称输入输出(Input Output)自动机。输入输出自动机应用于与环境交互或者自适应智能系统的建模。根据输出函数的不同又将这种自动机分为两类：Moore 型自动机和 Mealy 型自动机。

定义 2.2(输入输出有限状态机)　输入输出有限状态机形式化地定义为一个 5 元组 (S,I,O,f,h,s_1)，其中 S 是有限状态集 $\{s_1,s_2,\cdots,s_n\}$，I 是输入集 $\{i_1,i_2,\cdots,i_m\}$，O 是输出集 $\{o_1,o_2,\cdots,o_k\}$，f 是状态转移函数($f:S\times I\rightarrow S$)，h 是输出函数，s_1 是初始状态。

根据输出函数 h 的不同，输入输出有限状态机可以分为 Moore 型自动机和 Mealy 型自动机两类[11]。

Moore 型自动机是基于状态的，其输出函数为 $h:S\rightarrow O$。Mealy 型自动机则是基于状态和输入的，其输出函数为 $h:S\times I\rightarrow O$。

Moore 型和 Mealy 型自动机分别如图 2-5a 和图 2-5b 所示。

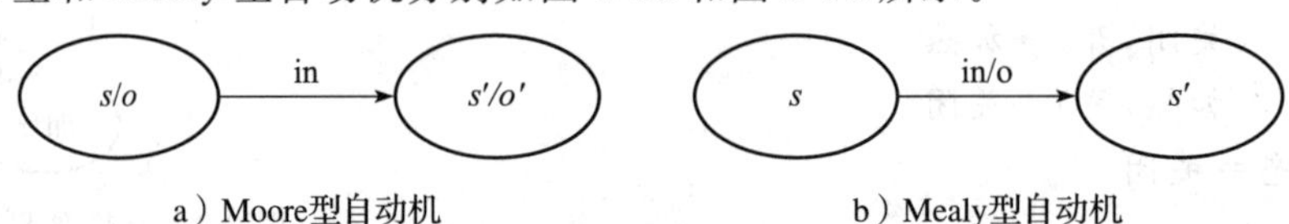

图 2-5　两种输入输出有限状态机

在 Moore 型自动机中，状态 s 在输入 in 之后转移到状态 s'，状态 s' 下的输出为 o'；在 Mealy 型自动机中，状态 s 在输入 in 之后输出 o，同时转移到状态 s'。因此，它们不仅表现形式不同，在转移和输出顺序方面也是不同的。后面例子表明它们表现的方便性和复杂性更是不同的。

2.2.2　输入输出有限状态机的建模例子

在 2.1.2 节中几个例子是使用有限状态机进行建模的，规范了状态的转移条件，但缺少输出功能。现在增加输出功能，使之更接近于实际控制系统。

例 2.4　旋转式栅门

在原系统需求的基础上增加输出功能。分两种情形建模。

解：情形 1。在刷卡成功后解锁的同时显示“请通过”，当机器锁住时显示“请刷卡”。该情形使用 Moore 型自动机建模。

状态集 S={锁住,解锁}
输入集 I={刷卡,通过}
输出集 O={请通过,请刷卡}
状态转移函数 $f:S\times I\rightarrow S$：
　　(锁住,刷卡)→解锁
　　(解锁,通过)→锁住
输出函数 $h:S\rightarrow O$：
　　锁住→请刷卡
　　解锁→请通过
初始状态=锁住

其示意图如图 2-6a 所示。

情形 2。若使用 Mealy 型自动机建模，则输出元素需要做调整，才能更符合实际情况。

输出集 O={请通过,谢谢}
输出函数 $h:S\times I\rightarrow O$：
　　(锁住,刷卡)→请通过
　　(解锁,通过)→谢谢

其示意图如图 2-6b 所示。

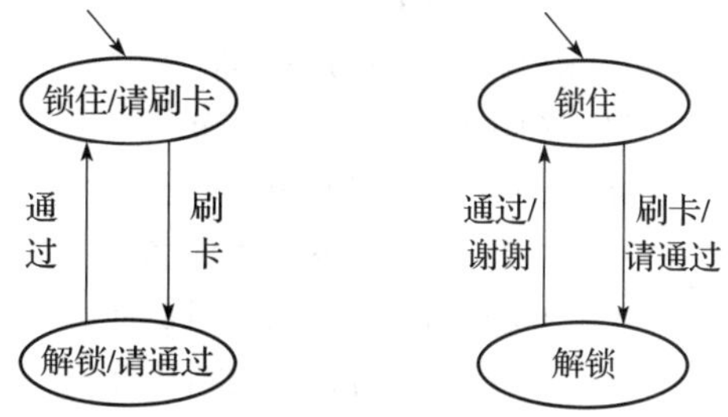

a) Moore型自动机　　b) Mealy型自动机

图 2-6　旋转式栅门的两种输入输出有限自动机

例 2.5　餐巾纸售货机

一款餐巾纸售货机只接收 5 角和 10 角，1 包餐巾纸价格为 15 角，有找零功能。

解：使用 Moore 型自动机建模。

状态集 S={0 角,5 角,10 角,15 角,20 角}
输入集 I={5 角,10 角,X}　　// X 表示无输入
输出集 O={0 包,1 包}
转移函数 $f:S\times I\rightarrow S$：
　　(0 角,5 角)→5 角
　　(0 角,10 角)→10 角
　　(5 角,5 角)→10 角

(5 角,10 角)→15 角
(10 角,5 角)→15 角
(10 角,10 角)→20 角
(15 角,X)→0 角
(20 角,X)→0 角

输出函数 $h:S\to O$:

15 角→1 包|0 角
20 角→1 包|5 角
5 角→0 包|0 角
10 角→0 包|0 角
0 角→0 包|0 角

其中"1 包|5 角"表示同时输出"1 包"和"5 角"。示意图如图 2-7 所示。

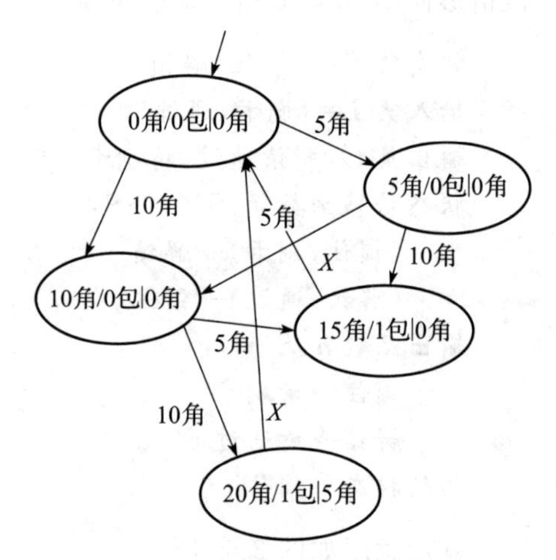

图 2-7　餐巾纸售货机 Moore 型自动机

使用 Mealy 型自动机建模。

状态集 $S=\{0$ 角,5 角,10 角$\}$
输入集 $I=\{5$ 角,10 角$\}$
输出集 $O=\{0$ 包,1 包,0 角,5 角$\}$
状态转移函数 $f:S\times I\to S$:

(0 角,5 角)→5 角
(0 角,10 角)→10 角
(5 角,5 角)→10 角
(5 角,10 角)→0 角
(10 角,5 角)→0 角
(10 角,10 角)→0 角

输出函数 $h:S\times I\to O$:

(5 角,5 角)→0 包|0 角
(5 角,10 角)→1 包|0 角
(10 角,5 角)→1 包|0 角
(10 角,10 角)→1 包|5 角

示意图如图 2-8 所示。

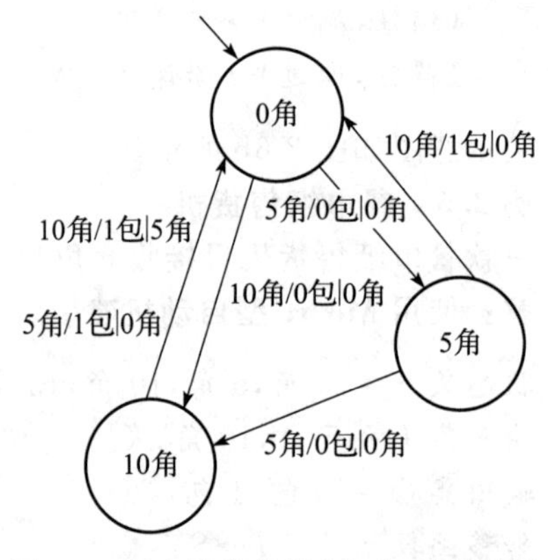

图 2-8　餐巾纸售货机 Mealy 型自动机

例 2.6　时序检测器

时序检测器在接收连续的 3 个 1 后输出 1，其他情况输出 0。

解：使用输入输出有限状态机建模。

状态集 $S=\{s_0,s_1,s_2,s_3\}$,其中 s_0 表示检测到 0 个 1,s_1 表示检测到 1 个 1,s_2 表示检测到 2 个 1,s_3 表示检测到 3 个 1。

输入集 $I=\{0,1\}$
输出集 $O=\{0,1\}$
转移函数 $f:S\times I\to S$:

$(s_0,0)\to s_0,(s_0,1)\to s_1,(s_1,0)\to s_0,(s_1,1)\to s_2$

$(s_2,0)\to s_0,(s_2,1)\to s_3,(s_3,0)\to s_0,(s_3,1)\to s_3$

输出函数 h 要分成 Moore 型和 Mealy 型，用 Moore 型自动机和 Mealy 型自动机建模的时序检测器分别如图 2-9 和图 2-10 所示。

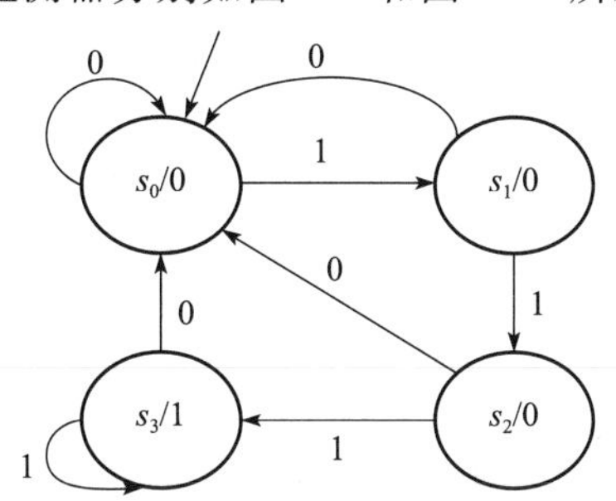

图 2-9　时序检测器 Moore 型自动机

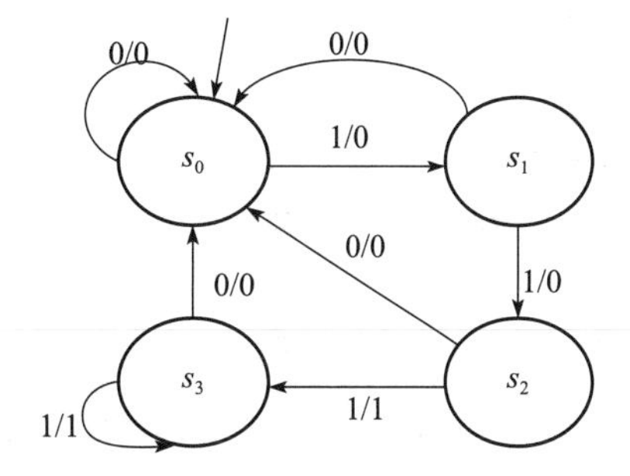

图 2-10　时序检测器 Mealy 型自动机

例 2.7　电梯控制系统[12]

假设有一座有 3 层高的楼，装有电梯 1 部，每层楼都能到达。分别使用 Mealy 和 Moore 型自动机为电梯控制系统建模。

解：使用 Mealy 型自动机建模。

状态集 $S=\{s_1,s_2,s_3\}$，表示楼层集，如 s_3 表示第 3 层楼。

输入集 $I=\{r_1,r_2,r_3\}$，表示要到达的楼层，如 r_2 表示电梯要到达第 2 层楼。

输出集 $O=\{d_2,d_1,n,u_1,u_2\}$。表示方向和电梯要移动的楼层，如 d_2 表示电梯下降 2 层，u_2 表示电梯上升 2 层，而 n 表示电梯保持当前楼层。

转移函数 $f:S\times I\to S$：

$(s_1,r_1)\to s_1,(s_1,r_2)\to s_2,(s_1,r_3)\to s_3$

$(s_2,r_1)\to s_1,(s_2,r_2)\to s_2,(s_2,r_3)\to s_3$

$(s_3,r_1)\to s_1,(s_3,r_2)\to s_2,(s_3,r_3)\to s_3$

输出函数 $h:S\times I\to O$：

$(s_1,r_1)\to n,(s_1,r_2)\to u_1,(s_1,r_3)\to u_2$

$(s_2,r_1)\to d_1,(s_2,r_2)\to n,(s_2,r_3)\to u_1$

$(s_3,r_1)\to d_2,(s_3,r_2)\to d_1,(s_3,r_3)\to n$

用 Mealy 型自动机建模的电梯控制系统如图 2-11 所示。

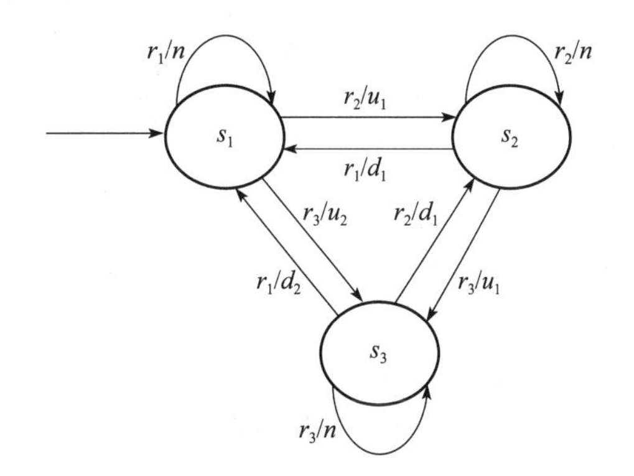

图 2-11　电梯控制系统 Mealy 型自动机

使用 Moore 型自动机建模。

Moore 型自动机的输出函数只依赖于状态，因此在同一个楼层也有 3 种输出：上升 u、下降 d 和空闲 n。这样需要把每个楼层状态分成 3 个子状态，如将 s_1 分成 s_{11}、s_{12} 和 s_{13}，以便同 3 种输出进行组合，于是 Moore 型自动机就有了 9 种状态。

状态集 $S=\{s_{11},s_{12},s_{13},s_{21},s_{22},s_{23},s_{31},s_{32},s_{33}\}$

输出集 $O=\{d_2,d_1,n,u_1,u_2\}$

把 S 和 O 进行笛卡儿乘积，应该得到的集合 $S\times O$ 共有 45 个元素，即 45 个由楼层和输出组成的组合状态，但不需要这么多。如对于第 1 层来说，输出只有空闲 n(保持在第 1 层)、到达 1 层的 d_1(从第 2 层到达第 1 层)和 d_2(从第 3 层到达第 1 层)。对于第 2 层，

输出有空闲 n(保持在第 2 层)、上升到 2 层的 u_1(从第 1 层上升到第 2 层)和下降到 2 层的 d_1(从第 3 层下降到第 2 层)。而对于第 3 层，输出有空闲 n(保持在第 3 层)、上升到 3 层的 u_1(从第 2 层上升到第 3 层)和 u_2(从第 1 层上升到第 3 层)。

这样共有 9 个有用的组合，使用 Moore 型自动机建模。

状态集 $S=\{(s_{11}/d_2),(s_{12}/d_1),(s_{13}/n),(s_{21}/d_1),(s_{22}/n),(s_{23}/u_1),(s_{31}/n),(s_{32}/u_1),(s_{33}/u_2)\}$

输出函数 $h:S\to O$，定义为：$h(s_{11})=d_2,h(s_{12})=d_1,h(s_{13})=n;h(s_{21})=d_1,h(s_{22})=n,h(s_{23})=u_1;h(s_{31})=n,h(s_{32})=u_1,h(s_{33})=u_2$

输入集 $I=\{r_1,r_2,r_3\}$

转移函数 $f:S\times I\to S$

用 Moore 型自动机建模的电梯控制系统如图 2-12 所示。

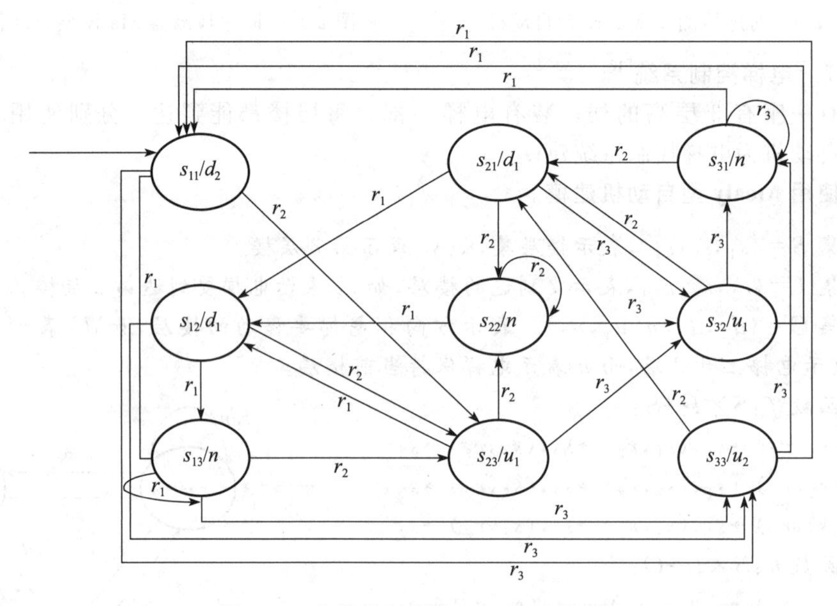

图 2-12　电梯控制系统 Moore 型自动机

从例 2.5 和例 2.7 可以看到，Mealy 型自动机包含的状态数少于 Moore 型自动机包含的状态数，因而常用 Mealy 型自动机进行建模。

2.3　数据有限状态机

2.2 节的电梯控制系统自动机图有点复杂。本节引入其他场景，如汽车超速自动提醒系统，超速提醒依赖于汽车行驶的速度，再如自动加温空调的开和关依赖于房间的温度变化而转移。因此需要介绍一种能简单处理依赖于系统数据变化的有限状态机模型：数据有限状态机。

2.3.1　数据流图

数据流图 DFG(Dataflow Graph)是最普遍的描述计算密集系统的方法。数学公式可以自然地由一个有向图表示，其中节点代表计算或函数，边代表节点执行的顺序。

计算的数据流图是基于异步和功能性原则的的。异步原则是所有计算仅当待执行的计算来源于可计算状态时才执行，功能性原则是所有计算行为均是函数式的，没有其他作用。这样就得到所有可执行的计算串行或者并行地执行。

定义 2.3(数据流图[12]) 数据流图形式化地定义为 4 元组 $\langle N,A,\boldsymbol{V},\boldsymbol{v}^0\rangle$，其中 $N=\{n_1,n_2,\cdots,n_M\}$ 是节点集，$A=\{a_1,a_2,\cdots,a_L\}\subseteq N\times N$ 是两节点间的边集，$\boldsymbol{V}=\{\langle \boldsymbol{v}_1,\boldsymbol{v}_2,\cdots,\boldsymbol{v}_L\rangle \mid \boldsymbol{v}_i\in\boldsymbol{V}_i,i=1,\cdots,L\}\subseteq\boldsymbol{V}_1\times\boldsymbol{V}_2\times\cdots\times\boldsymbol{V}_L$ 是由每个边值与特殊元素 $\perp$ 组成的 L 元向量 $\boldsymbol{v}$ 的集合，其中 $\boldsymbol{V}_i$ 是边 a_i 的值与特殊符号 $\perp$ 组成的集合，$\boldsymbol{v}_i$ 是 $\boldsymbol{V}_i$ 中元素，特殊符号 $\perp$ 表示这个位置的边值还没有计算出来。$\boldsymbol{v}^0=\langle \boldsymbol{v}_1^0,\boldsymbol{v}_2^0,\cdots,\boldsymbol{v}_L^0\rangle$ 表示初始时刻的边向量。

数据流图的节点实现计算功能，边实现数据输入和输出。由于计算需要时间，因而边上的数据存在延迟，就形成了与时间相关的数据流。用符号 $\boldsymbol{v}^t$ 表示 t 时刻的 L 元向量 $\boldsymbol{v}$。

例 2.8[12] 使用数据流图表示 $c=\sqrt{a^2+b^2}$ 的计算过程。

解： 这个计算涉及 7 个节点：2 个输入、2 个平方、1 个加法、1 个开方和 1 个输出。

节点集 $N=\{a,b$,平方 1,平方 2,加法,开方,$c\}$

边集 $A=\{(a$,平方 1),(b,平方 2),(平方 1,加法),(平方 2,加法),(加法,开方),(开方,$c)\}$,这样向量 $\boldsymbol{v}$ 是 6 元向量

图 2-13 是它的数据流图。

初始时刻是 t_0，给 a 和 b 赋值 3 和 4，此时仅有这两个值是可用的，它们是两个平方节点的输入，因而有 $\boldsymbol{v}^0=\langle 3,4,\perp,\perp,\perp,\perp\rangle$。在 t_1 时刻，两个平方节点的计算结果分别为 9 和 16，因而有 $\boldsymbol{v}^1=\langle 3,4,9,16,\perp,\perp\rangle$。在 t_2 时刻，加法节点计算结果为 25，因而有 $\boldsymbol{v}^2=\langle 3,4,9,16,25,\perp\rangle$。开方节点计算结果为 5，因而有 $\boldsymbol{v}^3=\langle 3,4,9,16,25,5\rangle$。开方节点的值赋给 c，所有的值都计算出来了，计算结束，输出结果为 5。

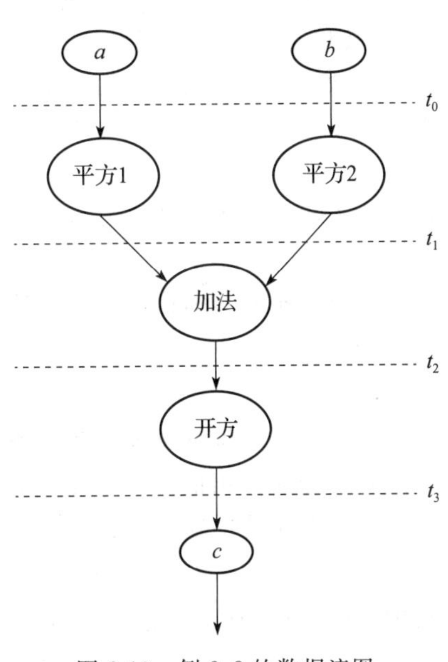

图 2-13 例 2.8 的数据流图

2.3.2 数据有限状态机的基本概念

大多数实时系统具有控制和计算相结合的特征。这样必须把有限状态自动机和数据流图结合在一起。一种方法是把时间划分成相等的时间区间，这个时间区间称为状态，把一个或多个状态布置到数据流图的每个节点上。因为数据流图的计算是在数据流上执行的，所以我们称这个组合模型为带有数据流的有限状态机模型 FSMD(a finite-state machine with dataflow)，简称为数据有限状态机或数据有限自动机。

扩展有限状态机使得其能处理数据。具体做法是引入数据变量、数据输入和数据输出。

数据变量集合用 X 表示，其元素使用 x 表示，该集合定义了数据状态，该数据状态定义了每个节点上的所有变量值。因此，使用算术表达式来规范数据变量的值。Expr(X)是数据变量集合 X 上的算术表达式集合，e 或 e_i 或 e_j 表示其元素，使用巴克斯-诺尔范尔 BNF (Backus-Naür form)定义 e 为：

$$e::=k\mid x\mid e^* e(^*\in\{+,-,\times\})$$

其中 k 是常值，$x\in X$ 是变量，都是原子算术表达式，而 e_1+e_2、e_1-e_2 和 $e_1\times e_2$ 是复合

算术表达式。使用数据算术表达式可以定义状态转移条件以及数据输出情况。

定义一个算术逻辑公式 AL(Arithmetic Logic Formula)为：

$$AL ::= e_1 \triangle e_2 \mid AL_1 \square AL_2 \mid \neg AL$$

其中 $e_1, e_2 \in \mathrm{Expr}(X)$是 X 上的算术表达式，$\triangle \in \{=<, <, =, >, >=\}$是算术表达式间的关系，其中=<表示小于等于，>=表示大于等于，其余是自明的。$\square \in \{\wedge, \vee, \rightarrow\}$是逻辑运算符(合取、析取、蕴涵)，¬是逻辑运算符“非”。因而 $e_i \triangle e_j$ 是原子算术逻辑公式，$AL_1 \square AL_2$ 与 $\neg AL$ 是复合算术逻辑公式。如 Data=0 以及$(a-b)>(x+y)$是原子算术逻辑公式，(counter=0)∧$(x>10)$是复合算术逻辑公式。注意 Data≠0 定义为¬(Data=0)，它是复合算术逻辑公式。

再如 cfloor=rfloor 是原子算术逻辑公式，表示电梯所在楼层 cfloor 等于请求的楼层 rfloor，结果是电梯保持在原楼层。而 cfloor≠rfloor 是复合算术逻辑公式，表示电梯所在楼层 cfloor 不等于请求的楼层 rfloor，结果是电梯上升或者下降到请求的楼层 rfloor。

定义 2.4(数据有限状态机) 数据有限状态机含有状态集 S，数据集 X，输入集 I，输出集 O，转移函数 f 和输出函数 h。

转移函数 f 定义了需要的状态转移条件(Transition Condition)，为此增加转移条件集 TC，转移条件由算术逻辑公式 AL 定义，如(counter=0)∧$(x>10)$、cfloor≠rfloor。

把数据有限状态机的输入集 I 定义为由数据输入集 I_D 和控制输入集 I_C 组成的二元组，即 I 是 I_D 和 I_C 的笛卡儿积：

$$I = I_D \times I_C$$

这样输入集的元素变成了二元组(d, c)，或直接写成 $d;c$，其中 d 是数据输入值，c 是控制输入值。

同样，把数据有限状态机的输出集 O 定义为由数据输出集 O_D 和控制输出集 O_C 的笛卡儿积：

$$O = O_D \times O_C$$

集合 O_D 的元素是数据输出值的赋值语句，赋值符号为“:=”，如 cfloor :=rfloor；O_C 的元素是控制输出值的赋值语句，赋值符号为“<=”，如 output<=rfloor-cfloor。这样电梯控制系统的输出为：

$$\text{cfloor} := \text{rfloor}; \text{output} <= \text{rfloor} - \text{cfloor}$$

其中 cfloor :=rfloor 定义了数据输出值：cfloor=rfloor，即电梯要到的楼层是 rfloor；output<=rfloor-cfloor 定义了控制输出值：output=rfloor-cfloor，即电梯要上升或下降 rfloor-floor 层(当 rfloor-cfloor>0 时电梯上升 rfloor-floor 层，当 rfloor-cfloor<0 时电梯下降 cfloor-rfloor 层，当 rfloor-cfloor=0 时电梯保持不动)。

数据有限状态机的转移函数 f 是状态集与输入集的笛卡儿积到状态集的一个映射，反映了状态转移既依赖于当前的状态又依赖于当前的输入值。但带有数据流的数据有限状态机除了系统的状态外，还有状态上的数据值。因此把状态集 S 和数据集 X 的笛卡儿积 $S \times X$ 作为数据有限状态机转移函数的基础，其转移实质上是把 $S \times X$ 中的元素转移为 $S \times X$ 中的元素，这种转移还要依赖于当前的数据输入值。只有当前的数据输入值符合一定条件时这种转移才能成功，因此为了成功实现转移，还需要往转移函数中增加数据输入应该满足的条件，即转移条件。依据这些分析，我们给出数据有限状态机的转移函数的形式化定义：

转移函数 $f: (S \times X) \times I \times TC \rightarrow S \times X$

同样地，给出 Mealy 型输出函数的形式化定义：

Mealy 型输出函数 $h:(S\times X)\times I\times TC\rightarrow O$

这里以在两个状态之间转移的数据有限状态机模型为例，说明转移函数与输出之间的关系。假设只含有 2 个状态(s_i,x)和(s_j,y)，以及 2 个转移$(s_i,x)\rightarrow(s_j,y)$和$(s_j,y)\rightarrow(s_i,x)$。每个转移都包含 1 个转移条件和 1 个输出，输出动作可以并行执行。表 2-1 和图 2-14 是数据有限状态机的两种表达方式。

表 2-1　数据有限状态机示意表

状态转移	转移条件	数据输出;控制输出
$(s_i,x)\rightarrow(s_j,y)$	$x=<0$	$y:=x+20$;output<=1
$(s_j,y)\rightarrow(s_i,x)$	$y>0$	$x:=y-10$;output<=0

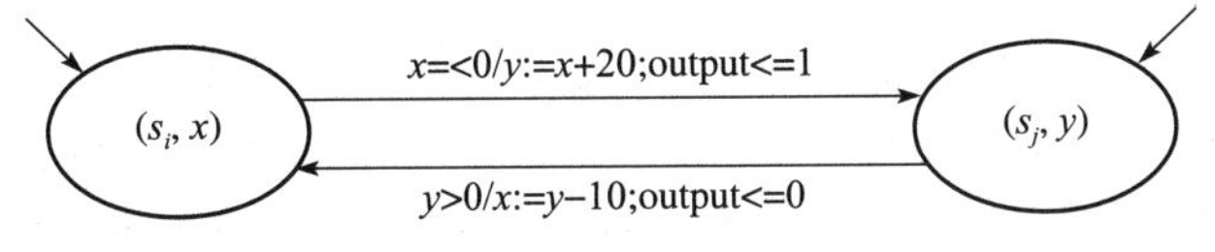

图 2-14　数据有限状态机示意图

由于输入集 I 和输出集 O 的元素都是 2 元组，即 $I=I_D\times I_C$ 和 $O=O_D\times O_C$，因此把转移函数 f 和输出函数 h 定义为 2 个函数的积：$f=f_D\times f_C$，$h=h_D\times h_C$。其中：

$$f_C:S\times I\times TC\rightarrow S,\quad f_D:S\times X\times I_D\rightarrow X,$$

f_C 是状态控制转移函数，定义了下一个状态，这种转移依赖于当前状态 s、当前输入 $i=(d,c)$和转移条件 AL，转移条件 AL 依赖于当前数据值 d。f_D 定义了下一个状态的数据值，依赖于当前状态 s、当前数据输入 x 和数据输入值 d，换句话说，对每一个状态 $s_i\in S$，计算每一个变量 $x_j\in X$ 的值，这个值是通过表达式 $e_j\in \mathrm{Expr}(X)$获得的，即 $x_j:=e_j$。

把输出函数 h 定义为 h_D 和 h_C 两个函数：

$$h_D:(S\times X)\times I_D\times TC\rightarrow O_D,\quad h_C:(S\times X)\times I_C\times TC\rightarrow O_C$$

其中 h_D 定义了数据输出，而 h_C 定义了控制输出，相同于有限状态机的控制输出。

数据有限状态机通常使用 Mealy 型自动机表示，边上权值表现形式为：$AL/x:=e$；$o<=e'$。其中 AL 是逻辑公式，表示转移条件；$x:=e$ 和 $o<=e'$都是输出，$x:=e$ 表示 x 的值通过计算算术表达式 e 获得，$o<=e'$表示 o 的值是 e'的值。若使用 Moore 型自动机形式表示，则边上权值表现形式为 AL，而状态机上显示输出为 $x:=e$；$o<=e'$。

2.3.3　数据有限状态机的建模例子

例 2.9　电梯控制系统的 Mealy 型数据有限状态机

假设有一座 N 层高的楼，装有电梯 1 部，每层楼都能到达，要求建立该电梯的 Mealy 型数据有限状态机。

解：定义全局变量 cfloor 以存储电梯楼层的当前状态值 $1,2,3,\cdots,N$ 和全局变量 rfloor 以存储请求要到达的楼层值 $1,2,3,\cdots,N$。在数据有限状态机模型中，可以只使用一个状态 s_1，有 3 个转移都是从 s_1 到 s_1 的，但它们的转移条件和输出(动作)是不同的。

形式化建模：状态集 $S=\{s_1\}$，数据变量集 $X=\{\text{cfloor},\ \text{rfloor}\}$，控制输入集 $I_C=\{\}$，数据输入集 $I_D=\{\text{rfloor}\}$，数据输入值集$=\{1,2,3,\cdots,N\}$，数据输出集 $O_D=\{\text{cfloor}\}$，控制

输出集 $O_C=\{d,u,n\}$，转移条件集 $TC=\{$cfloor>rfloor,cfloor<rfloor,cfloor=rfloor$\}$。状态转移函数 f 和输出函数 h 见表 2-2。建模结果示意图如图 2-15 所示。

表 2-2　例 2.9 的状态转移函数和输出函数表

状态转移	转移条件	数据输出；控制输出
$(s_1$,cfloor$)\rightarrow(s_1$,cfloor$)$	cfloor>rfloor	cfloor：=rfloor；d<=cfloor−rfloor
$(s_1$,cfloor$)\rightarrow(s_1$,cfloor$)$	cfloor<rfloor	cfloor：=rfloor；u<=rfloor−cfloor
$(s_1$,cfloor$)\rightarrow(s_1$,cfloor$)$	cfloor=rfloor	cfloor：=rfloor；n<=0

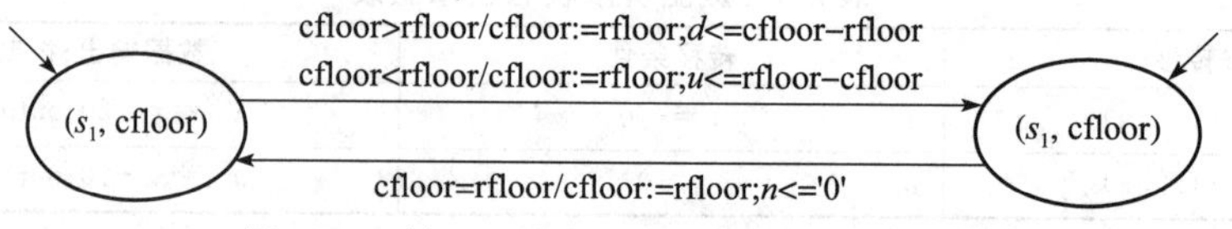

图 2-15　例 2.9 的 Mealy 型数据有限状态机

数据输出的结果是把 rfloor 的值赋给 cfloor，记住当前电梯所要到达的楼层。控制输出的结果是：当 cfloor>rfloor 时，把 cfloor−rfloor 的值赋给控制输出 d，电梯下降 cfloor−rfloor 层，到达指定的楼层 rfloor；当 cfloor<rfloor 时，把 rfloor−cfloor 的值赋给控制输出 u，电梯上升 rfloor−cfloor 层，到达指定的楼层 rfloor；当 cfloor=rfloor 时，表示请求变量 rfloor 的值就是当前楼层，此时变量 cfloor 保持不变，而控制输出 n 的值为'0'，表示电梯保持不动状态。

例 2.10　餐巾纸售货机的数据有限状态机　（系统功能同之前一样）

解：数据输入集 $I_D=\{J,Y\}$，数据输入值集为$\{0,1\}$，$J=1$ 表示 J 已接收 5 角，$Y=1$ 表示 Y 已接收 10 角。状态集$\{s_0,s_5,s_{10},s_{15},s_{20}\}$，其中 s_0 表示 0 角(是起始状态)，s_5 表示 5 角，s_{10} 表示 10 角，s_{15} 表示 15 角，s_{20} 表示 20 角。转移条件集 $TC=\{J=1,Y=1\}$。控制输出集 $O_C=\{$Open$\}$，控制输出值集为$\{0,1\}$，数据输出集 $O_D=\{$m$\}$，数据输出值集为$\{5\}$(表示 5 角)。在此基础上建立 Moore 型自动机模型(如图 2-16 所示)和 Mealy 型自动机模型(如图 2-17 所示)。

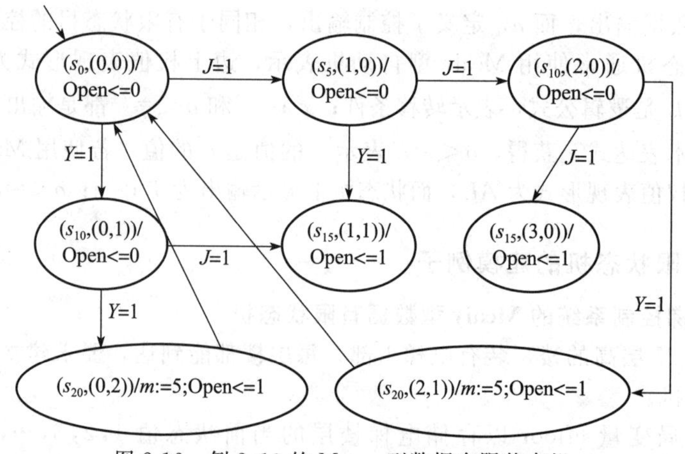

图 2-16　例 2.10 的 Moore 型数据有限状态机

例 2.11　升级版餐巾纸售货机的数据有限状态机

此餐巾纸售货机在之前系统功能的基础上增加可以使用非现金支付以及现金找零的功能，请设计这款餐巾纸售货机的数据有限状态机。

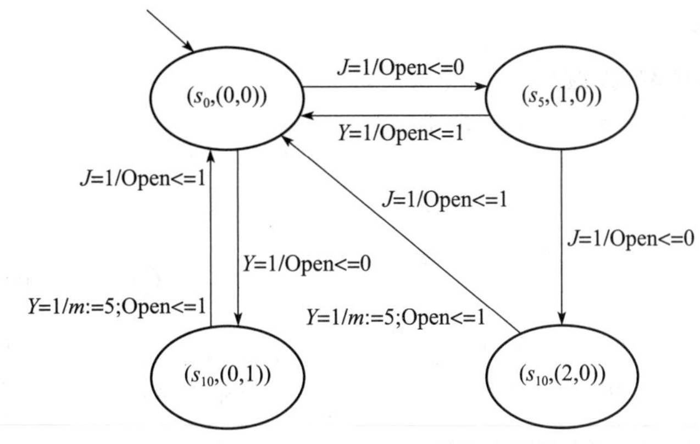

图 2-17　例 2.10 的 Mealy 型数据有限状态机

解：使用 Moore 型自动机建模。

状态集 $S=\{s_0, s_1\}$，其中 s_0 是开始状态，表示售货机处于待出货状态，s_1 表示售货处于机售货状态

数据输入变量集 $\{x\}$，x 记录支付钱数

转移条件集 $TC=\{x<15, x>=15\}$

控制输出变量集 $O_C=\{\mathrm{Out}_C\}$

控制输出变量值集 $=\{$关闭，打开$\}$

数据输出变量集 $O_D=\{\mathrm{Out}_D, x\}$

数据输出变量值集 $=\{$0 包，1 包$\}$

其示意图如图 2-18 所示。

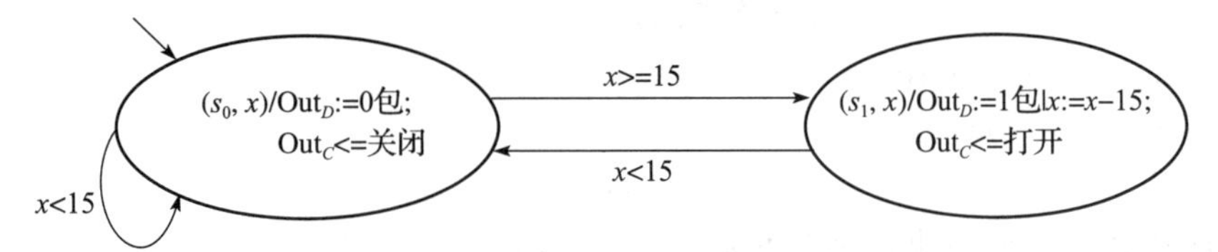

图 2-18　例 2.11 的 Moore 型数据有限状态机

使用 Mealy 型自动机建模。

状态集 $S=\{s\}$，其他与 Moore 型自动机的相同，见图 2-19。

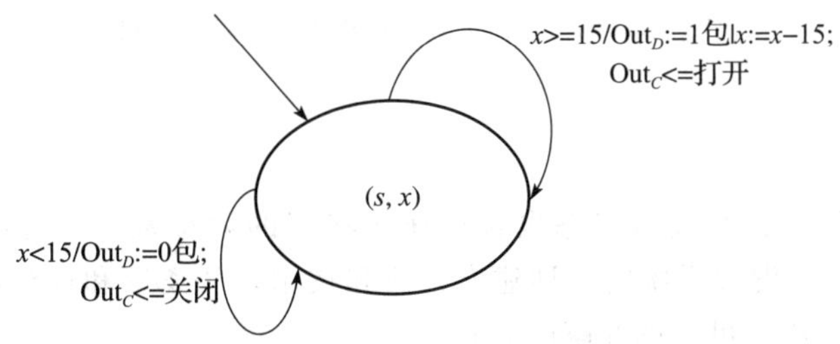

图 2-19　例 2.11 的 Mealy 型数据有限状态机

例 2.12　超速自动提醒系统

为了安全驾驶，在车子启动后启动超速自动提醒系统并设置提醒车速值为 100km/h。当车速超过这个提醒值时，汽车会自动语音提醒“超速”，直到车速低于提醒值为止。

解：形式化建模。

状态集 S＝{不提醒，提醒}

数据输入变量集 X＝{Carv}，其中 Carv 表示车速

控制输入集 I_C＝{}

数据输入值集 I_D＝[10，120]，此为 Carv 取值范围

数据输出集 O_D＝{Outputspeed}

控制输出集 O_C＝{Outputsound}

控制输出值集为{超速}

转移条件集 TC＝{Carv＞＝100km/h，Carv＜100km/h}

转移函数 f 和输出函数 h 见图 2-20

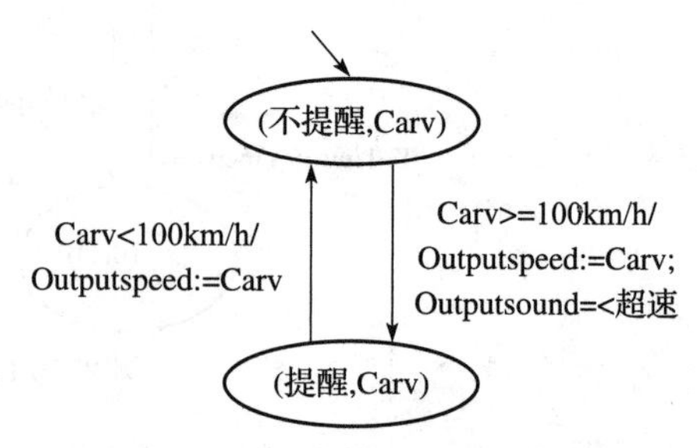

图 2-20　例 2.12 的 Mealy 型数据有限状态机

例 2.13　加热空调

加热空调是一个智能空调，能依据房间的温度自动地开和关。比如设置房间温度为 20℃，空调控制系统会将房间温度控制在 20℃左右：当室温大于等于 22℃时空调关闭，房间自动降温；当房间温度低于 18℃时，空调自动打开，对房间进行加温，这样反复进行。

解：形式化建模。

空调状态集 S＝{关，开}，初始状态为关

数据输入集 X＝{T}，其中 T 是房间温度

数据输入值集 I_D＝[0，30]，此为 T 的取值范围

数据输出集 O_D＝{Temp}（表示房间温度）

控制输出集 O_C＝{Output}

控制输出值集＝{开，关}

转移条件集 TC＝{T＞＝22℃，T＝＜18℃}

状态转移函数 f 和输出函数 h 的定义见图 2-21

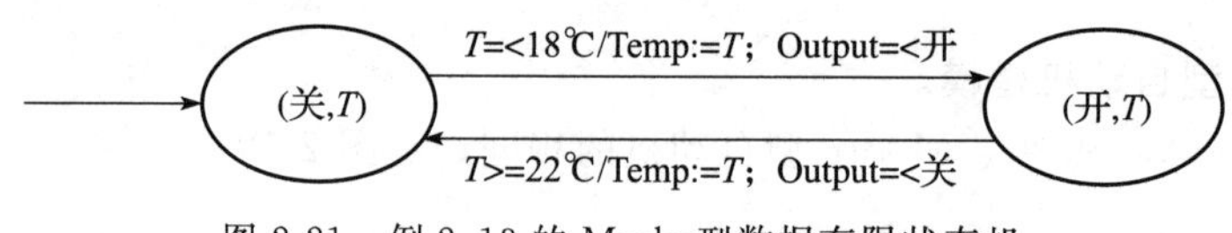

图 2-21　例 2.13 的 Mealy 型数据有限状态机

2.4　混成自动机

混成系统是一种既含有离散状态也含有连续状态的动态系统。混成自动机 HA（Hybrid Automata）是描述混成系统的一种建模方法和技术，从离散和连续两个方面描述系统的变迁和演化。本节内容可参阅文献[4，13]。

2.4.1　混成系统

混成系统是一个动态系统，反映了连续（实值）状态和离散（有限值）状态之间的交互，以及状态随时间的演化。动态系统可以被外在输入激活，这些外在输入可能是控制信号

(如驾驶员发给飞行器的起飞命令、驾驶员给汽车的制动命令、自主巡航命令或自动驾驶命令等)，也可能是不可控制的干扰信号(如影响飞行器的风，影响汽车行驶的障碍物、影响汽车制动的路面等)。一些动态系统也可能需要有输出，这些输出可能是可测量的值(如飞行器高度和速度、汽车的速度等)，也可能是系统的状态(如飞行器正常、汽车发动机正常等)。带有输入和输出的动态系统称为控制系统。

动态系统可以分成三类。

- ❑ **连续型。**状态在 n 维实数空间 $\mathrm{R}^n(n\geqslant 1)$取值，用 $x\in\mathrm{R}^n$ 表示连续动态系统的状态，是 n 元向量。如：房间温度(1元向量)、汽车速度-加速度(2元向量)、飞机速度-仰角-空间位置(3元向量)等。
- ❑ **离散型。**状态在有一个有限集或可数集 $Q=\{q_1,q_2,\cdots\}$中取值，其中 q_i 表示离散系统的状态。如：灯的开关状态∈{开,关}，高铁的运行状态∈{加速,减速,匀速}。
- ❑ **混成型。**由于系统既包含连续状态又包含离散状态，因此混成型动态系统的一部分状态在欧式空间 R^n 中取值，另一部分状态在一个有限集中取值。如：智能空调器、汽车自动换档器、高铁运行系统等智能系统。

智能空调系统是将房间温度保持在一个指定值的自动控制系统，这个系统由开关自动控制，无论空调处于开还是关状态，房间温度的变化都服从某个微分方程，如：$\mathrm{d}x/\mathrm{d}t=-a(x-30)$，$\mathrm{d}x/\mathrm{d}t=-bx$。其中 x 是房间温度；t 是时间；a 和 b 是系数，分别反映空调制热能力和房间保温能力。通过上述微分方程，可以求得温度与时间的显式函数关系：$x=k_a\mathrm{e}^{-at}+30$，$x=k_b\mathrm{e}^{-bt}$，其中 k_a 和 k_b 是待确定的参数。

2.4.2 混成自动机的基本概念

使用混成自动机来建模混成系统，其节点由连续状态和离散状态组成，代表连续状态的变化，而边代表离散状态的转移。

定义 2.5(混成自动机) 一个混成自动机 $HA=(Q,X,F,Init,D,E,G,R)$由8部分组成。

1. $Q=\{q_1,q_2,\cdots\}$是离散状态集。
2. $X=\mathrm{R}^n$ 是连续状态集，每个元素都是 n 维连续变量的向量，$P(X)$是 X 的幂集，其元素是若干连续变量应满足的条件，这里条件可以是线性方程，也可以是微分方程。
3. $F(\cdot,\cdot):Q\times X\rightarrow\mathrm{R}^n$ 是向量场函数，为离散状态指定一组连续变量变化应服从的方程。
4. $Init\subseteq Q\times X$ 是初始状态集，$(q,x)\in Q\times X$ 是 H 的状态。
5. $D(\cdot):Q\rightarrow P(X)$是域函数，为每个离散状态指定连续变量停留在这个离散状态应满足的条件(一般是线性条件)，即定义了离散状态的连续变量域。
6. $E\subseteq Q\times Q$ 是边集，反映离散状态的转移。
7. $G(\cdot):E\rightarrow P(X)$是转移条件，为每一个边指定一组连续变量应满足的条件，可激活离散状态的转移。
8. $R(\cdot,\cdot):E\times X\rightarrow P(X)$是重置函数，为边上的连续变量向量赋值一组函数方程，从而重新赋值这些连续变量。

例 2.14 制热空调系统

某制热空调系统能够将房间温度保持在20℃，当室内温度低于19℃时空调启动“开”状态并对房间进行加温，此时室内温度变化服从微分方程：$\mathrm{d}x/\mathrm{d}t=-a(x-30)$。当室内温度上升到21℃时，空调启动“关”状态，此时室内温度变化服从微分方程：$\mathrm{d}x/\mathrm{d}t=-bx$。

参数 a 反映了空调制热能力，参数 b 反映了房间保温能力。考虑到一些外在不确定因素，如温度检测的动态性，可能导致室内温度不在范围，因此再规定开状态和关状态内部约束条件，如：在关状态时室内温度大于等于 18℃，而在开状态时室内温度小于等于 22℃。

解：建立这个空调系统的混成自动机模型。

离散状态集 $Q=\{开,关\}$

连续状态集 $X=\mathrm{R}$，连续变量 $x\in X$ 是一维变量，代表房间的温度，是时间 t 的函数

向量场函数 $F(\cdot,\cdot):\{开,关\}\times X\rightarrow\mathrm{R}$：

$F(开,x)=(\mathrm{d}x/\mathrm{d}t=-a(x-30))$，空调启动，房间温度上升

$F(关,x)=(\mathrm{d}x/\mathrm{d}t=-bx)$，空调关闭，房间温度自行下降

初始状态集 $Init:\{关\}\times\{x\in\mathrm{R}\mid x=<15\}$

域函数 $D(\cdot):Q\rightarrow P(X)$ 定义为：

$D(开)=\{x=<22\}$，规定在空调的开状态下房间温度不超过 22℃

$D(关)=\{x>=18\}$，规定在空调的关状态下房间温度不低于 18℃

边集 $E\subseteq Q\times Q$：

开→关：开状态到关状态有条边

关→开：关状态到开状态也有一条边

转移条件 $G(\cdot):E\rightarrow P(X)$：

$G(开\rightarrow关)=\{x>=21\}$，从开状态转移到关状态的条件是房间温度大于等于 21℃

$G(关\rightarrow开)=\{x=<19\}$，从关状态转移到开状态的条件是房间温度小于等于 19℃

重置函数 $R(\cdot,\cdot):E\times X\rightarrow P(X)$：

为每个边都指定了一个空集，即没有重置动作，在状态转移过程中房间温度变量 x 不进行重置，保留转移前的值

2.4.3　混成自动机图形化

同有限状态机一样，使用有向图表示混成自动机。

给定一个混成自动机 $H=(Q,X,F,Init,D,E,G,R)$，把 Q 中元素（状态）作为定向图的节点，把 E 作为有向图的边。

1. 对每一个节点 $q\in Q$，都关联一个连续状态集 $\{x\in X\mid(q,x)\in Init\}$，一个向量场函数 $F(q,\cdot)$：$\mathrm{R}^n\rightarrow\mathrm{R}^n$（连续状态 x 应该服从的微分方程组）和一个域函数 $D(q)\subseteq\mathrm{R}^n$（连续状态停留在这个节点的条件）。

2. 对每一个起始于状态 $q\in Q$ 终止于 $q'\in Q$ 的有向边 $q\rightarrow q'$，都关联一个转移条件 $G(q\rightarrow q')\subseteq\mathrm{R}^n$（规定了从离散状态 q 转移到离散状态 q' 的转移条件集），以及一个重置函数 $R(q\rightarrow q',x)$：$\mathrm{R}^n\rightarrow P(\mathrm{R}^n)$，重置语句用新值对连续状态变量进行重置。

例如：将例 2.14 图形化，结果见图 2-22。

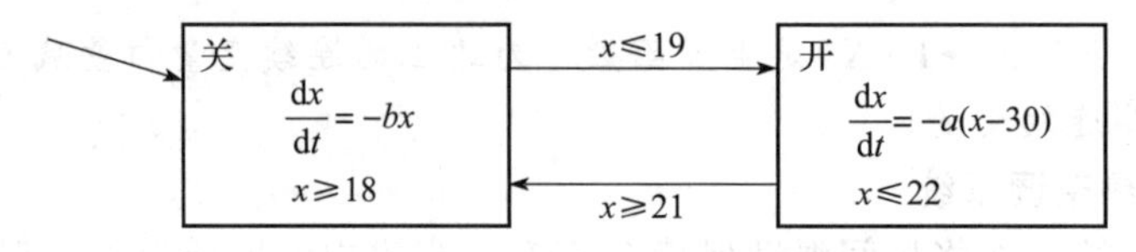

图 2-22　例 2.14 的图形化结果

例 2.14 中，向量场函数 $F(\cdot,\cdot)$ 规定了空调温度连续变化应该服从微分方程。空调

在开状态时，温度 x 按照 $x=k_a e^{-at}+30$ 函数往 30℃上升，而在关闭状态时，温度 x 按照 $x=k_b e^{-bt}$ 函数往 0℃下降。

现在来分析一下，参数 k、a 与 b 对系统的影响。现在假设室温为 15℃，则空调打开，将 $x=15$ 代入公式 $x=k_a e^{-at}+30$ 求得 $k_a=-15$（因为时间 $t=0$）。假定经过时间 t 后房间温度上升到 20℃，则参数 $a=-1/t\times\ln(2/3)$，明显参数 a 的取值与时间有关。若在 10 个单位时间后房间温度上升到了 20℃则得到 $a=0.04$。若在 5 个单位时间后房间温度上升到了 20℃，则 $a=0.08$。现在考虑参数 b。若开始时房间温度为 21℃则结合时刻 $t=0$，可得参数 $k_b=21$。假设经过时间 t 房间温度下降到 19℃，则有 $19=21e^{-bt}$，求得 $t=0.1/b$。若要求房间温度从 21℃下降到 19℃花费 5 个单位时间，则得到参数 $b=0.02$。我们可以得到一组参数值 $(k_b,b)=(21,0.02)$。

因此，当 a 和 b 取定值后，如 $a=0.08$ 和 $b=0.02$，空调器的效能以及房间保温能力就确定了，其图形化为图 2-23。

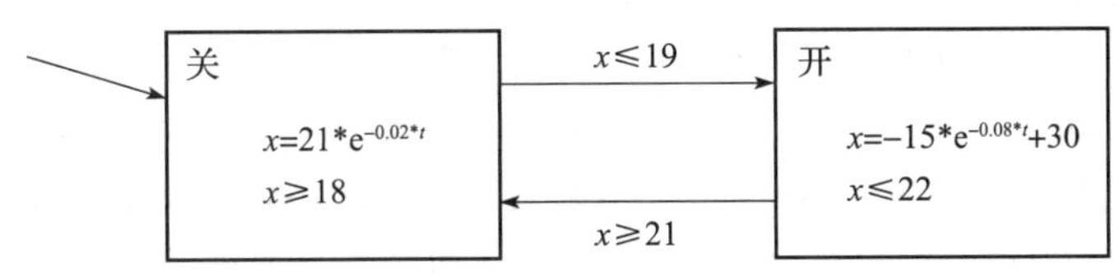

图 2-23　例 2.14 的又一图形化结果

2.4.4　混成系统的建模例子

例 2.15　水缸系统

由两个水缸组成的水缸自动控制系统见图 2-24，两个水缸中的水都以常速流出水缸，以常速通过一个软管流进水缸。在任何时刻水只能流进其中一个水缸，假定软管在两个水缸间瞬间转移，并保持两个水缸中的水在一定容量之上。

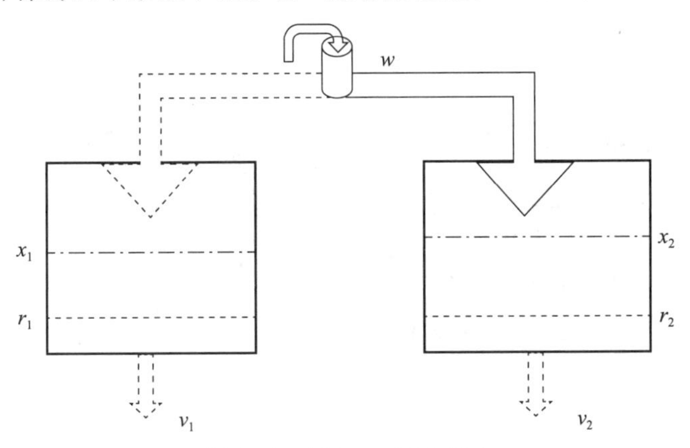

图 2-24　例 2.15 的示意图

分析： 设 x_1 和 x_2 分别表示第 1 水缸和第 2 水缸中水的容量，v_1 和 v_2 分别表示第 1 水缸和第 2 水缸 2 的出水（常）速度。设 w 表示水流进水缸系统的（常）速度，因此 $w-v_1$ 和 $w-v_2$ 分别是第 1 水缸和第 2 水缸的净（实际）进水速度，都是常数。往第 2 水缸注水时，要保持第 1 水缸水容量大于等于 r_1 和第 2 水缸水容量大于等于 r_2。同样，往第 1 水缸注水时，要保持第 2 水缸水容量大于等于 r_2 和第 1 水缸水容量大于等于 r_1。为了实现这个需求，需要一个控制系统在第 1 水缸的容量 $x_1=<r_1$ 时自动调整软管使之往第

1 水缸注水，以及在第 2 水缸的容量 $x_2=<r_2$ 时调整软管使之往第 2 水缸注水。

解：构建混成自动机模型。

离散状态集 $Q=\{q_1,q_2\}$，其中 q_1 是第 1 水缸，q_2 是第 2 水缸

连续状态集 $X=\mathrm{R}^2$，连续变量 $\boldsymbol{x}$ 是二维向量(x_1,x_2)，其中 x_1 是第 1 水缸的水容量，x_2 是第 2 水缸的水容量，都是时间 t 的函数

向量场函数 $F(\cdot,\cdot):\{q_1,q_2\}\times X\rightarrow\mathrm{R}^2$：

$F(q_1\boldsymbol{x})=(\mathrm{d}x_1/\mathrm{d}t=w-v_1,\mathrm{d}x_2/\mathrm{d}t=-v_2)$，其中 $w-v_1$ 是第 1 水缸的净进水速度，$-v_2$ 是第 2 水缸的出水速度

$F(q_2,\boldsymbol{x})=(\mathrm{d}x_1/\mathrm{d}t=-v_1,\mathrm{d}x_2/\mathrm{d}t=w-v_2)$，其中 $-v_1$ 是第 1 水缸的出水速度，$w-v_2$ 是第 2 水缸的净进水速度

初始状态集 $Init$：$\{q_1,q_2\}\times\{\boldsymbol{x}\in\mathrm{R}^2\mid x_1>=r_1\wedge x_2>=r_2\}$：

初始时第 1 水缸和第 2 水缸容量分别大于等于 r_1 和 r_2

域函数 $D(\cdot):Q\rightarrow P(X)$定义为：

$D(q_1)=\{\boldsymbol{x}\in\mathrm{R}^2\mid x_2>=r_2\}$，当第 1 水缸进水时保持第 2 水缸的容量大于等于 r_2

$D(q_2)=\{\boldsymbol{x}\in\mathrm{R}^2\mid x_1>=r_1\}$，当第 2 水缸进水时保持第 1 水缸的容量大于等于 r_1

边集 $E\subseteq Q\times Q$：$\{q_1\rightarrow q_2,\ q_2\rightarrow q_1\}$，转移是在两个水缸间进行

转移条件 $G(\cdot):E\rightarrow P(X)$：

$G(q_1\rightarrow q_2)=\{\boldsymbol{x}\in\mathrm{R}^2\mid x_2=<r_2\}$，在第 1 水缸进水时，只要第 2 水缸的容量小于等于 r_2，自动机状态就转化到第 2 状态，即往第 2 水缸注水

$G(q_2\rightarrow q_1)=\{\boldsymbol{x}\in\mathrm{R}^2\mid x_1=<r_1\}$，在第 2 水缸进水时，只要第 1 水缸的容量小于等于 r_1，自动机状态就转化到第 1 状态，即往第 1 水缸注水

重置函数 $R(\cdot,\cdot):E\times X\rightarrow P(X)$：$R(q_1\rightarrow q_2,\boldsymbol{x})=R(q_2\rightarrow q_1,\boldsymbol{x})=\{\boldsymbol{x}:=\boldsymbol{x}\}$，状态改变时连续状态不改变，即保持水缸的当前容量

所得模型见图 2-25。

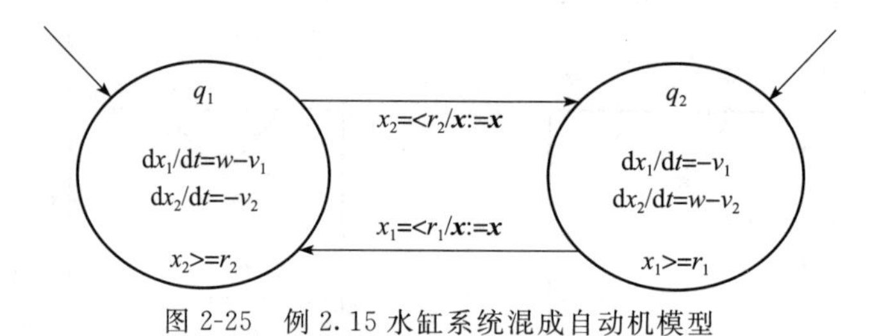

图 2-25　例 2.15 水缸系统混成自动机模型

2.4.5　混成自动机演化

混成自动机反映了动态系统随着时间变化的演化，下面考虑混成自动机状态$(q(t),x(t))$的可能演化。

- 从初始状态$(q_0,x_0)\in Init$ 出发，连续状态 $\boldsymbol{x}$ 服从微分方程 $\mathrm{d}\boldsymbol{x}/\mathrm{d}t=f_{q_0}(q_0,\boldsymbol{x}(t))$以及初始连续状态 $\boldsymbol{x}(0)=x_0$，离散状态 $q(t)$保持初始离散状态 q_0。
- 连续状态的演化重复进行，只要 $\boldsymbol{x}(t)$保持在域 $D(q)$里。
  - 假设混成自动机进入离散状态 q，时间为 t 时刻，则连续状态 $\boldsymbol{x}$ 的值为 $\boldsymbol{x}(t)$，且其演化服从微分方程 $\mathrm{d}x/\mathrm{d}t=f_q(q(t),\boldsymbol{x}(t))$，离散状态 $q(t)$保持常状态 q，

即 $q(t)=q$；

—如果在时刻 t 的后续某个时间点 t'，连续状态 $\boldsymbol{x}$ 满足某个边 $(q,q')\in E$ 的转移条件 $G(q\to q')$，则离散状态从 q 转移到离散状态 q'；连续状态 $\boldsymbol{x}(t)$ 从重置函数 $R(q\to q',\boldsymbol{x}(t))\in \mathrm{R}^n$ 中获得新值，且其演化在离散状态 q' 下服从微分方程 $\mathrm{d}\boldsymbol{x}/\mathrm{d}t=f_{q'}(q',\boldsymbol{x}(t))$；

—连续状态 $\boldsymbol{x}(t)$ 随着时间进行演化，触发离散状态的转移，在离散状态转移后，连续状态的演化重新开始，整个过程重复进行。

- 对所有离散状态 $q\in Q$，域函数 $D(q)$ 中的函数都是 Lipschitz 型连续函数。
- 最后，假定对于所有的边 $e\in E$，边的转移条件 $G(e)\neq\varnothing$（空集）；对于所有的连续状态 $x\in G(e)$，连续状态 x 的重置函数 $R(e,x)\neq\varnothing$。

注：在数学中，Lipschitz 型连续函数是指满足 Lipschitz 连续条件的实值函数。Lipschitz 连续条件以德国数学家鲁道夫·利普希茨命名，是一个比通常连续更强的条件。对于在实数集 R 的子集 D 上的函数 $f:D\to\mathrm{R}$，若存在非负常数 k，使得 $|f(a)-f(b)|\leqslant k|a-b|$，则称 f 满足 Lipschitz 连续条件，且称最小常数 k 为 Lipschitz 常数。绝对值函数 $f(x)=|x|$ 是 Lipschitz 型连续函数，但不是可微函数。

为了描述混成自动机 $H=(Q,X,F,Init,D,E,G,R)$ 的具体演化，把时间集分化成连续区间，使得在连续区间能上能很好地体现连续状态的演化，同时又能区分离散状态的转移点。这样的时间区间集称为混成时间集。

定义 2.6（混成时间集） 一个混成时间集是一个区间 $T=\{I_0,I_1,I_2,\cdots,I_N\}=\{I_i\}_{i=0}^{N}$，它是有限集或者无穷集（$N=\infty$），使得对于所有的 i 都有 $I_i=[t_i,t_i']$ 并且 $t_i\leqslant t_i'=t_{i+1}$，若 $N\leqslant\infty$ 则或者 $I_N=[t_N,t_N']$ 或者 $I_N=[t_N,t_N')$。

时间点 t_i' 是离散状态转移的前一时刻，t_{i+1} 是离散状态转移后的那一时刻。为了时间点具有连续性，规定时间区间 I_i 的右端点 t_i' 和时间区间 I_{i+1} 的左端点 t_{i+1} 重合。因此，这个时间点恰好是混成自动机离散状态转移发生时间点。这样我们假定离散状态的转移是瞬时发生的。注意可能会出现 $t_i=t_i'$，即区间 I_i 是单点集 $\{t_i\}$ 的情况，示意图见图 2-26。

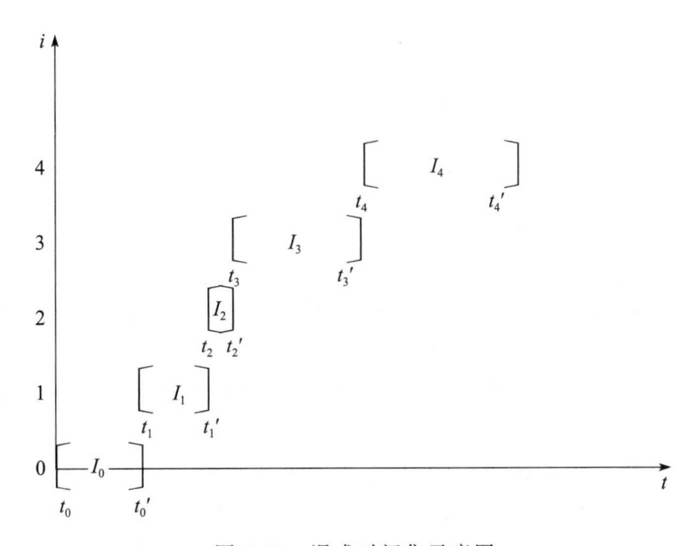

图 2-26　混成时间集示意图

例 2.16　制热空调系统

以图 2-23 为例，描述空调系统混成自动机的演化过程。取空调加热方程为 $x=-15e^{-0.08t}+30$，房间降温方程为 $x=21e^{-0.02t}$，房间初始温度为 15℃。

解：开始时间区间 I_0：空调处于开状态，$t=0$，$x(0)=15$，房间初始温度为 15℃，经过 6.4 个单位时间后，房间温度上升到 21℃，即 $x(6.4)=21$，空调进入关状态，$I_0=[0,6.4]$。

第二个时间区间 I_1：空调处于关状态，房间温度从 21℃下降到 19℃需要 5 个单位时间，即 $x(11.4)=19$，空调进入开状态，得 $I_1=[6.4,11.4]$。

第三个时间区间 I_2：空调处于开状态，此时加热方程的参数 $k=11$，空调服从温度方程 $x=-11e^{-0.08t}+30$，从 19℃加热到 21℃，需要 2.5 个单位时间，得 $I_2=[11.4,13.9]$，空调进入关状态。

第四个时间区间 I_3：空调处于关状态，房间温度从 21℃下降到 19℃，需要 5 个单位时间，即 $I_3=[13.9,18.9]$，空调进入开状态。

第五个时间区间 I_4：空调处于开状态，空调温度变化服从温度方程 $x=-11e^{-0.08t}+30$，从 19℃加热到 21℃，需要 2.5 个单位时间，即 $I_4=[18.9,21.4]$，空调进入关状态。

这样一直重复下去，直到空调关机为止。

根据上述演化，我们得到 $I_0=[0,6.4]$，$I_1=[6.4,11.4]$，$I_2=[11.4,13.9]$，$I_3=[13.9,18.9]$，$I_4=[18.9,21.4]$。

空调系统混成自动机的演化过程示意图见图 2-27。

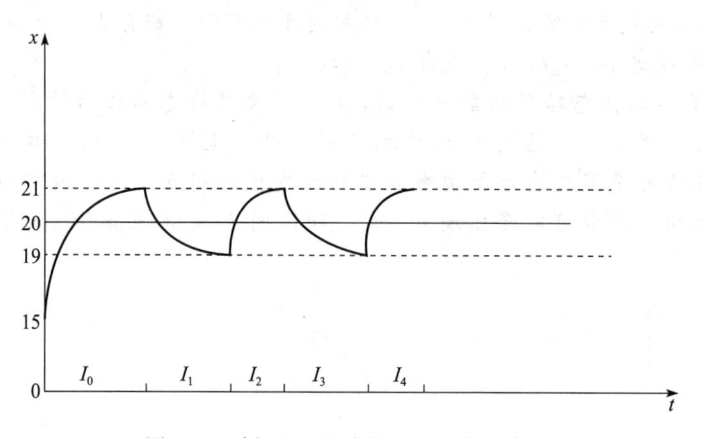

图 2-27　例 2.16 的演化过程示意示意图

例 2.17　水缸系统

设例 2.15 中第 1 水缸和第 2 水缸中水的容量都是 1，两个水缸的水流(常)速度为 1/2，即 $v_1=v_2=1/2$，水流进水缸的(常)速度为 3/4，即 $w=3/4$，因此，第 1 水缸和第 2 水缸的进水速度都是常速度 $3/4-1/2=1/4$，再设 $r_1=r_2=0$。

解：初始状态是 $q=q_1$，$x_1=0$，$x_2=1$。即第 1 水缸无水，第 2 水缸满缸，因此初始状态往第 1 水缸注水。第 2 水缸是满缸代表 $x_2=1$，且出水速度 $v_2=1/2$，所以水缸流干需要 2 个单位时间，第 2 水缸流干后系统自动往第 2 水缸注水，此时第 1 水缸的水容量 $x_1=1/4\times 2=1/2$，即半缸水，时间区间 $I_0=[0,2]$。

系统状态为 $q=q_2$，$x_1=1/2$，$x_2=0$。系统往第 2 水缸注水，第 1 水缸出水速度 $v_1=1/2$，而 $x_1=1/2$，因此经过 1 个单位时间后，第 1 水缸流干，系统转向往第 1 水缸注水，此时第 2 水缸的水容量 $x_2=1\times1/4=1/4$，时间区间 $I_1=[2,3]$。

系统状态为 $q=q_1$，$x_1=0$，$x_2=1/4$，系统往第 1 水缸注水。由于此时第 2 水缸只有 1/4 水容量，出水速度 $v_2=1/2$，因此经过 0.5 个单位时间后，第 2 水缸流干，系统转向往第 2 水缸注水，此时第 1 水缸的水容量 $x_1=1/4\times0.5=1/8$，时间区间 $I_2=[3,3.5]$。

系统状态为 $q=q_2$，$x_1=1/8$，$x_2=0$，系统往第 2 水缸注水。由于第 1 水缸只有 1/8 水容量，出水速度 $v_1=1/2$，因此经过 0.25 个单位时间，第 1 水缸流干，系统转向往第 1 水缸注水，此时第 2 水缸的水容量 $x_2=1/4\times0.25=1/16$，时间区间 $I_4=[3.5,3.75]$。

系统状态为 $q=q_1$，$x_1=0$，$x_2=1/16$，系统往第 1 水缸注水。第 2 水缸水容量 $x_2=1/16$，出水速度 $v_2=1/2$，因此经过 0.125 个单位时间，第 2 水缸流干，系统转向往第 2 水缸注水，此时第 1 水缸的水容量 $x_1=1/4\times0.125=1/32$，时间区间 $I_4=[3.75,3.825]$。

系统状态为 $q=q_2$，$x_1=1/32$，$x_2=0$，系统往第 2 水缸注水。第 1 水缸经过 1/16 个单位时间后无水，系统转向往第 1 水缸注水，此时第 2 水缸的水容量 $x_2=1/4\times1/16=1/64$，时间区间 $I_5=[3.825,3.888]$。

得到混成时间集 $I=\{[0,2],[2,3],[3,3.5],[3.5,3.75],[3.75,3.825],[3.825,3.888]\}$，两个水缸水容量演化过程见图 2-28。

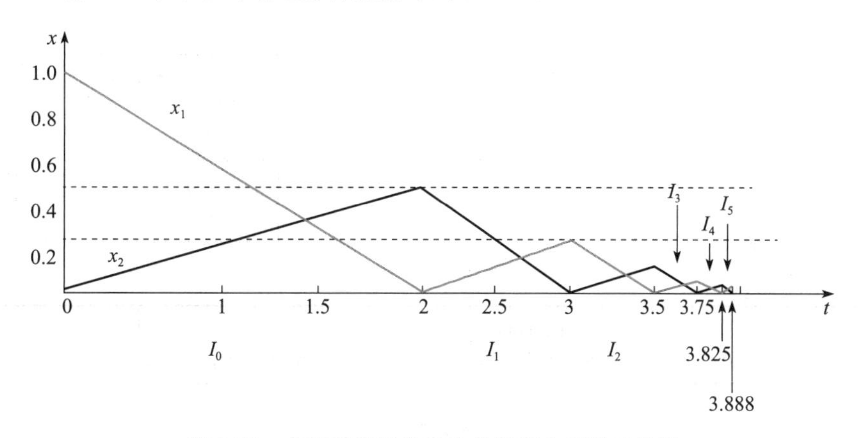

图 2-28　水缸系统混成自动机的演化过程示意图

2.5　图形建模语言 SysML

本节将介绍系统建模语言 SysML(System Modeling Language)。SysML 是面向系统工程的一种图形建模语言，可以用来可视化设计各种规模的工程技术系统，通常由硬件、软件、数据、人和过程组成。系统工程师会负责对工程技术系统进行规范、分析、验证和检验。SysML 建模工具有 Modelio(创建者：Modeliosoft)、Papyrus(创建者：Atos Origin)。文献[14]是一个简单明了的 SysML 入门教程。本节的例子大多数来自文献[15，16]。

2.5.1　SysML 介绍

SysML 是系统工程领域的标准化建模语言，提供了创建系统模型时使用的图形结构与元素，包含了能够表示特殊意义的图形标识。SysML 可以用来创建系统结构、行为、需求和约束的图形模型。

SysML 由 9 种类型图组成，分别是包图、需求图、活动图、序列图、状态机图、用例图、参数图、模块定义图、内部模块图，如图 2-29 所示。其中活动图、序列图、状态机图和用例图统称为行为图，模块定义图和内部模块图统称为结构图。

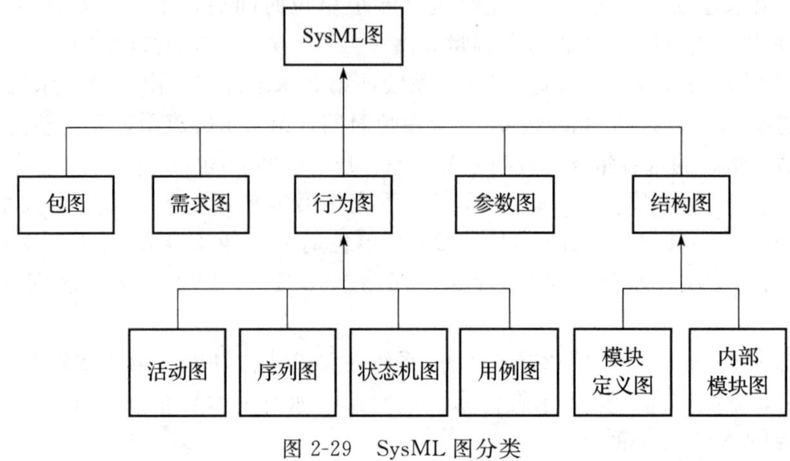

图 2-29　SysML 图分类

SysML 图的通用框架如图 2-30 所示，每个 SysML 图都由图外框、头部以及内容区域三部分组成。

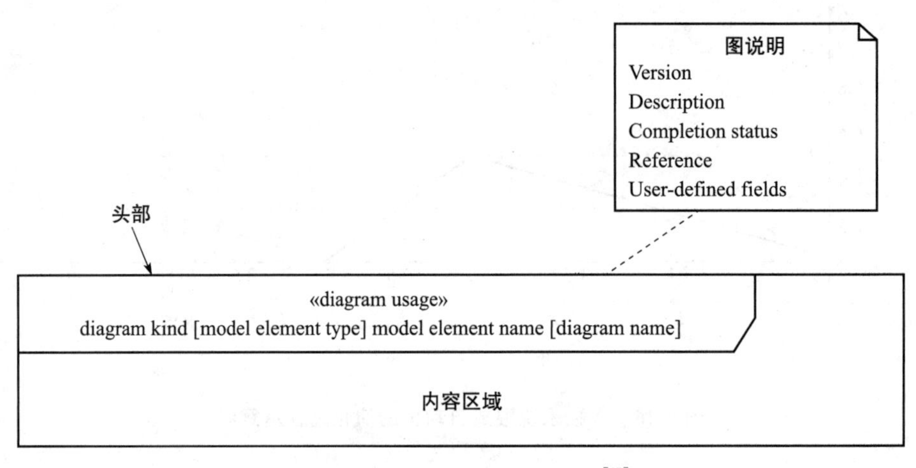

图 2-30　SysML 图的通用框架[15]

图外框是指图的外部黑色实线，在 SysML 中外框不能省略。内容区域是存放 SysML 模型元素的地方。头部位于图的左上角，对模型图的类型、名称、模型元素类型及名称进行概要性描述。若要提供关于图状态和用途的更多详细信息可选择图说明，将其附加到框架边界。

头部的描述格式是固定的：

diagram kind[model element type]model element name[diagram name]

其中 diagram kind 指的是图类型，model element type 是模型元素类型，model element name 是模型元素名称，diagram name 是图名称。

图类型的命名只能在 SysML 定义的图类型缩写集合(见表 2-3)中选择，用户不能随意命名。

表2-3　图缩写表

图类型	图缩写	图类型	图缩写
包图	pkg	用例图	uc
需求图	req	参数图	par
活动图	act	模块定义图	bdd
序列图	sd	内部模块图	ibd
状态机图	stm		

SysML定义了模型元素类型集合，这些类型的模型元素在图中不能任意选择，每种SysML图中所能表达的模型元素是有规则限制的，如表2-4所示。

表2-4　可表达的模型元素类型表

图类型	可表达的模型元素类型
包图	package、model、modelLibrary、view
需求图	package、model、modelLibrary、view、requirement
活动图	activity
序列图	interaction
状态机图	stateMachine
用例图	package、model、modelLibrary、view
参数图	block、constraintBlock
模块定义图	package、model、modelLibrary、view、block、constraintBlock
内部模块图	block

模型元素名称是用户自定义的模型元素的名称。

图名称是用户自定义的图的名称。

2.5.2　SysML建模工具EA

EA(Enterprise Architect)是用于软件系统的设计与开发、企业业务过程建模以及更广泛建模的可视化平台。EA基于UML 2.3规范，是一款不断进步和完善的工具，它覆盖了开发周期的所有方面，提供了从初始设计阶段到系统部署、维护、测试以及修改控制的全程可跟踪性。EA的功能分类如图2-31所示。

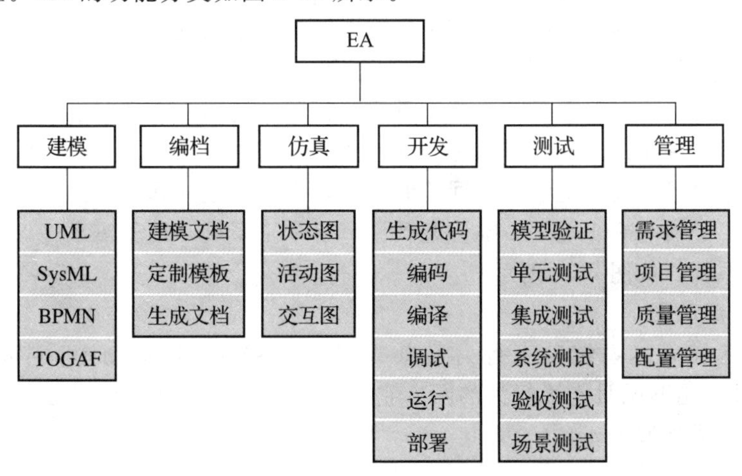

图2-31　EA的功能分类

EA 具有如下几个优点。

- 用于系统和软件应用程序的可视化模型驱动开发。
- 通过原型快速设计，及早纠正错误，降低成本。
- 自动实施一致性检查，提升敏捷性，并通过协作提高重用性，降低经常性和非经常性费用。
- 与扩展的设计团队共享、协作和审查由 Rational Rhapsody 或其他设计工具生成的工程生命周期工件。

2.5.3 SysML 建模介绍

本节介绍 SysML 中 9 种图的建模方法。文献[15]以机动车建模等为例全面介绍如何使用 SysML 进行建模，文献[16]以在载人航天活动的最后阶段控制降落伞开启的降落伞系统[17]为例，介绍如何使用 SysML 进行建模，并进行降落伞系统的一致性仿真验证。本节将选这两个文献中的 SysML 图进行介绍。

2.5.3.1 包图

包图是显示系统模型的组织方式时所创建的图。包图中显示了各种类型的元素和关系，以表达系统模型结构。

在项目开始时，第一次创建模型结构时，就会创建多个新的包以及新的包图。当需要修改模型结构的时候，会创建新的包图。

包图的图类型缩写是 pkg，头部为：pkg[model element type]package name[diagram name]其中，model element type 可以是 model，package，model library 或 view。

图 2-32 是自动驾驶领域的 SysML 包图，从包图中可以看到，自动驾驶领域的 SysML 建模包括用例图、需求图、参数图在内的 10 种图。

2.5.3.2 需求图

需求图是以图形式表达系统需求的各方面信息，它是传统的基于文字需求的 SysML 图表示。

需求图的标识是矩形，矩形中包含元类型 «requirement»，元类型下面是具体的需求。需求图的图类型是 req。

载人航天活动返回舱降落伞系统的主要任务是及时有效地打开降落伞进行减速，保证返回舱按照规定的安全速度着陆。主需求是返回舱降落伞系统能够在正常状态下开伞成功并且能处理遇到的故障，该需求可进一步分解为 2 个子需求；主降落伞系统完成开伞任务；在主降落伞系统失效时，备用降落伞系统执行开伞功能。需求图见图 2-33。

返回舱降落伞系统的高层需求被精化为多个子需求。需求 1.1 派生出了 3 个子需求，其中子需求 2.1 要求减速伞能够将返回舱的速度降到亚声速。除此之外，需求的分配关系也显示在图中，子需求 2.1 与 2.2 被分配到主降落伞子系统，而子需求 2.3 被分配到伞舱盖弹射分离子系统，如图 2-34 所示。

2.5.3.3 活动图

活动图是能够表达系统动态行为信息的 3 种 SysML 图(活动图、序列图、状态机图)之一，是唯一能够说明连续行为的图。它可以表达各种各样的活动以及复杂的控制逻辑。活动图的图形类型为 act。

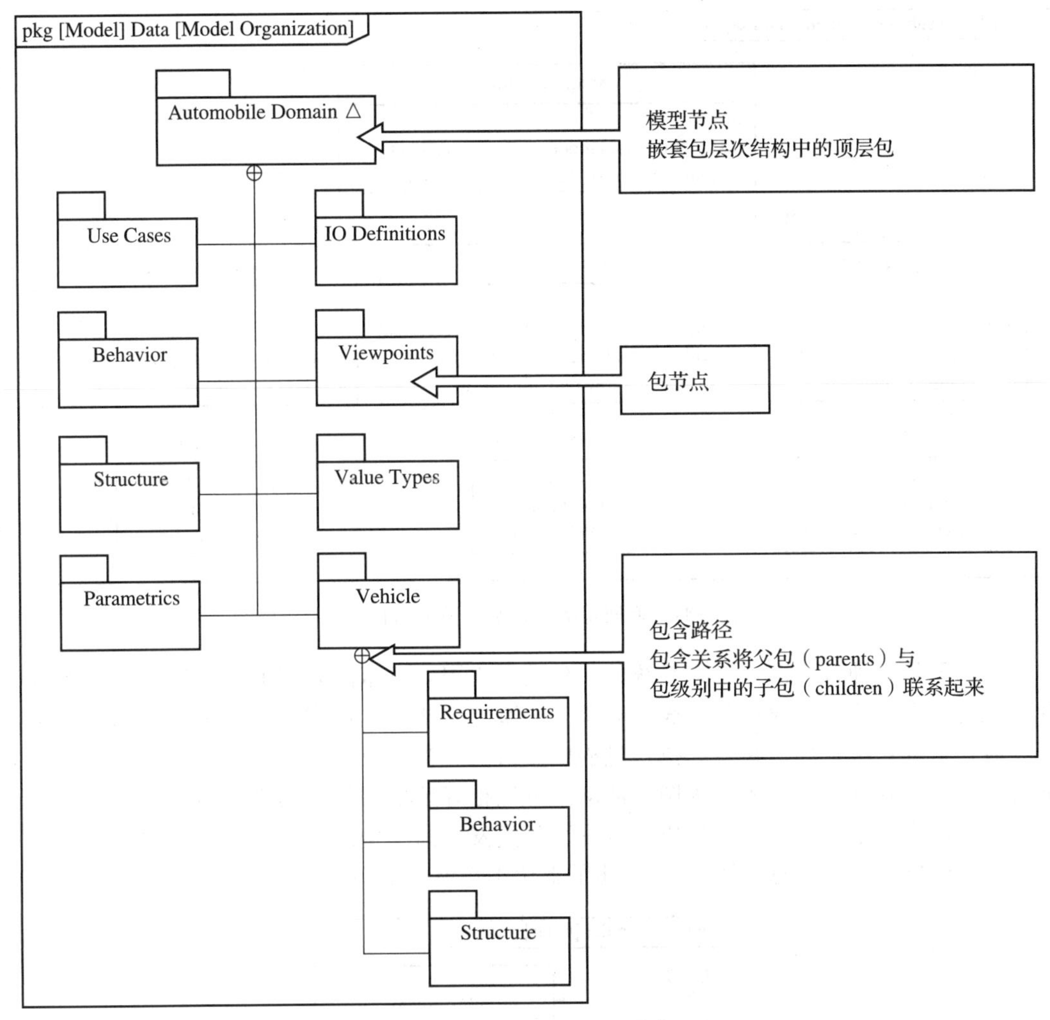

图 2-32　自动驾驶包图[16]

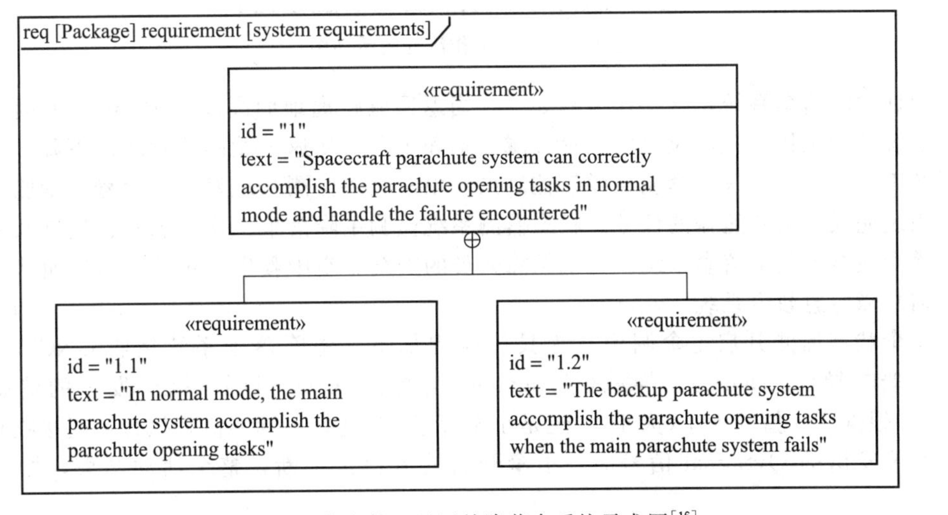

图 2-33　载人航天返回舱降落伞系统需求图[16]

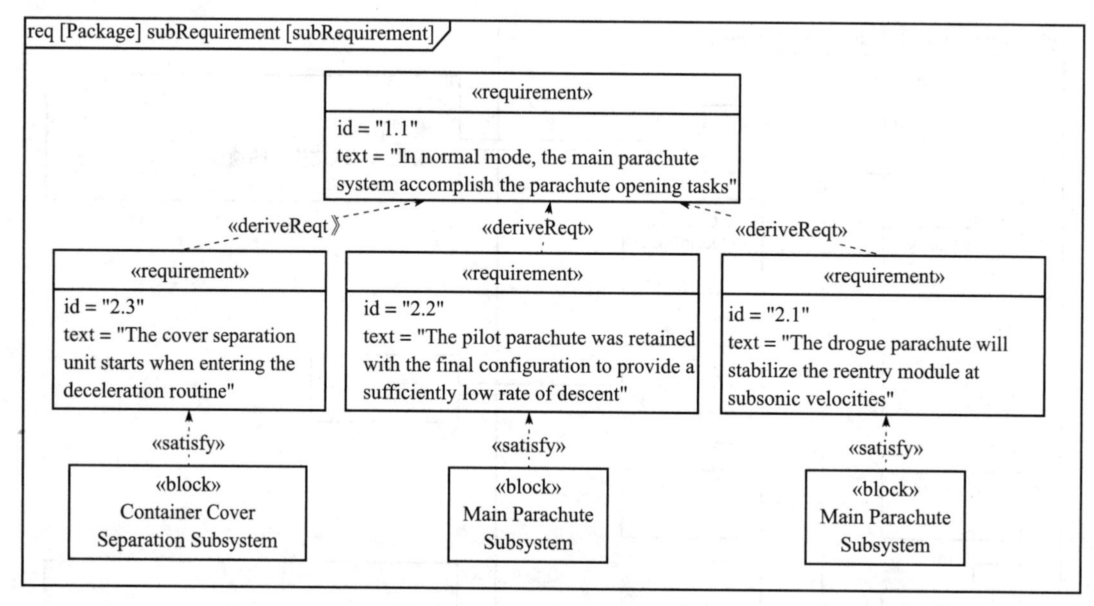

图 2-34　返回舱降落伞系统需求精化图[16]

活动图是一种行为图，它是系统的一种动态视图，显示随着时间的推移所发生的行为和事件的序列。活动图通过行为表示对象——事件、能量，或者数据的流动，描述系统在操作时，系统对象是如何在行为执行过程中被访问和被修改的。在表达系统及执行者期望的行为时，需要创建系统的行为图。活动图可以很好地处理复杂的输入和输出控制流。

返回舱降落伞系统的外部环境实体雷达负责发送高度信息给返回舱降落伞系统，它每隔 2 秒向外发送高度信息。图 2-35 描述了雷达工作流程的活动图。

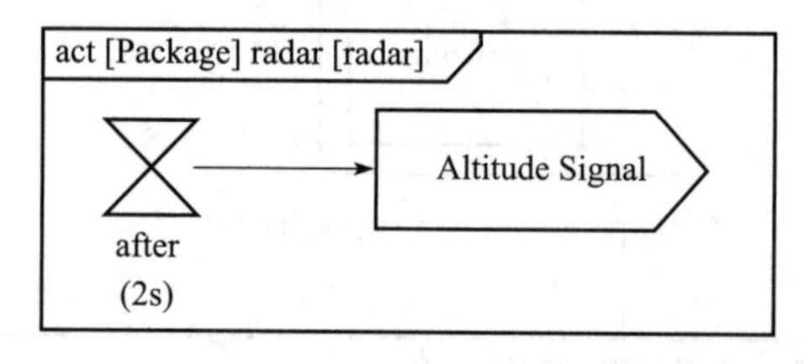

图 2-35　雷达工作流程的活动图[16]

返回舱降落伞系统正常工作流程如下：当返回舱距离地面高度为 10km 左右时，主降落伞系统开始工作，先后拉出引导伞、减速伞和主伞，使返回舱的速度缓缓下降。主降落伞系统工作时会接收来自伞舱盖弹射控制系统以及状态监测系统发出的信号。伞舱盖弹射控制系统完成弹出伞舱盖的任务。状态监测系统监测主降落伞工作状态并正确判断系统故障从而切换至备用降落伞系统。为了保障人员的安全，空中救生系统监测返回舱状态并及时开启故障应急救生系统。

主伞状态监测开启主伞调用行为具体流程如下：主降落伞系统接收 GNC[GNC 系统：飞船制导(Guidance)、导航(Navigation)与控制(Control)分系统]发出的消旋信号 Tm，并根据 Tm 值的大小(大于 10 还是小于等于 10)选择不同的流程执行，当接收到空中救生系统发出的 OvSignal 信号时，主伞开启的流程被中断，整个活动结束，如图 2-36 所示。

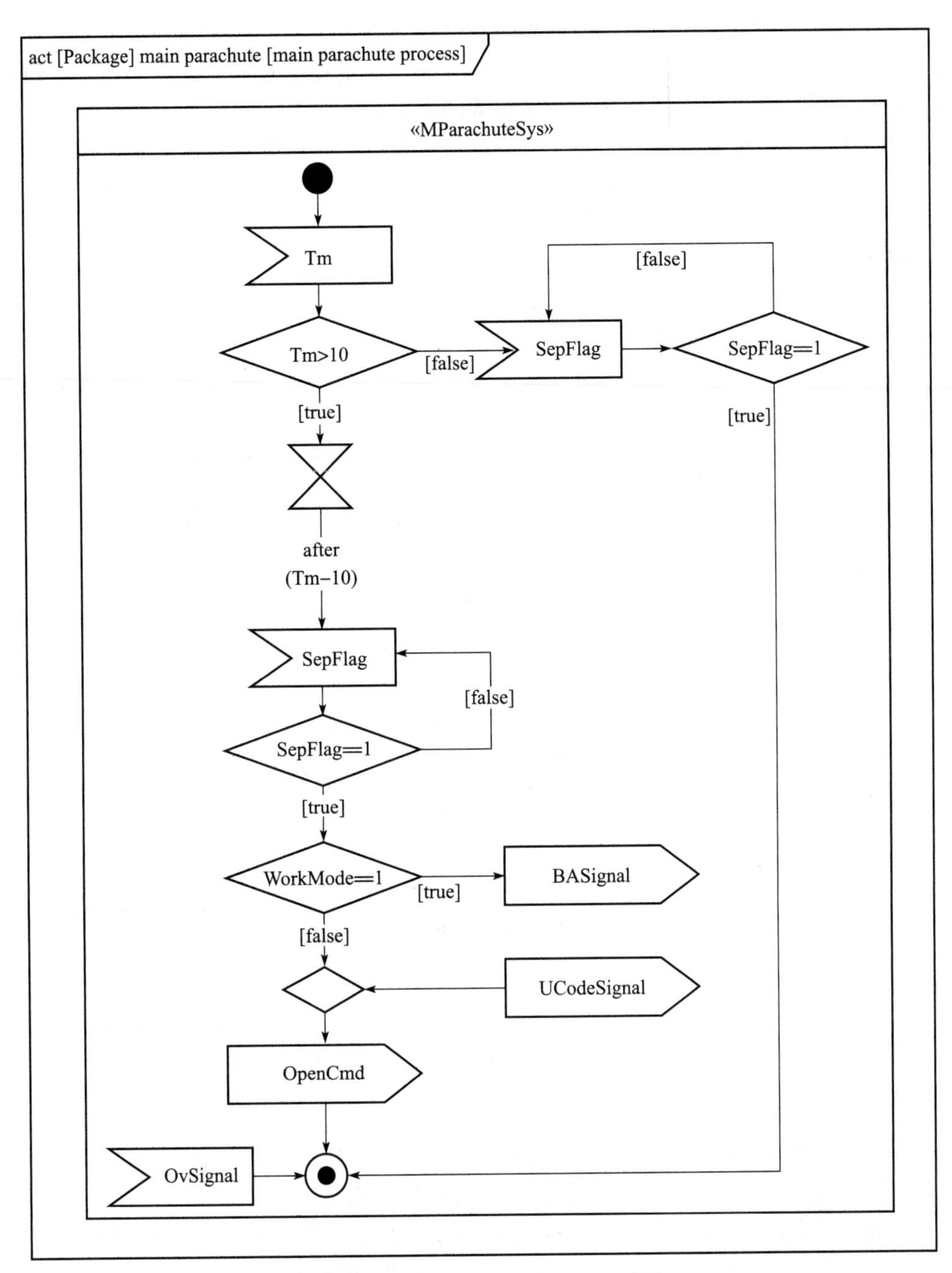

图 2-36 主降落伞系统的活动图[16]

2.5.3.4 序列图

序列图是另一种可以用来说明系统动态行为信息的 SysML 图，是系统的一种动态视图。它显示了生命线元素，描述信息的交互。当需要精确地指定实体之间的信息交互、系统问题域内的信息交互和解决方案内的信息交互时，需要建立序列图。序列图的图形类型是 sd。

序列图中的主要元素是生命线。

生命线是代表交互参与者的一种元素，代表了交互中参与者的单一实例，它会与其他生命线交换数据，即消息。生命线的标识是竖虚线。虚线代表了组成部分指标的生命，生命随着时间流逝而改变，时间会沿着生命线向下进行，先发生的事件会显示在生命线中比较高的位置，而后发生的事件会显示在比较低的位置。

生命线上可以出现 2 种类型的事件：消息发送事件、消息接收事件。生命线创建的事件消息代表了发送生命线和接收生命线之间的通信。生命线之间有以下 3 种类型的线。

- 实三角线实线：⟶表示信息传递是同步的。
- 虚三角线实线：⟶表示信息传递是异步的。
- 虚三角线虚线：---->表示信息回复。

图 2-37 是一摄像机控制系统序列图。有 2 条生命线：左侧为安全监控操作员，右侧为安全系统。描述了从安全监控操作员选择编号为 CCC1 的摄像机开始，到从安全系统获得当前信息 Moving 的整个过程。

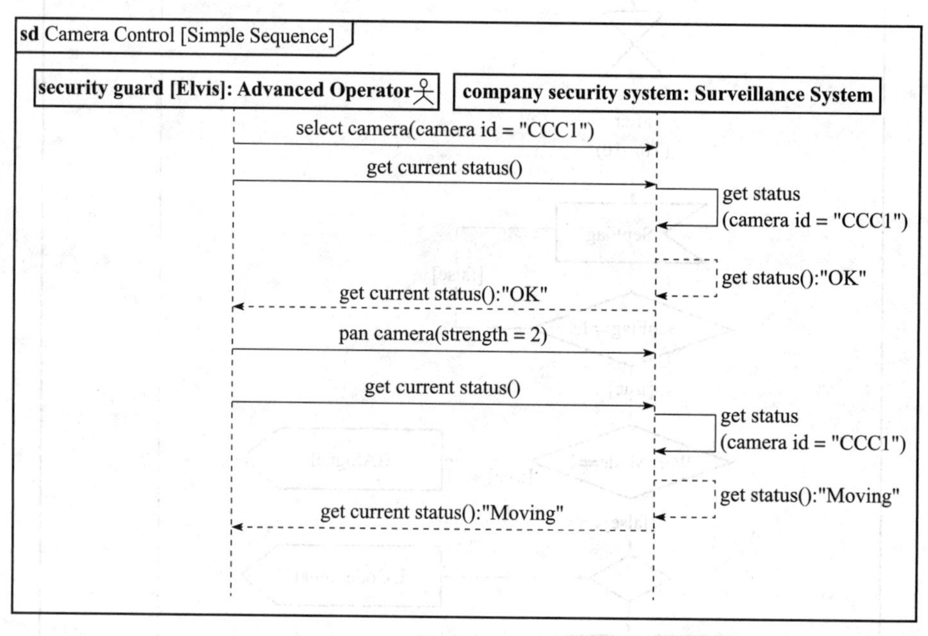

图 2-37　摄像机控制系统序列图[15]

2.5.3.5　状态机图

状态机图是能够说明系统动态行为信息的第 3 种 SysML 图，它描述的是系统中的结构状态如何根据随时间变化而改变。状态机图的图形类型是 stm。

状态机图显示各种各样的系统状态，可以指定 4 种类型的事件，以及在系统运行中状态间转移的触发条件，从而对系统的行为做精确、清晰的说明。

以下为状态机图中的主要元素。

- 状态：用矩形表示，每个状态都有入和出的行为，状态之间的转移由有向边表示，边上有触发条件。
- 初始状态：表示状态图中的开始点，符号为●。
- 终止状态：表示状态图中的终止点，符号为◉。

图 2-38 规范了监视系统的状态转移过程。从空闲(idle)到初始化(initialize)若成功(init OK)，则转移到操作(operate)状态，否则进入检测(diagnose)状态。若申请关闭则进入关闭(shut down)状态。进一步地，若确认成功则输出关闭摄像机动作，然后进入空闲

状态。在关闭电源后进入终止状态。

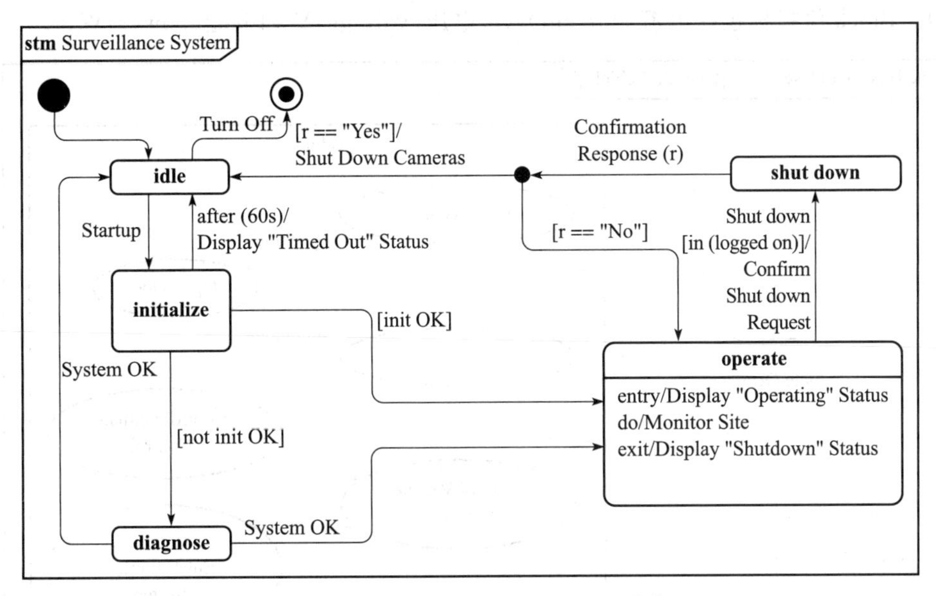

图 2-38　摄像机监视系统状态机图[15]

2.5.3.6　用例图

用例图可以显示系统类型的元素和关系，说明系统提供的服务信息，以及需要服务的利益相关者的信息。用例图是系统的一种黑盒视图，很适合作为系统的情景图。用例图应该在系统生命周期的早期创建。系统分析时可能会枚举各种用例，然后在系统概念和操作的开发阶段创建用例图。用例图的图形类型为 uc。

用例图主要显示两个内容：系统提供的外部可见服务(即用例)以及触发和参与用例的执行者。

用例是系统将会执行的一种服务或者一种行为，因此用例名称总是一个动词短语。用例会捕获系统利益相关者之间关于系统行为的契约，把那些不同的场景搜集在一起。

执行者是一个人或者一个外部系统，执行者和系统之间存在接口，分为主执行者和次执行者。触发用例的执行者叫作主执行者，参与到用例中的执行者叫作次执行者。

图 2-39 描述了机动车有关持有者的用例图。持有者包括驾驶员和乘车人，驾驶员是驾驶汽车者，而乘车人既可以进出机动车，也可以操作机动车辅助系统。辅助系统包括温控系统和娱乐控制系统。

2.5.3.7　参数图

参数图，包括约束图，是一种独特的 SysML 图，用来说明系统的约束。这种约束一般用数学模型的方式表示，决定了系统中一系列合法的值。使用模块图来建立参数图和约束图。只有参数图能够向利益相关者传递这些数学模型。

SysML 把等式和不等式建立为约束模块，以指定模块的值指标的固定关系。

当需要显示不同约束表达式中约束参数之间的绑定关系时，需要建立等式或不等式的复合系统，建立参数图。

参数图的图形类型是 par。模型元素类型可以是 Block 或 ConstraintBlock。

图 2-40 是来自文献[15]的例子，描写了能耗参数情况。模型元素名称是 Power Consumption，模型元素类型是 ConstraintBlock。图中有两个 Block，其中 pe 满足 Joule’s

Law(焦耳定律)，ps 是电能求和(Power Sum)，关联着多个构件需求(Component demand)。Block 值指标包括电流(current)A、电压(voltage)V 和电能(power)W。

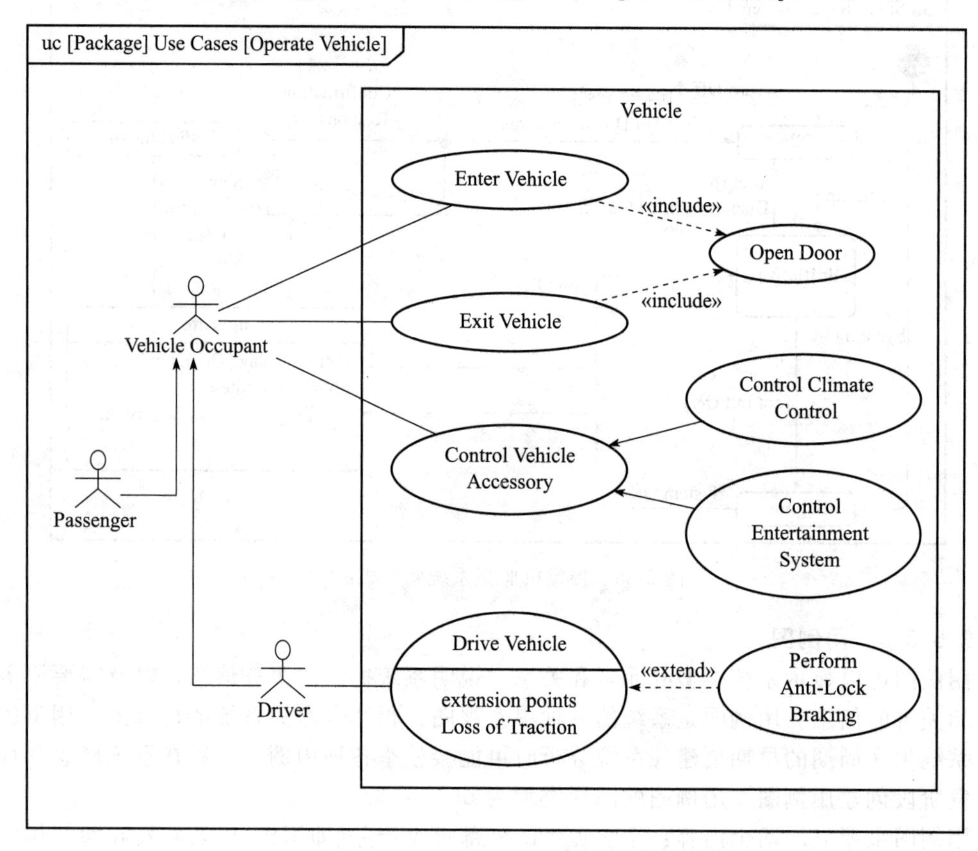

图 2-39　机动车持有者用例图[15]

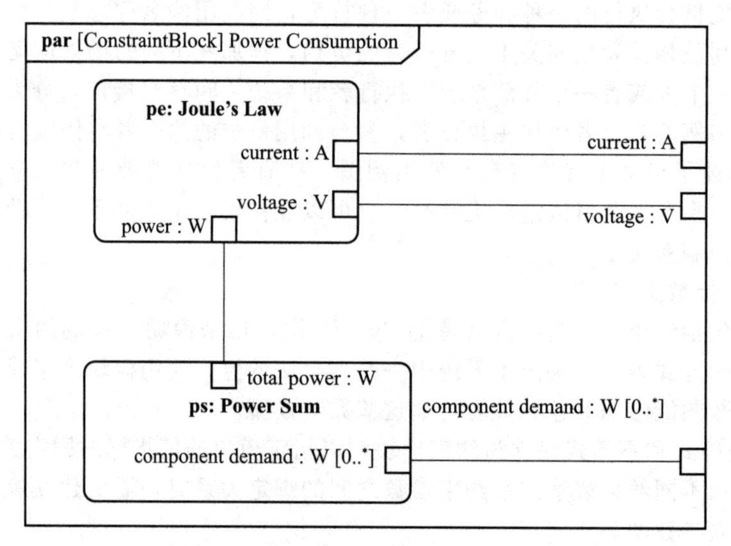

图 2-40　能耗参数图[15]

图 2-41 是一物体自由落体运动的参数图，规范了物体自由落体运动时的下落距离 d、

速度 u、加速度 a 以及时间 t。这些变量有单位，如距离 d 的单位是 m，时间 t 的单位是 s，物体自由落体运动的加速度 $a=9.8\text{m/s}^2$，是距离对时间的二阶导数。距离 d 是时间 t 的函数，定义为 $d=u\times t+(a\times t^2)/2$。规定 $t=0$ 时 $d=0$。

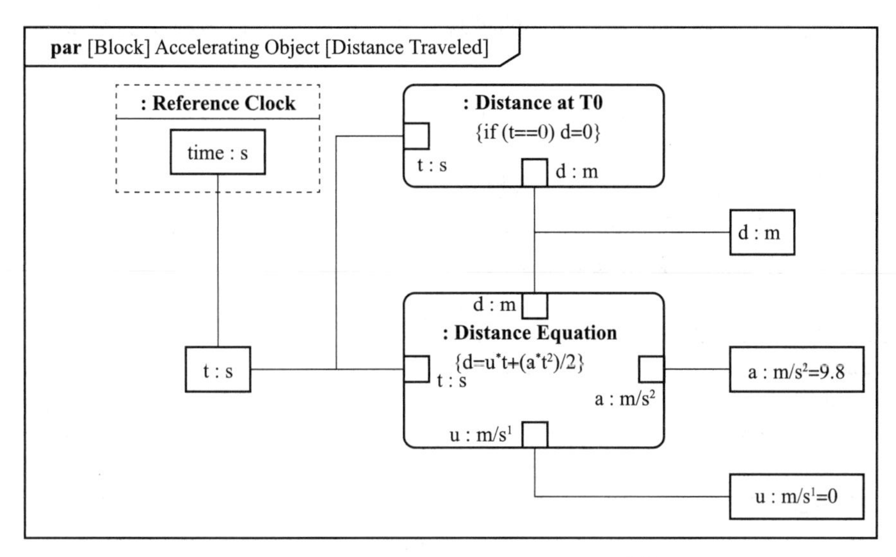

图 2-41 物体自由落体运动的参数图[15]

2.5.3.8 模块定义图

模块定义图是一种最常见的 SysML 图，它可以显示不同类型的模块元素及其关系，以说明系统结构的信息。模块定义图中的元素叫作定义元素。定义元素形成了系统模型中其他内容的基础。定义元素的重要性体现在元素之间的结构关系——关联、泛化和依赖。使用这些关系，通常会创建系统的分解和类型的分类。

需求分析、需求定义、架构设计、性能分析、测试用例开发、集成都需要建立模块定义图。模块定义图的图形类型是 bdd。

图 2-42 描述了返回舱降落伞系统组成模块，包括伞舱盖弹射分离子系统、主伞状态监测系统、主降落伞子系统、备用降落伞子系统以及空中救生子系统。

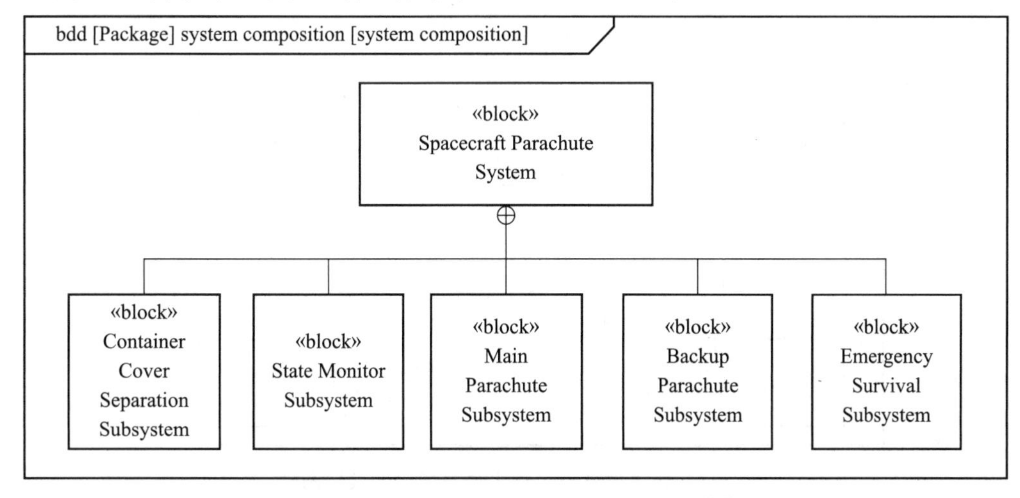

图 2-42 返回舱降落伞系统组成模块图[16]

2.5.3.9　内部模块图

内部模块图与模块定义图非常密切，内部模块图通过显示各种元素来说明系统结构的各个方面，是对模块定义图表达内容的一个补充。内部模块图唯一允许的模型元素是模块。它的外框是代表系统模型某处定义的模块，在外框中可以显示模块的组成部分指标和引用指标。

当需要显示模块的合法配置——模块指标之间特定的一系列链接时，需要建立内部模块图。内部模块图的图形类型是 ibd。

图 2-43 是表示子系统间交互的内部模块图，描述了主降落伞子系统接收来自伞舱盖弹射分离子系统发送的信息 SepFlag 以及来自主伞状态监测子系统发送的信息 OvSignal，同时发送信息 BASignal 给备用降落伞子系统。

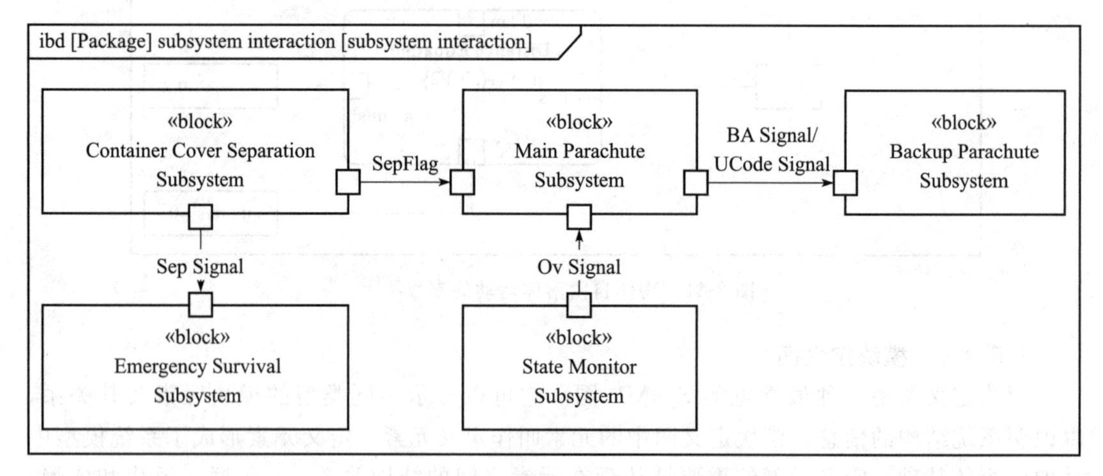

图 2-43　表示子系统间交互的内部模块图[16]

返回舱降落伞系统在执行过程中接收外部设备——遥感装置、过载控制器、GNC 以及雷达的信息。这些信息可以通过外部总线传输，也可以以网络通信协议环境中的各种实体为载体进行传输。图 2-44 描述了返回舱降落伞系统与 4 个外部设备的信息输入输出关系。

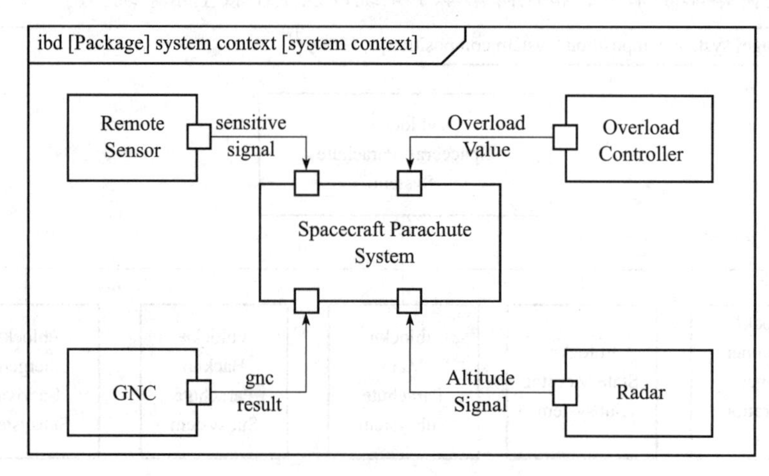

图 2-44　表示信息输入输出关系的内部模块图[16]

2.6　本章小结

本章介绍了智能嵌入式系统的一般建模方法和建模语言。系统建模的基本目的是使用规范的语言(建模语言)来规范系统的功能和性能，其优点是规范了系统需求，不会对其产生歧义，同时系统开发过程的各个环节都能被相关人员统一理解和掌握。另外，系统建模也为系统的仿真提供基础。

有限状态机一般用来对简单的离散控制系统进行建模，数据有限状态机用来对数据驱动的离散控制系统进行建模，混成自动机可以对带有连续数据驱动的控制系统进行建模。

在本章定稿时，软件学报发表了中科院软件所王淑灵等人的可信系统性质分类和形式化研究综述文章[17]，系统地介绍了计算系统的形式化验证方法与工具，其中介绍了混成自动机，且也使用了例子——水缸系统。

2.7　习题

2.1　建立时控路灯的有限状态机模型

时控路灯是指由时间驱动自动控制开和关的路灯，需建立晚上 6 点钟开灯、早上 6 点钟关灯的时控路灯有限自动机模型。

2.2　建立光控灯系统的有限状态机模型

光控灯是一种智能灯光控制系统，灯的开和关依据灯所在位置光照度的变化而改变。当光照度低于 x 勒克斯时灯处于开状态，当光照度高于 y 勒克斯时灯处于关状态。这种光控灯系统可用于路灯控制，也可用于楼宇灯自动控制，还可用于汽车外设灯自动控制，查阅资料确定路灯控制光照度的阈值，并建立相应的自动机模型。

2.3　建立声时混控灯的有限状态机模型

在居住楼道里经常会遇到声时混控灯，当有声音时灯由关状态变成开着状态，并保持亮 2min，然后变成关状态。建立此声时混控灯的有限自动机模型。

2.4　建立下面两题的 Moore 型和 Mealy 型自动机

(1) 单部 5 层电梯控制系统。

(2) 饮料售货机可售 1 种饮料：可乐。每瓶可乐 4 元，可接收现金 1 元与 10 元，现金找零。

2.5　建立下面三题的 Mealy 型数据有限状态机模型

(1) 单部 10 层电梯控制系统。

(2) 南北、东西两个方向交通路口的红绿灯正交控制系统：南北方向直行绿灯 40s，东西方向直行绿灯 30s，黄灯 5s，在直行时可以左转，右转始终是自由的。正交控制系统是指南北方向为绿灯时东西方向为红灯，南北方向为红灯时东西方向为绿灯。为了满足安全以及提高通行速度的要求，规定在绿灯转移为红灯时需先转移为黄灯，黄灯时间为 5s，而红灯直接转移为绿灯。初始状态为东西和南北方向都是黄灯。

(3) 饮料售货机可以售 3 种饮品：可乐、茶和水。每瓶可乐售 4 元，每瓶茶售 3 元，每瓶水售 2 元，线上支付。每次可以购买 1～3 瓶饮品。

2.6　建立汽车自动停车系统的混成自动机模型

汽车自动停车系统按照速度分成三个阶段实现，第一阶段是匀减速行驶，加速度是 $dv/dt=-1.35(m/s^2)$，当车速到达 20km/h 时，进入第二阶段；第二阶段也是减速行驶，加速度是 $dv/dt=0.09t-4.36(m/s^2)$，当车速为 0 时，汽车进入第三阶段：停车。分别建立关于车速和行车距离的汽车自动停车系统的混成自动机模型，并画出混成自动机的演化过程，车速初始速度为 100km/h。

2.7　建立弹跳球运动系统的混成自动机模型

将球体在高度 h 处放下，让其做自由落体运动，当落地时由于受到下落力作用，球会弹起，速度损失 20%，到最高处又会受到地球引力作用做自由落体运动，球这样反复落-弹，直到速度为 0。建立弹跳球运动系统的混成自动机模型，并画出 $h=100\text{cm}$ 时混成自动机的演化过程。

2.8 建立汽车自主防撞系统的混成自动机模型

汽车自主防撞系统是在汽车行驶过程中自动感知前面是否存在静止障碍物、行人和行驶中的汽车等，这些统称为障碍物。若存在则汽车自动采取减速、停车或避开措施，避免发生碰撞事故。自主防撞系统引起汽车状态的转移，汽车状态包括以下几种。

行驶状态：当汽车前面没有障碍物或者与障碍物间距大于自主防撞系统计算出的安全距离 A(70m)时，自主防撞系统控制汽车进入行驶状态(正常)，行驶速度为 80km/h；

减速状态：当自主防撞系统检测到障碍物并且障碍物与车之间的距离小于安全距离 A 大于安全距离 B(50m)时，自主防撞系统控制汽车进入减速状态，速度为 $-3.37t^2+22.22(\text{m/s})$，加速度为 $-6.75t(\text{m/s}^2)$；

制动状态：若障碍物出现并且汽车与障碍物的间距小于安全距离 B 大于安全距离 C(20m)，则自主防撞系统控制汽车进入紧急制动状态，减速速度为 $-4.05t+23.44(\text{m/s})$，加速度为 $-4.05(\text{m/s}^2)$；

停车状态：若汽车与障碍物的间距小于安全距离 C，则自主防撞系统控制汽车进入停车状态，速度为 $-6.5t+19.88(\text{m/s})$，加速度为 $-6.5(\text{m/s}^2)$。汽车在行驶中显示与前面障碍物的距离，若前面没有障碍物，则距离显示为符号 ∞。依据已知内容建立汽车自主防撞系统的混成自动机模型，行驶状态、减速状态、制动状态可以相互转移到达，但行驶状态不能直接到达停车状态，停车状态为终止状态，行驶状态为初始状态。

2.9 调查业界大型智能嵌入式系统的 SysML 建模典型案例。

第3章 系统仿真

刻鹄类鹜 《后汉书·马援传》

仿真技术是在系统建模基础上，使用仿真工具对系统进行仿真验证。仿真目的是验证系统建模的正确性与合理性。仿真方法有离散系统仿真、连续系统仿真以及离散-连续系统的混合仿真。本章将要介绍的仿真工具有离散系统仿真工具 Modelsim 和离散-连续系统的混合仿真工具 Matlab/Simulink，并给出一些例子来说明如何进行仿真。

3.1 离散系统仿真

输入输出有限状态机的一种仿真方法是使用基于硬件描述语言 Verilog 的仿真工具 Modelsim。本节将简单介绍硬件描述语言 Verilog 的语法以及 Modelsim 仿真工具，并给出一些例子来说明如何使用 Verilog 语言依据状态机模型来编写仿真程序和进行仿真。

3.1.1 硬件描述语言 Verilog

硬件描述语言 HDL(Hardware Description Language)是以文本形式描述电子系统硬件行为、结构、数据流的语言，用它可以表示逻辑电路图、逻辑表达式，还可以表示数字逻辑系统所完成的逻辑功能以及时序功能。硬件描述语言有 VHDL、Verilog、System Verilog 等。

Verilog 语言拥有几种重要的描述风格，包括：结构模型、用于逻辑综合的组合电路和时序电路的行为模型、有限状态机数据通道模型以及周期精确的描述。本节只介绍 Verilog 语言的简单语法，比较详细的材料可以参考文献[18]。

Verilog 语言作为一种结构化和过程性的语言，其语法结构非常适合于算法级和 RTL 级模型设计：

1. 可描述串行执行或并行执行的程序结构；
2. 用延迟表达式或事件表达式来明确地控制过程的启动时间；
3. 通过命名的事件来触发其他过程里的激活行为或停止行为；
4. 提供了条件、循环程序结构；
5. 提供了可带参数且非零延续时间的任务程序结构；
6. 提供了可定义新操作符的函数结构；
7. 提供了用于建立表达式的算术运算符、逻辑运算符和位运算符；
8. 作为一种结构化语言也非常适合于门级和开关级的模型设计。

Verilog 语言以模块作为基本程序单位，关键字：module。一个模块的基本语法如下：

```
module module_name(port_list);
Declarations:
    reg, wire, parameter,
    input, output,
    function, task, ...
Statements:
```

```
    Initial statement
    Always statement
    Module instantiation
    Gate instantiation
    UDP instantiation
    Continuous assignment
endmodule
```

其中，UDP(User Defined Primitives)是指用户可以自行定义的基本单元。

以下为使用 Verilog 语言写的代码示例：

```
module turnstile_FSM (C,P,clk,reset,y);
//自动旋转式栅门的有限状态机(此为注释,程序不执行)
//turnstile_FSM 是模块名
//C、P、clk、reset、y 是变量名,其中 clk 是时钟关键字,reset 是重置关键字,C、P 和 y 是本模块自身定义的变量
  input C,P,clk,reset;
//输入变量:C、P、clk、reset
  output y;
//输出变量:y
  reg state;
//reg:寄存器,state: 放在寄存器中的状态,1 位寄存器
  parameter   S0=1'b0,S1=1'b1;
//参数:自动机中的 2 个状态。若有 3、4 个状态则需将 reg 设置成 2 位寄存器
//Define the turnstile block
  always @ (posedge reset or posedge clk)
//always 语句,符号@表示触发,关键字 posedge 表示上升沿时触发
  Begin
//状态定义开始
  if(reset)
    state<=S0; //初始状态
  else
    case(state)// case 讨论基于寄存器中的状态
      S0: if (C) state <=S1;  else state <=S0;
      // 状态 S0:如果 C 为真,则寄存器中的状态变为 S1,否则保持 S0
      S1: if (P) state <=S0;  else state <=S1;
      // 状态 S1: 如果 P 为真,则寄存器中的状态变为 S0,否则保持 S1
    endcase
  end
  assign y =state;
  //assign 是一个关键字,用于定义输出函数,此处把 state 值赋给输出变量 y
endmodule
```

硬件描述语言 Verilog 可用来撰写数字电路，比如如图 3-1 所示的门级电路图，实现了从三个输入 A、B 和 C 到两个输出 x、y 的计算功能，$x=(A\cap B)\cup\neg C$，$y=\neg C$。其 Verilog 代码如下：

```
module smpl_circuit(A,B,C, x,y);
  input A,B,C;
  output x,y;
  wire e;
  and g1(e,A,B);
  not g2(y,C);
  or  g3(x,e,y);
endmodule
```

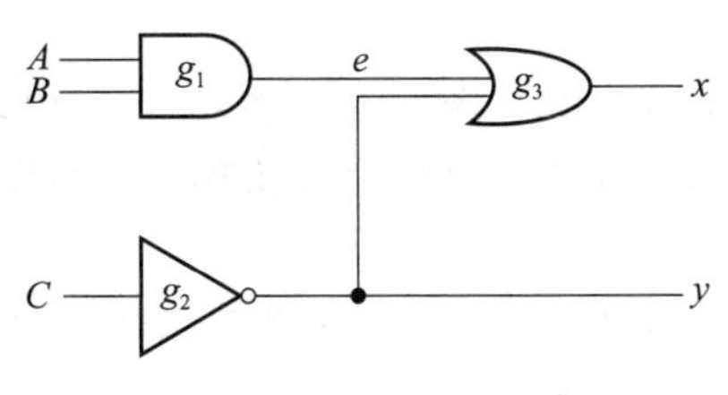

图 3-1　Verilog 门级电路图

Verilog 模型可以对实际电路进行不同级别的抽象。这些抽象的级别和它们对应的模型类型共有 5 种。

- ❑ **系统级。**用高级语言结构设计模块外部性能模型。
- ❑ **算法级。**用高级语言结构设计算法的模型。
- ❑ **RTL 级(Register Transfer Level)。**描述数据在寄存器之间的流动和如何处理、控制这些数据流动的模型。
- ❑ **门级。**描述逻辑门以及逻辑门之间连接的模型。
- ❑ **开关级。**描述器件中三极管和存储节点，以及它们之间连接的模型。

RTL 设计定义为：用语言的方式去描述硬件电路行为的过程。有 3 种基本的描述方式。

- ❑ **数据流描述。**使用 assign 连续赋值语句。
- ❑ **行为描述。**使用 always 语句(可以多次执行，只要触发条件成立)或 initial 语句块(只执行一次)的过程赋值语句。
- ❑ **结构化描述。**实例化已有的功能模块或原语，即元件例化和 IP 核。

电路在物理上是并行工作：一旦接通电源，所有电路同时工作。

在设计物理电路时，会依据电路种类使用不同的语句。对于**组合电路**使用 assign 语句或者 always 语句，对于**时序电路**使用 always 语句。

在 Verilog 模块中，assign 语句、实例元件、always 模块描述的逻辑功能是并发的，可以同时执行。然而，在 always 模块内，逻辑是按照指定的顺序执行的，因此 always 模块内的语句也称为串行语句。

3.1.2　仿真工具 ModelSim

Mentor 公司的 ModelSim 是业界常用的 HDL 语言仿真软件，它能提供友好的仿真环境，是业界唯一的单内核支持 VHDL 和 Verilog 混合仿真的仿真器。它采用直接优化的编译技术、TCL(Tool Command Language)/Tk 技术和单一内核仿真技术，编译仿真速度快，编译的代码与平台无关，便于保护 IP 核，个性化的图形界面和用户接口为用户加快调错提供强有力的手段，是 FPGA/ASIC 设计的首选仿真软件。

本节简单介绍 ModelSim SE 10.1a 工具，详细内容请直接阅读 ModelSim 工具介绍。

ModelSim 工具从建立工作库开始到仿真结束，需要经历六个步骤。

步骤一：建立工作库(Library)

工程一般要在一个名为 work 的工作库下面工作，如果 work 工作已经存在则可跳过这步直接去建立工程。

步骤二：建立工程(Project)

单击 File→New→Project 以建立新的工程，会弹出对话框，在其中输入工程名即可。

步骤三：编写代码

建立完工程后在弹出的对话框中选择 Create New File 以新建文件，选择文件类型为 Verilog，并在文件中编写主程序代码(文件名)以及测试程序代码(文件名_tb)。

步骤四：编译

在编译上一步中编写的代码时，可以看到文件的状态是蓝色问号(?)，右击一个文件，单击 Compile→Compile All 进行编译。

如果代码没有错误，那么会编译成功，蓝色问号会变成绿色对号(√)，反之会变成红色的叉(×)，此时需要根据错误信息修改代码，直到编译成功。

编译是否成功和未成功时的错误信息可以看工具界面下面的 Transcript 栏，成功会提示 successful，错误会提示有 error。

步骤五：仿真

编译成功之后可以进行仿真。在工作库中选择相应的工程对测试文件进行仿真，选择变量以及通过 add to wave 按钮将变量的波形展示出来。

步骤六：退出仿真

单击 Simulate，选择 End Simulation。

3.1.3　仿真例子

例 3.1　自动旋转式栅门

依据例 2.4 的建模，基于 ModelSim 进行仿真。

解： 首先建立状态。状态 S0 表示栅门锁住，状态 S1 表示栅门解锁。

其次确定输入变量和输出变量：输入变量为 C 和 P，C 表示刷卡成功，P 表示通过成功；输出变量 y，表示栅门锁住或解锁成功，其值有 0 和 1，0 表示锁住，1 表示解锁成功。寄存器变量 state 是 1 位，因为只有两个状态 S0 和 S1。

现在使用 Verilog 语言撰写仿真模块，仿真模块反映状态间的逻辑转换关系，文件名为 turnstile_FSM。

```
module turnstile_FSM (C,P,clk,reset,y);
  input C,P,clk,reset;
  output y;
  reg state;
  parameter   S0=1'b0,S1=1'b1;
  always @ (posedge reset or posedge clk)
  begin
    if(reset)
      state<=S0; //initial state
  else
    case(state)
      S0: if (C) state <=S1;   else state <=S0;
      S1: if (P) state <=S0;   else state <=S1;
    endcase
  end
// Define output
  assign y =state;
endmodule
```

若用 ModelSim 工具仿真，则还需要撰写测试文件，以反映事件发生的先后关系，即时序关系，这种时序关系通过时延建立。下面是自动旋转式栅门的测试文件，文件名

turnstile_FSM_tb。

```
'timescale 1ns/100ps
//时延单位是 1ns,时间精度为 100ps,1ns=1 000ps
module turnstile_FSM_tb;
reg C,P,clk,reset;
wire y;
always #10 clk=~ clk;
initial
  begin
    clk=0;
    reset=0;
    C=0;
    P=0;
    #50 reset=1;              //时延 50ns
    #20 reset=0;              //时延 20ns
    #10 C=1;                  //时延 10ns,输入变量 C=1,刷卡开始时刻为 80ns
    #20 C=0;                  //时延 20ns, 输入变量 C=0,即刷卡结束时刻为 100ns
    #20 P=0;                  //时延 20ns,输入变量 P=0,
    #20 P=1;                  //时延 20ns,输入变量 P=1,即通过开始,开始时刻在 140ns
    #20 P=0;                  //时延 20ns,输入变量 P=0,即通过结束,结束时刻在 160ns
    #50 reset=1;              //上述过程再开始一遍,开始时刻在 210ns
    #20 reset=0;
    #10 C=1;
    #20 C=0;
    #20 P=0;
    #20 P=1;
    #20 P=0;
  end
turnstile_FSM
turnstile_FSM(.C(C),.P(P),.clk(clk),.reset(reset),.y(y));
//波形图中要展示的波形变量,如 C、P、clk、reset 和 y
endmodule
```

所得仿真图见图 3-2。其中第 1 行是输入变量 C 的波形图，凸起表示刷卡成功，可以看出有 2 次，第 1 次是在 80ns，第 2 次是在 240ns。

第 2 行是输入变量 P 的波形图，凸起表示通过成功，可以看出有 2 次，第一次是在 140ns，第二次是在 300ns。

第 3 行是输入变量 clk 的波形图，20ns 是一个时钟周期，即高电平保持 10ns，低电平保持 10ns。

第 4 行是输入变量 reset 的波形图，先是低电平，在 50ns 时高电平开始，持续了 1 个时间周期即 20ns 后，变成低电平，又过了 140ns，在 210ns 时变成高电平，又过了 1 个时钟周期，开始一直保持低电平；

第 5 行是输出变量 y 的波形图，其实为状态转移波形图，在 50ns 之前状态机没有工作，因而 y 值还没有获得，显示为居中的一条线。在 50ns 时状态为 S0，在 C 成功输入 10ns 后，即在 90ns 时输出值为 1 时，状态转换为 S1，这样保持 3 个时钟周期，在输入变量 P 成功输入后，即在 150ns 输出变量 y 为低电平，状态转换为 S0。这恰好体现了先刷卡后通过的时序关系。

在 210ns 时，上述过程又重复进行一遍。

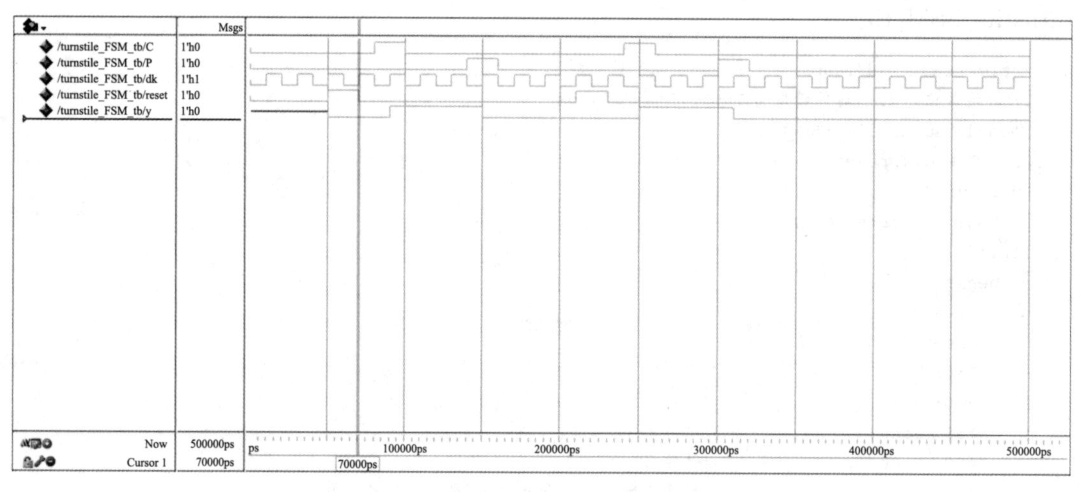

图 3-2　例 2.4 建模结果的仿真图

例 3.2　餐巾纸售货机

系统功能同例 2.5。

解： 使用 J 表示 5 角，Y 表示 10 角

首先，定义状态集 $S=\{s0,\ s5,\ s10,\ s15,\ s20\}$，其中 $s0$ 表示 0 角，是起始状态；$s5$ 表示 5 角；$s10$ 表示 10 角；$s15$ 表示 15 角；$s20$ 表示 20 角。在此基础上建立 Moore 型自动机模型和 Mealy 型自动机模型，分别如图 3-3 和图 3-4 所示。

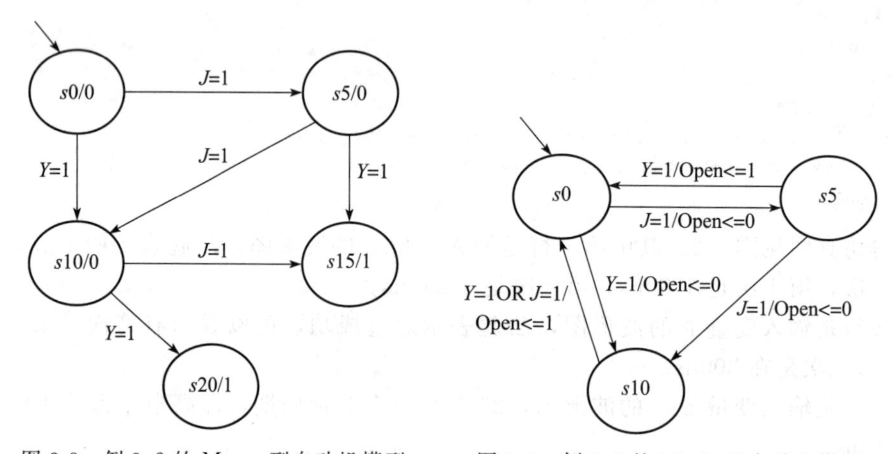

图 3-3　例 3.2 的 Moore 型自动机模型　　　　图 3-4　例 3.2 的 Mealy 型自动机模型

其次，基于两个模型建立餐巾纸售货机的仿真代码和测试代码。

(A) 餐巾纸售货机的 Moore 型自动机，对应的 Verilog 仿真文件代码如下：

```
module vender_moore(J,Y,clk,reset,open);
  //餐巾纸售货机的 Moore 型有限状态机
  inputJ,Y,clk,reset;
  output open;
  reg [2:0] state;
  parameter S0=3'b000,S5=3'b001,S10=3'b010,S15=3'b011,S20=3'b100;
  //Define the vender block
  always @ (J or Y or state or reset)
    if(reset) state<=S0;
```

```
    else
      case(state)
        S0:if(J) state<=S5;
          else if(Y) state<=S10;
            else state<=S0;
        S5:if(J) state<=S10;
          else if(Y) state<=S15;
            else state<=S5;
        S10:if(J) state<=S15;
          else if(Y) state<=S20;
            else state<=S10;
        S15:state<=S15;
        S20:state<=S20;
      endcase
  //Define output during S3
  assign open=(state==S15||state==S20);
endmodule
```

其中语句 state==S15 和 state==S20 是判断语句，判断 state 是否是 S15 或 S20，若是则表达式为 1 否则为 0。state==S15||state==S20 中的“||”是指逻辑“或”。

测试代码如下：

```
'timescale 1ns/100ps
module vender_moore_tb;
reg J,Y,clk,reset;
  wire open;
  always #10 clk=~ clk;
  initial
    begin
      clk=0;
      reset=0;
      J=0;
      Y=0;
      #20 reset=1;
      #20 reset=0;
      #20 J=1;
      #20 J=0;
      #20 Y=1;
      #20 Y=0;
      #20 reset=1;
      #20 reset=0;
      #20 Y=1;
      #20 Y=0;
      #20 Y=1;
      #20 Y=0;
      #20 reset=1;
      #20 reset=0;
      #20 J=1;
      #20 J=0;
      #20 J=1;
      #20 J=0;
      #20 J=1;
      #20 J=0;
```

```
      #20 J=1;
      #20 J=0;
    end
  vender_moore
vender_moore(.J(J),.Y(Y),.clk(clk),.reset(reset),.open(open));
endmodule
```

仿真结果如图 3-5 所示。

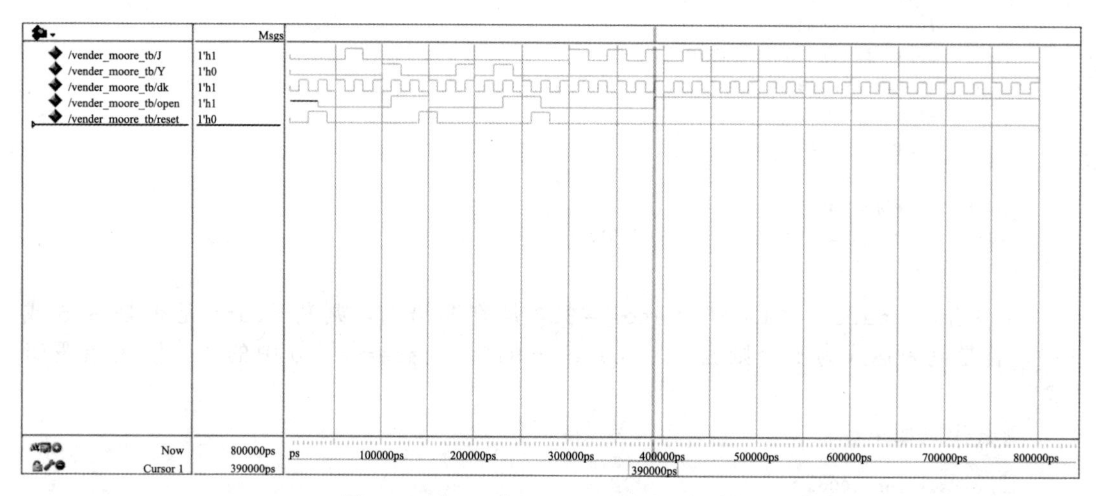

图 3-5　例 3.2 的 Moore 型自动机仿真图

(B) 餐巾纸售货机的 Mealy 型自动机，对应的 Verilog 仿真文件代码如下：

```
module vender_mealy(J,Y,clk,reset,open);
  //餐巾纸售货机的 Mealy 型数据有限状态机
  input J,Y,clk,reset;
  output open;
  reg [1:0] state,nstate;
  reg open;
  parameter S0=2'b00,S5=2'b01,S10=2'b10;
  //Next state and output combinational logic
  always @ (J or Y or state or reset)
    if(reset)
      begin nstate<=S0;open<=0;end
    else case(state)
      S0:begin open<=0;
          if(J) nstate<=S5;
          else if(Y) nstate<=S10;
          else nstate<=S0;
        end
      S5:begin
        if(J) begin open<=0; nstate<=S10; end
          else if(Y) begin open<=1; nstate<=S0; end
          else nstate<=S5;
        end
      S10:begin
        if(J) begin open<=1; nstate<=S0;end
        else  if (Y) begin open<=1; nstate<=S0;end
        else  nstate<=S10;
```

```
        end
      endcase
    always @ (posedge clk)
        state<=nstate;
endmodule
```

注意：基于 Mealy 型自动机的 Verilog 程序不同于基于 Moore 型自动机的 Verilog 程序。

测试代码如下：

```
'timescale 1ns/100ps
module vender_mealy_tb;
reg J,Y,clk,reset;
  wire  open;
  always #10 clk=~ clk;
  initial
    begin
      clk =0;
      reset=0;
      J=0;
      Y=0;
      #4 reset=1;
      #10 reset=0;          //时钟同步导致取不到 reset 信号
      #4 J=1;
      #20 J=0;
      #20 Y=1;
      #20 Y=0;
      #20 J=1;
      #20 J=0;
      #5 Y=1;
      #20 Y=0;
      #5 J=1;
      #20 J=0;
    end
   vender_mealy
 vender_mealy(.J(J),.Y(Y),.clk(clk),.reset(reset),.open(open));
 endmodule
```

仿真结果如图 3-6 所示。

例 3.3　汽车自主防撞系统

汽车自主防撞系统是在汽车行驶过程中自动感知前面是否有障碍物或行人，若有则汽车自动采取停车或避开措施，避免发生碰撞事故。

自主防撞系统与汽车行驶状态结合，构成了汽车自主防撞系统的状态。

- 自动检测状态(Detection)：自动检测汽车前方是否有障碍物或行人，为初始状态。
- 预警状态(Alarm)：当汽车发现前面有障碍物或行人时，汽车进入预警状态。当障碍物或行人消失后，预警状态转移到自动检测状态。
- 减速状态(Deceleration)：在预警状态下，若检测到障碍物或行人在运动中，则汽车进入减速状态。在减速状态下，若障碍物或行人消失则汽车进入自动检测状态。
- 制动状态(Brake)：在预警状态下，若检测到障碍物或行人处于静止状态，则汽车进入制动状态，准备停车。在制动状态下，若障碍物或行人消失则汽车进入自动检测状态。

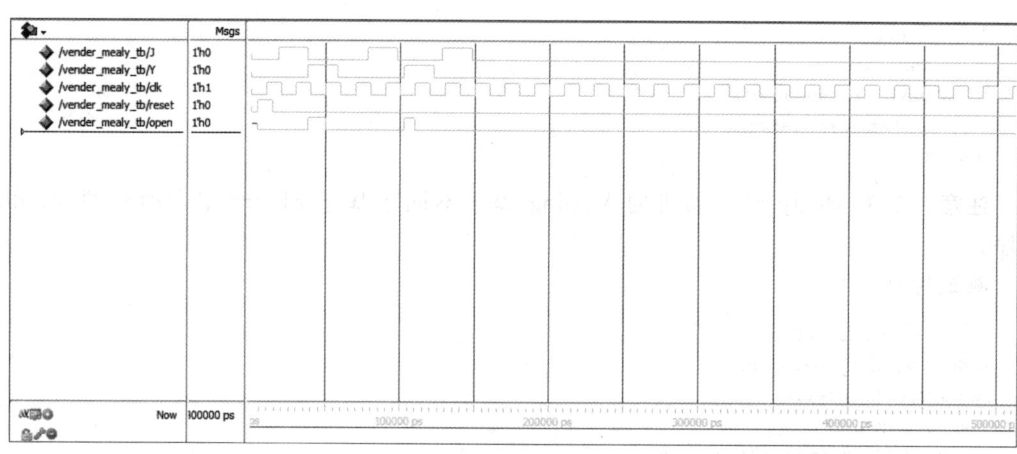

图 3-6 例 3.2 的 Mealy 型自动机仿真图

解：建立 Mealy 型自动机模型。

状态集 $S=\{\mathrm{Det},\mathrm{Al},\mathrm{Dec},\mathrm{Br}\}$

数据输入集 $I=\{\mathrm{Ob},\mathrm{Obsp}\}$，数据输入值有 0 和 1，Ob＝1 表示系统检测到了障碍物或行人，Ob＝0 表示没有检测到障碍物和行人；Obsp＝1 表示障碍物或行人在运动中，Obsp＝0 表示在障碍物或行人处于静止

控制输出集 $O=\{\mathrm{Det},\mathrm{Al},\mathrm{Dec},\mathrm{Br}\}$，控制输出值有 0 和 1，若 Br＝1 则汽车采取制动，若 Dec＝1 则汽车减速，若 Al＝1 则采取提醒，若 Det＝1 则采取自动检测；若上述变量取值 0 则汽车不采取相应状态动作

转移函数和输出函数如图 3-7 所示

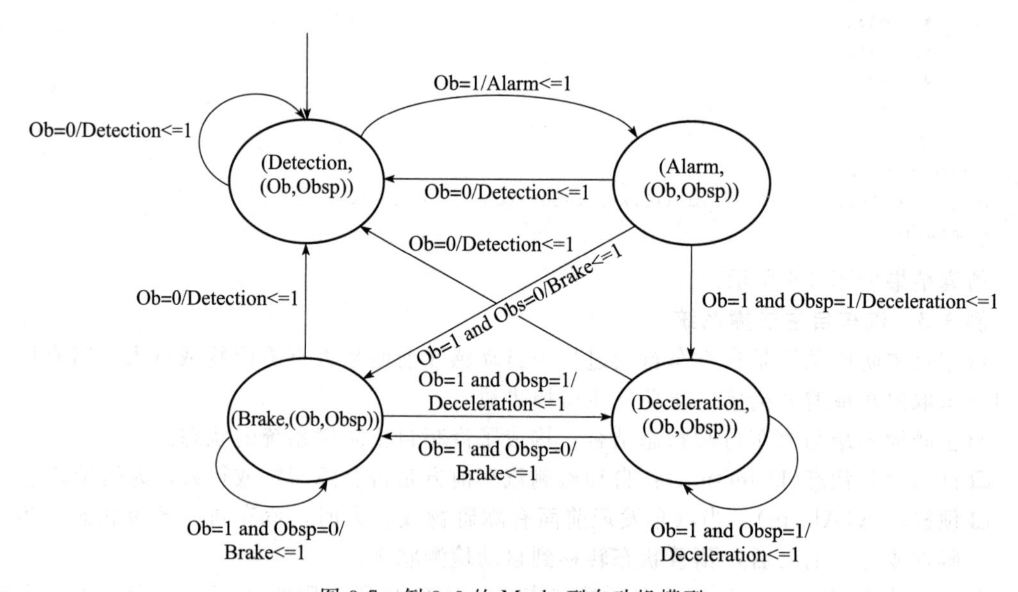

图 3-7 例 3.3 的 Mealy 型自动机模型

依据 Mealy 型自动机编写汽车自主防撞系统的 Verilog 仿真代码：

```
module avoidCrush_Mealy(clock,Ob,Obsp,reset,Detection,Alarm,Deceleration,Brake);
input clock,Ob,Obsp,reset;
output reg Detection, Alarm, Deceleration, Brake;
```

```
reg[1:0] ControlState;
parameter //ControlState
Det=2'b00, Al=2'b01, Br=2'b10, Dec=2'b11;
always @ (posedge clock)
  if(reset)
    begin
      ControlState<=Det;
      Detection<=1;
    end
  else
    case(ControlState)
    Det: if(Ob) begin ControlState<=Al;Alarm<=1;Detection<=0;end
      else begin ControlState<=Det; Detection<=1; end
    Al: if(Ob) begin
        if (Obsp) begin ControlState<=Dec; Deceleration<=1; Alarm<=0; end
        else begin ControlState<=Br; Brake<=1; Alarm<=0; end
      end
      else begin ControlState<=Det;Detection<=1;Alarm<=0; end
    Dec: if(Ob) begin if (Obsp) begin  ControlState<=Dec; Deceleration<=1; end
          else begin ControlState<=Br; Brake<=1; Deceleration<=0; end
      end
      else begin ControlState<=Det; Detection<=1; Deceleration<=0; end
    Br: if(Ob) begin if (Obsp) begin ControlState<=Dec; Deceleration<=1; Brake<=0;end
        else begin ControlState<=Br; Brake<=1;end
      end
      else begin ControlState<=Det; Detection<=1; Brake<=0; end
    endcase
endmodule
```

对应的测试代码如下：

```
'timescale 1ns/100ps
module avoidCrush_Mealy_tb;
reg clock,Ob,Obsp,reset,;
wire Detection, Alarm, Deceleration, Brake;
wire[1:0] ControlState;
always #10 clock=~clock;
always @(posedge clock)
  begin
  end
initial
  begin
    reset=0;
    clock=0;
    Ob=0;
    Obsp=0;
    #10 reset=1;
    #20 reset=0;
    #20 Ob=1;
    #20 Obsp=1;
    #50 Obsp=0;
    #20 Ob=0;
    #40 Ob=1;
    #20 Obsp1;
    #40 Ob=0;
```

```
    #40 Obsp=0;
    #500 reset=1;
  end
avoidCrush_Mealy avoidCrush_Mealy(.clock(clock),.Ob(Ob),.Obsp(Obsp),.reset(reset),
.Detection(Detection),.Alarm(Alarm),.Deceleration(Deceleration),.Brake(Brake));
endmodule
```

Mealy 型自动机仿真结果如图 3-8 所示。

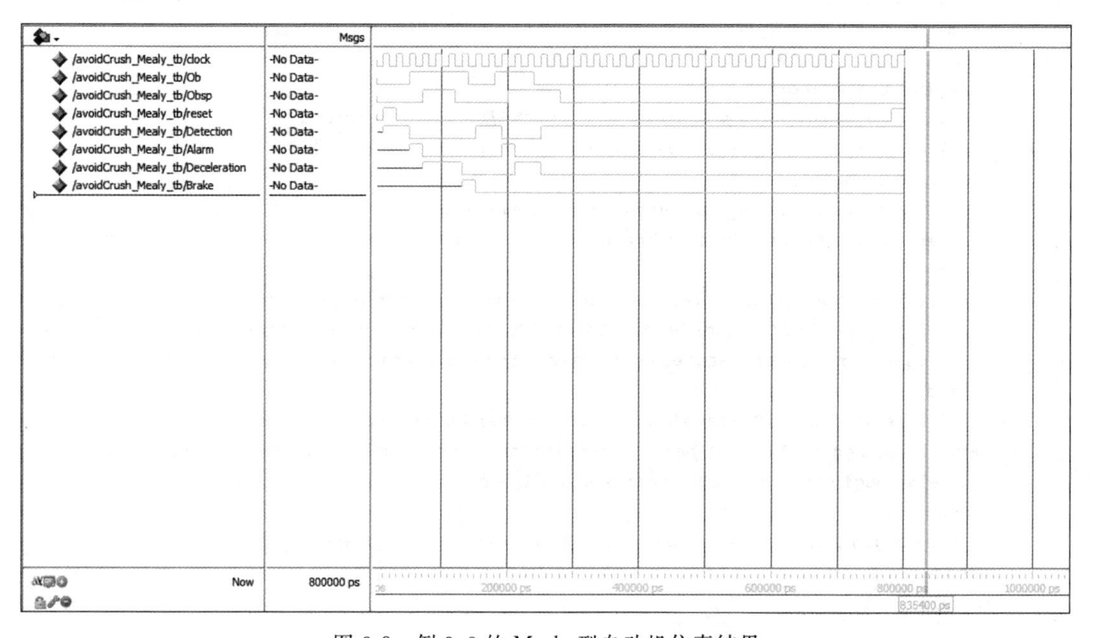

图 3-8　例 3.3 的 Mealy 型自动机仿真结果

3.2　离散-连续系统仿真

2.4 节介绍了混成系统，一个连续(实值)状态和离散(有限值)状态的混合系统，反映了状态随时间的演化；还介绍了制热空调系统以及水缸系统的例子。

本节介绍混成系统的仿真方法，主要使用建模仿真工具 Matlab/Simulink 进行仿真。

Simulink 集成于 Matlab，可对连续以及离散-连续系统进行建模仿真。Simulink 使用模块组成图形界面，可调用 Matlab 工作区接口，使用工作区参数，进行系统数据输入和输出。

一个 Simulink 模型包含 3 个模块：信号输入源模块、系统模拟模块和输出显示模块。信号输入源模块负责系统数据输入，主要包含 3 种输入源类型：常数、函数信号发生器(如正弦函数波、跳跃函数波)以及用户自定义函数。系统模拟模块是核心模块，主要负责数据的处理，用户需组合定义系统模拟模块；输出显示模块负责显示系统模拟模块的仿真结果，可通过图形、示波器或文件的方式进行显示。

3.2.1　工具介绍

本节是在 Matlab2019a 平台上进行仿真的，因此一些命令和界面是依赖于这个平台的。

在 Matlab 命令行窗口(Command Window)输入命令“simulink”，启动 Simulink 工具。

Simulink 工具是基于模块的，它提供了许多模块供建模中使用，Simulink 的说明书详细介绍了这些符号的具体含义和使用方法。

- **模块。** 在弹出的“Simulink Library Broswer”窗口中，根据需要找到所需模块。启动 Simulink 有两种方式：在 Matlab 命令行窗口下的 fx>> 后输入 simulink，或者在 Matlab 界面的菜单栏中直接单击 Simulink。

  Simulink 是基于模块建模的，因此可直接将模块从 Simulink 库中拖放到模型中，模型最左端是起点，可从 Sources 中选择相应的模块，如 Sine Wave 模块作为源块，最右端是输出模块，从 Sinks 库中选择 Scope 模块。
- **连接。** 模块之间需要建立连接，实现数据的传输。连接模块时，需要选择源块的输出端口，并将其连接到目标块的输入端口，使用连接线——建立源块和目标块的连接。
- **仿真。** 点击输出端 Scope，系统会启动 Scope 界面，在 Scope 界面的菜单栏中点击播放按钮，界面将展示仿真结果，如图 3-9 展示了正弦 sin 函数的图像，其函数值在[−1,1]内，振幅频率为 1。可以通过调整 sin 函数的参数来调整函数图像，实现更多场景的仿真，如车速。

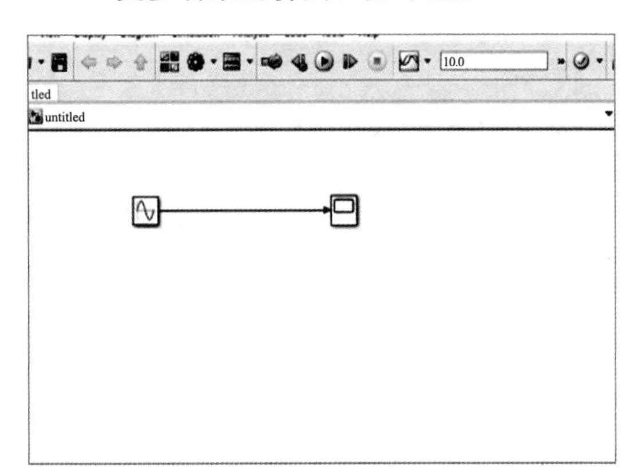

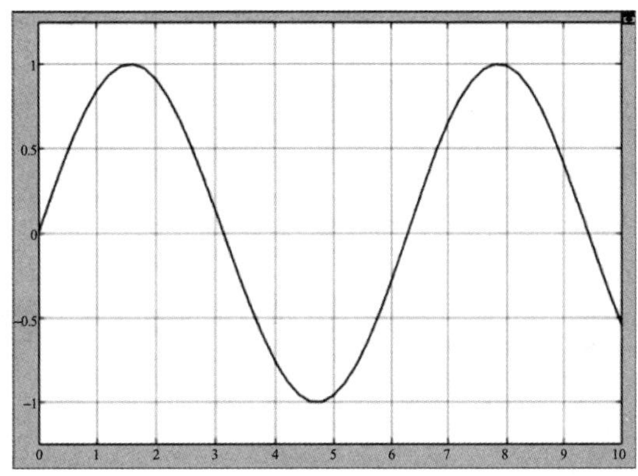

图 3-9　sin 函数仿真结果(振幅频率为 1)

3.2.2　参数设置

需要设置模块参数，完成计算值的确定，实现仿真结果的改变。双击区块图标，会出现 Block Parameter 界面，依据这个界面即可查看或修改模块参数。

对于 sin 函数，先将频率从 1 调整到 2，打开输出端，得到如下的仿真图见图 3-10a。再将频率从 1 调整到 0.5，则得到的函数图像会较缓，如图 3-10b 所示。

调整参数 Amplitude 来调整 sin 函数仿真结果的振幅。如将 Amplitude 参数调整为 5 则得到函数值域为[−5,5]。若调整 Bias 参数，如将 Bias 参数从 1 调整为 10，则函数值处在[9,11]中；从 1 调整为 100 则函数值处在[99,101]中，这不符合车速的实际情况。

若要用输入模块实现函数值为非负数，如用 sin 函数仿真车速，则需要在模型中增加输入模块，使之与 sin 函数相加，从而使函数值非负。从 Sources 中选择 Constant 模块(这个模块值是常数但可以调整)，从 Math operation 中选择 add 模块，把 Sine Wave 模块和 Constant 模块连接到 add 模块的输入端口，把 add 模块的输出端口和输出模块的输入端口相连接。从仿真结果来看，函数图像上移了一个单位，即函数值域为[0,2]。若想让上限值上升到 120，则需要增加一个模块，从 Commonly Used Blocks 库中选择 Gain 模块，将其添加到模型中，放在 add 模块和输出模块之间，把 Gain 模块中的参数 1 调整为 50，仿真结果显示函数值域为[0,100]，若调整为 60 则函数值处在[0,120]中，如图 3-11 所示。

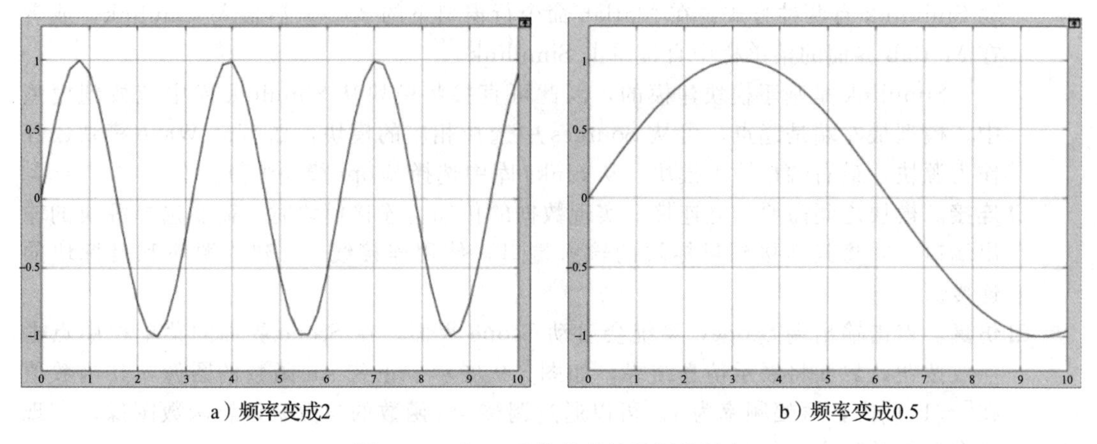

a）频率变成2　　　　b）频率变成0.5

图 3-10　对 sin 函数仿真结果调整频率

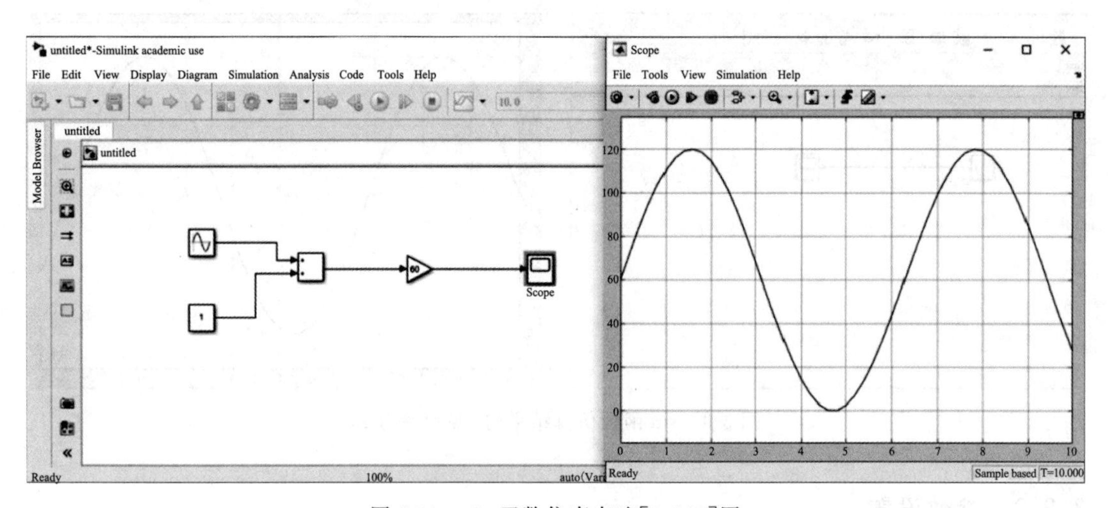

图 3-11　sin 函数仿真车速[0,120]图

从图中可以看到，sin 函数在 0 时刻的函数值为 60，我们可以通过调整 sin 函数的参数 Phase 为－1.5，使开始处的函数值是 0。

现在固定模型中模块参数的取值为振幅 Amplitude＝1、偏移 Bias＝0、频率 Frequency＝0.5、相位 Phase＝－1.5、Sample time＝0、仿真时间 T＝20，则得到如图 3-12 所示的仿真图形。

例 3.4　超速自动提醒系统

设置车速为 100km/h。当车速超过(等于)100km/h 时，超速自动提醒系统会自动语音提醒“超速”，直到车速低于 100km/h 为止。现在使用 Simulink 来仿真超速自动提醒系统。

解：将 Sine Wave 模块作为输入，从 Logic and Bit Operations 库中选 Comparetoconstant 项作为超速判断节点，再连接输出模块 Scope，给 Scope 设置两个输入，一个为判断(其值为 0 和 1)，另一个为车速(其值为[0,120])。Simulink 模型见图 3-13a；仿真结果见图 3-13b，图中浅色线为车速，深色线为判断 0 或 1 的线，由于两条线采用统一的纵坐标其值为 0 到 120，因而深色线的 0 与 1 比较贴近，但还是能看出当车速超过(等于)100km/h 时深色线为 1，当车速低于 100km/h 时深色线为 0。

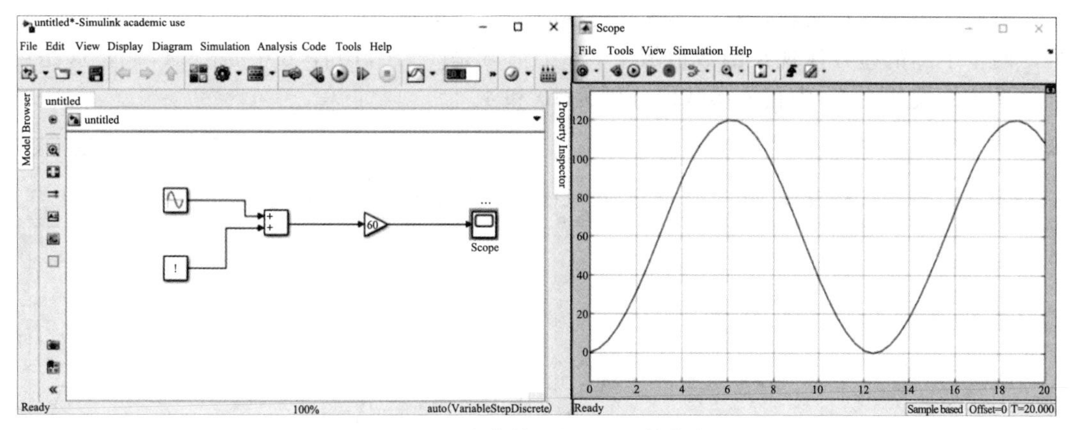

图 3-12　固定参数后的 sin 函数仿真图

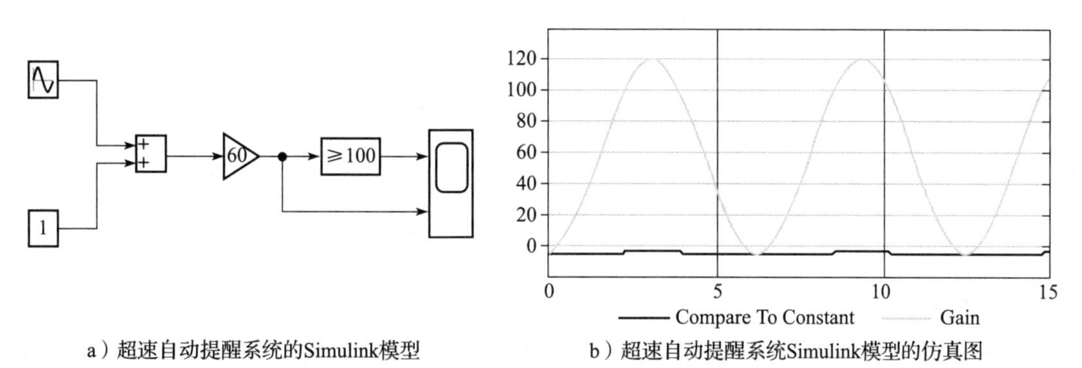

a）超速自动提醒系统的Simulink模型　　b）超速自动提醒系统Simulink模型的仿真图

图 3-13　超速自动提醒系统的 Simulink 模型及仿真图

3.2.3　子系统

Simulink 通常用于仿真较大且复杂的系统，因此在建立 Simulink 模型时可以建立子系统去构建复杂系统。从 Commonly Used Blocks 中选择 subsystems 模块放在模型中，单击该模块的输出端增加输出端口，单击该模块的输入端增加输入端口。这个子系统也是一个模块，只不过这个模块需要重新构建。在图 3-14a 中，包含了一个子系统 subsystem，它有一个输入端口，两个输出端口。子系统内部结构如图 3-14b 所示。

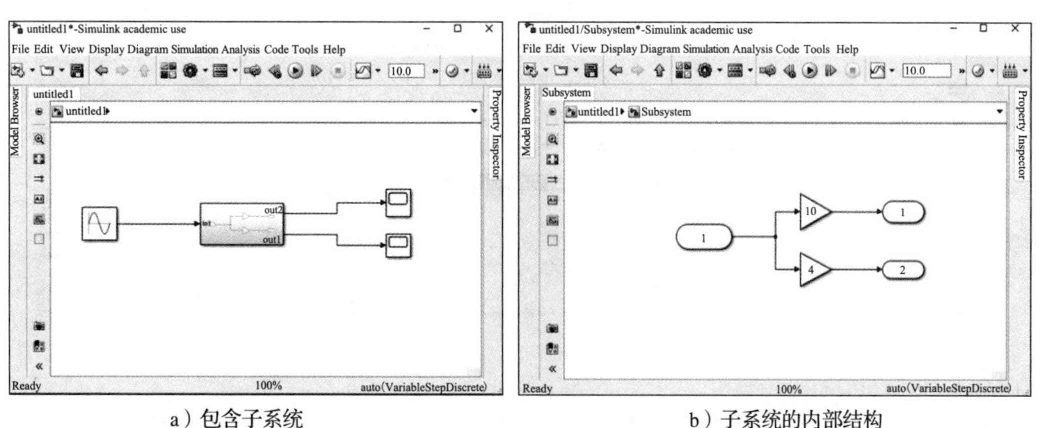

a）包含子系统　　b）子系统的内部结构

图 3-14　Simulink 建模中的子系统

最后，单击运行按钮，双击 Scope 模块时，可获得对应的仿真结果，具体如图 3-15 所示，两个子图的差异体现在函数值域上，a 中值域是[−10,10]，b 中是[−4,4]，这是由于子系统的模块 Gain 中相关参数值分别为 10 和 4。

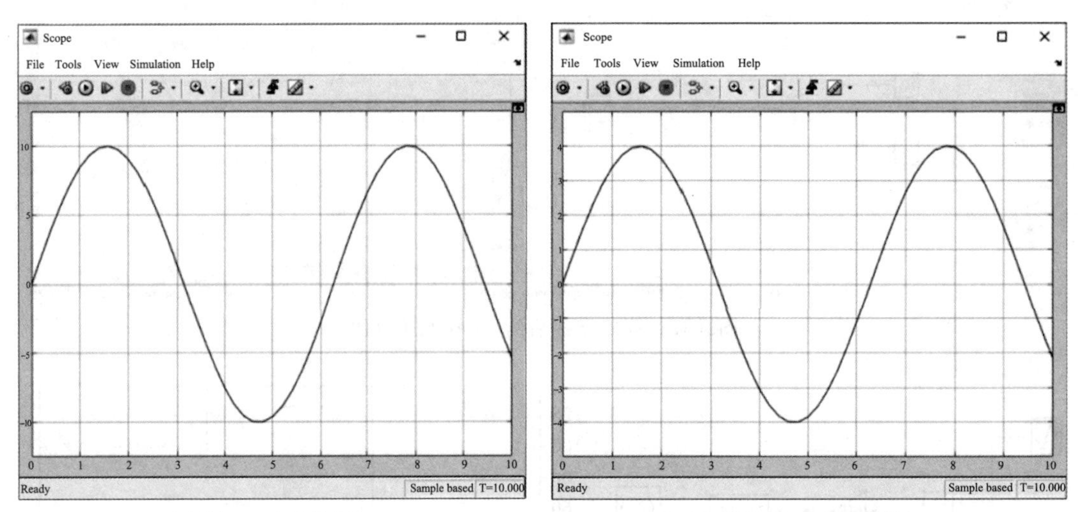

a）模块Gain中参数值为10　　b）模块Gain中参数值为4

图 3-15　参数取不同值时的仿真结果

3.2.4　自定义模块

从 Simulink 的 User-Defined Function 库中选择 Fcn 模块，拖到 Simulink 模型设计界面，双击并在弹出的 Block Parameter：Fcn 框中输入表达式，如图 3-16 中的“21 * exp(−0.02 * u)”，其中 u 是输入变量。单击 OK 就自定义好了一个函数模块。

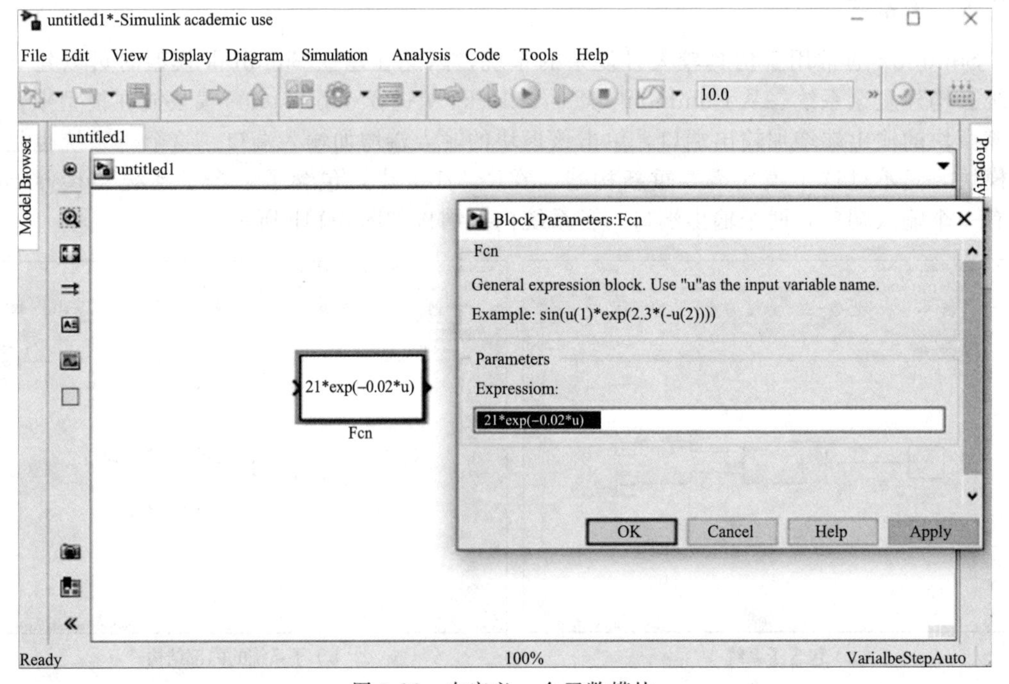

图 3-16　自定义一个函数模块

现在来对这个函数模块进行仿真。由于该模块以时间为自变量，因此需要建立它的输入模块来代表时间的变化。定义 Fcn 模块中的函数为 $f(u)=21\times \exp(-0.02\times u)$。从 Sources 库中选择 Ramp 模块，定义其参数为 Slope=1、Start time=0、initial output=0，这样模块 Ramp 的输出即为时间。从 Sinks 库中选取 Scope 模块，定义 1 个输入端口，连接模块 Fcn 为函数 $f(u)$的输出。设置仿真时间 T=5，则 Fcn 函数值为 19，即房间温度自然从 21℃下降到 19℃，共需 5 个单位时间。过程见图 3-17。

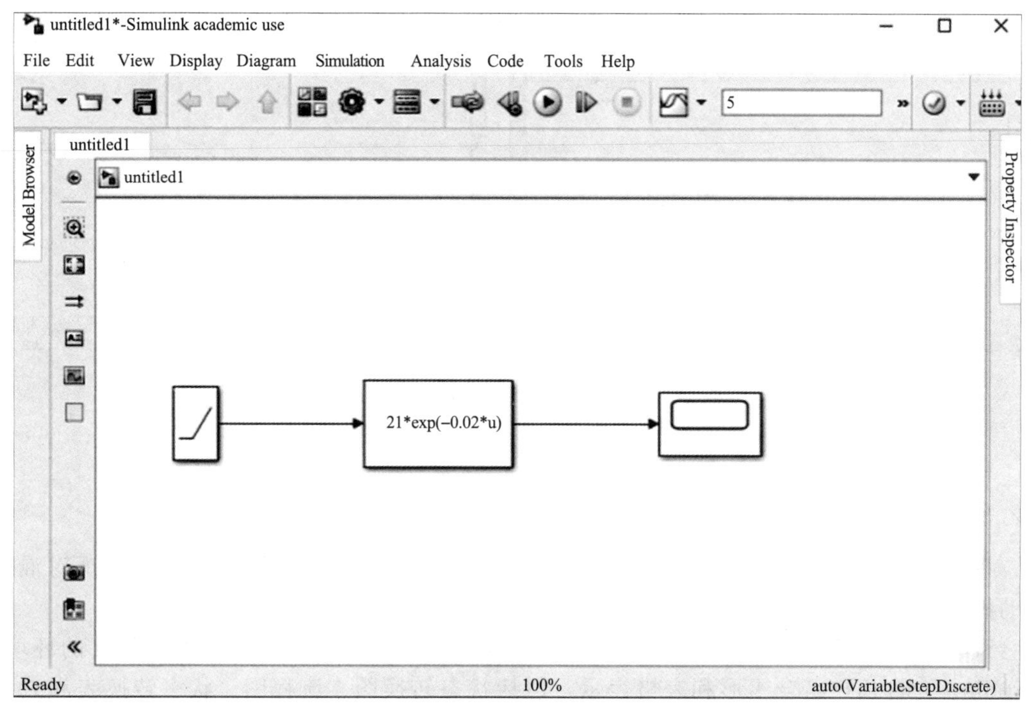

图 3-17　自定义函数模块的 Simulink 模型

仿真结果见图 3-18，在 T=5 时函数值为 19。尽管定义的是指数方幂函数，但仿真

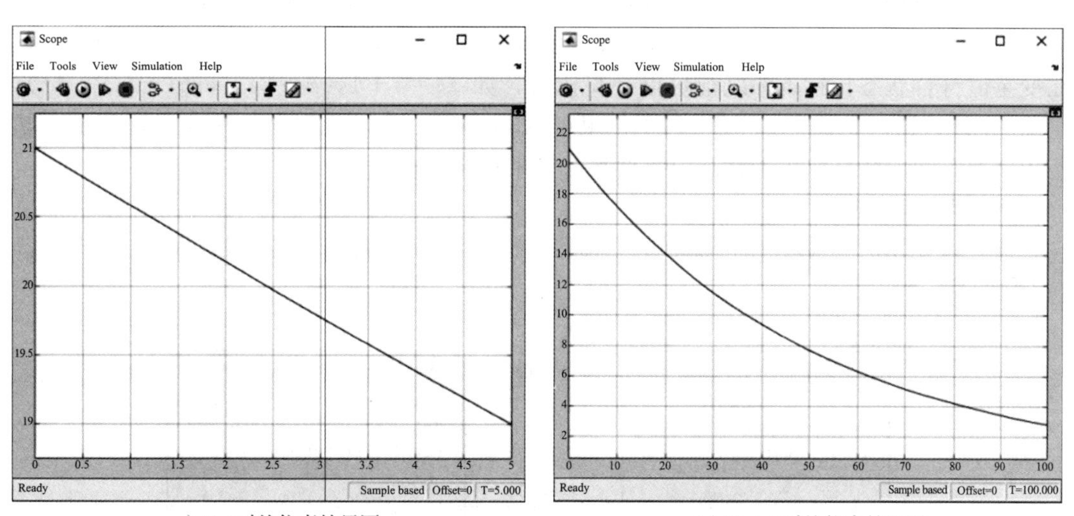

a）T=5时的仿真结果图　　　　b）T=100时的仿真结果图

图 3-18　自定义函数模块的仿真结果

图形看起来是直线，这与仿真时间 T 的取值有关。在 T=100 时可以看出图形不再是直线了，而且函数值等于 3。

再设空调工作时房间温度函数 $g(u)=-15\times\exp(-0.08u)+30$，房间的初始温度为 15℃，其 Simulink 模型以及仿真图形见图 3-19。设时间 T=6.4，则经过 6.4 个单位时间后房间温度从 15℃上升到 21℃。

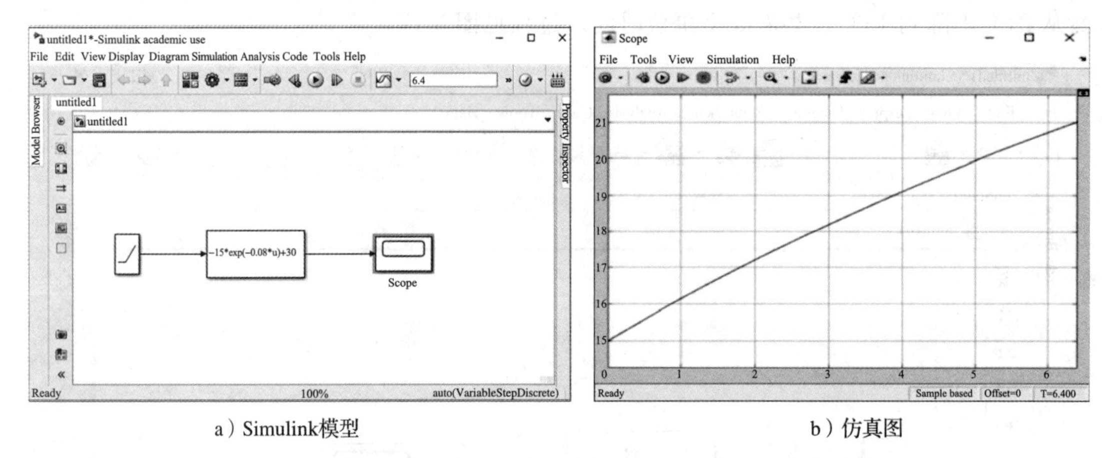

a）Simulink模型　　　　b）仿真图

图 3-19　空调工作时房间温度函数的 Simulink 模型及仿真结果

3.2.5　状态图

在混成自动机中，有离散控制也有连续控制，可使用 Simulink 中 StateFlow 库对混成自动机仿真。

Stateflow 是一个基于状态机和流程图对组合和顺序决策逻辑进行建模和仿真的环境。Stateflow 允许用户组合图形和表格表示，包括状态转换图、流程图、状态转换表和真值表，可以对系统如何对事件、基于时间的条件和外部输入信号做出反应进行建模。

每个状态都有 entry 和 during 两个模式，每个模式下都有变量和变量函数，反映了在该模式下变量的变化规律。其中 entry 模式相当于初始模式，其变量只执行一次，如：$t=0$，$x=21\times\exp(-0.02\times t)$，得到 $x=21$。during 模式是该状态下变量变化的主体，在变量值符合状态转移条件之前可以一直执行，如：$t=t+1$，$x=21\times\exp(-0.02\times t)$，$t$ 是一个计数器，步长为 1，当 t 的单位很小(如 ns)时，可以看到 x 的变化是连续的。状态图中状态间的转移取决于状态中数据是否满足状态转移条件，如：$x\leqslant 19$。

例 3.5　制热空调系统

图 3-20 是制热空调系统的状态图，它描述了制热空调系统随房间温度变化而发生的改变。

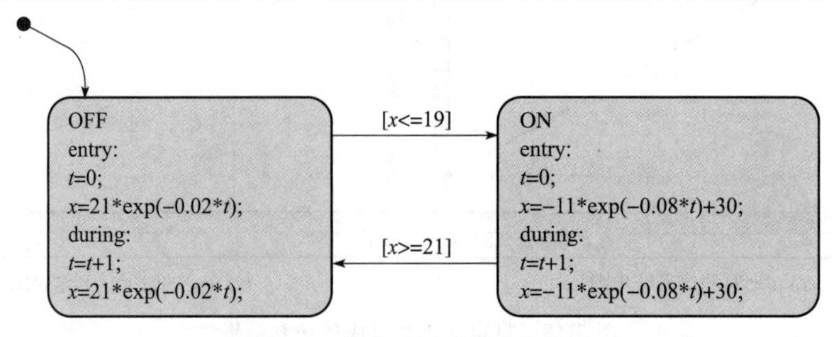

图 3-20　制热空调系统的状态图

该状态图由两个状态“OFF”和“ON”组成，OFF是初始状态，从OFF状态到ON状态的转移条件是 $x<=19$，从开状态到关状态的转移条件是 $X>=21$。在两个状态里有两个关键字——entry和during，它们都是定义动作的命令，但语义不同。entry下的动作是一次性执行，而且是状态一启动就执行，如 $t=0$ 表示在这个状态下将 t 重置为0，$x=21*\exp(-0.02*t)$表示变量 x 是关于自变量 t 的函数。during下的动作一直在执行，直到状态转移，如 $t=t+1$ 表示 t 是一个计数器，从初始值 $t=0$ 开始计数，函数 x 也是从初始值 $t=0$ 开始计算，直到状态转移。在关状态下 x 的初始值是21，在开状态下 x 的初始值是19。

例3.6 制热空调系统状态图的仿真

在制热空调系统状态图的基础上，建立Simulink模型并进行仿真。

解： 状态图在Simulink模型中作为模块运行。状态图模块使用输入和输出信号与模型中的其他模块进行交互。状态图模块“空调-chart”为Simulink模型的输入模块，Sinks库中的Scope模块为输出模块，将Scope模块的两个输入端口分别连接状态图模块的两个输出端口 x 和 t。通过这些连接，状态图和Simulink软件实现了数据共享以及模型和图之间数据传输。例如，状态图“空调-chart”块与Simulink输入输出模块集成，构成制热空调系统的Simulink模型，如图3-21所示。

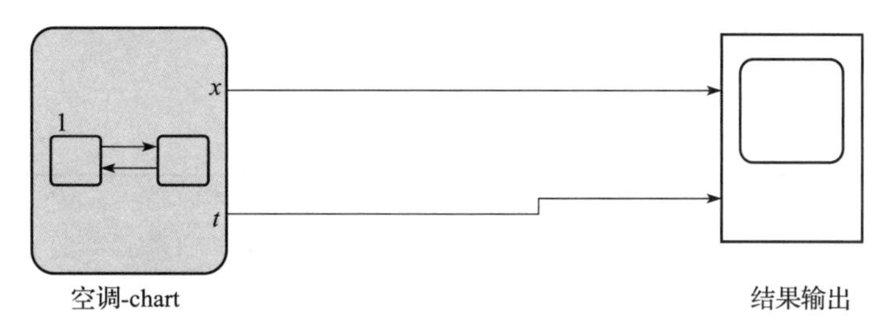

图3-21 制热空调系统的Simulink模型

对这个Simulink模型进行仿真，设置仿真时间T=20，仿真图如图3-22所示。

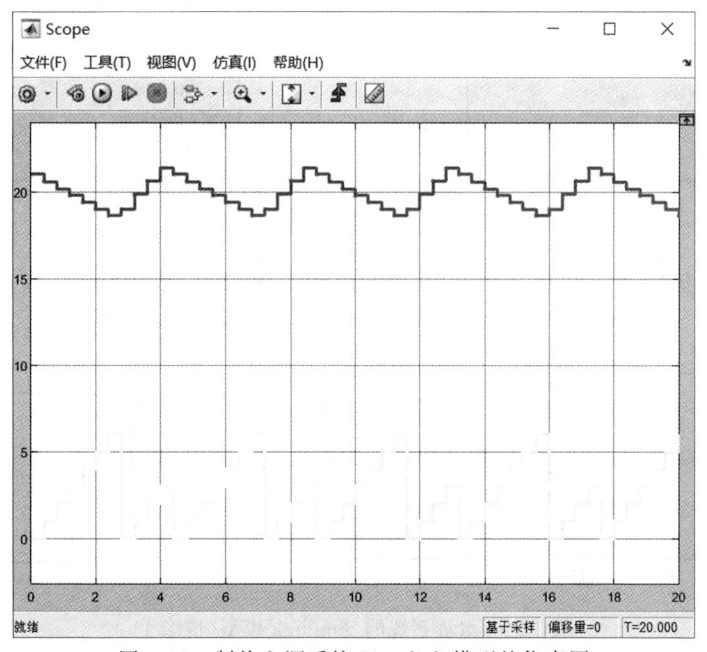

图3-22 制热空调系统Simulink模型的仿真图

上面的线是房间温度变化曲线，下面的线是时间变化曲线。温度变化是从 21℃开始的，此时空调为关状态，经过 6 个多单位时间后房间温度降到 19℃，触发了状态转移条件 $x<=19$，空调从关状态转移到开状态，空调开始加热，房间温度从 19℃逐步上升到 21℃，大约用了 4 个单位时间，同时触发了状态转移条件 $x>=21$，空调从开状态转移到关状态，一直这样循环下去。

例 3.7　水缸系统状态图的仿真

由两个水缸(第 1 水缸和第 2 水缸)组成水缸系统，水按照一个常速度通过一个软管流进水缸系统，在任何时刻水只能流进其中一个水缸，假定软管在两个水缸之间瞬间转换，并保持两个水缸中的水在一定容量以上。两个水缸中的水都是按照常速 1/2 流出，即 $v1=v2=1/2$，水以常速度 $w=3/4$ 流进水缸。起始状态是缸 1 水容量为 0，缸 2 水容量为 1。

情形 1：两个水缸最低容量 $r1=r2=0$，系统状态图如图 3-23 所示。

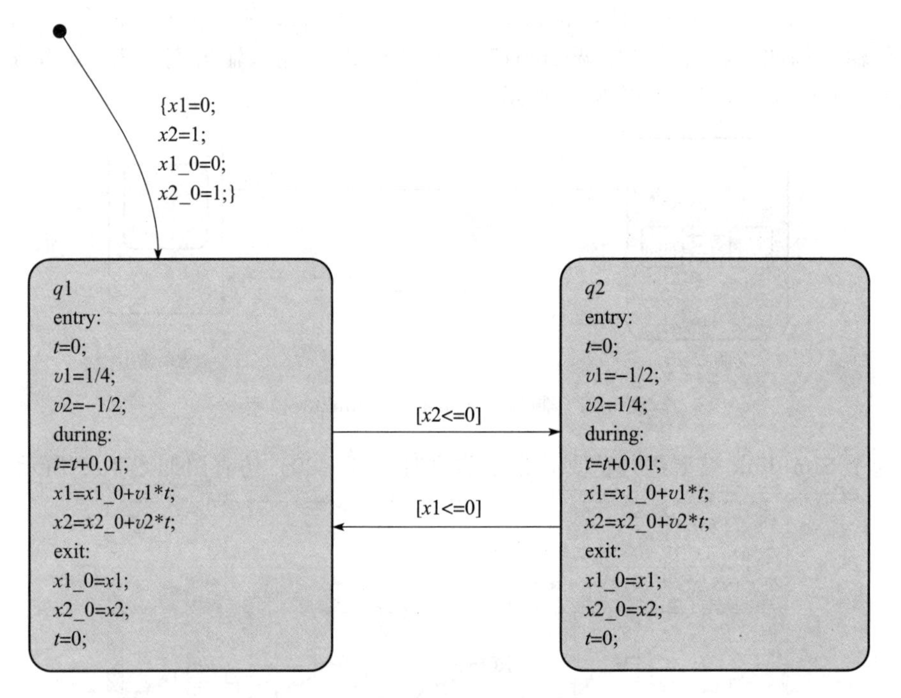

图 3-23　水缸系统的状态图(情形 1)

在状态图的基础上，增加输出模块，就得到了水缸系统的 Simulink 模型，如图 3-24 所示。

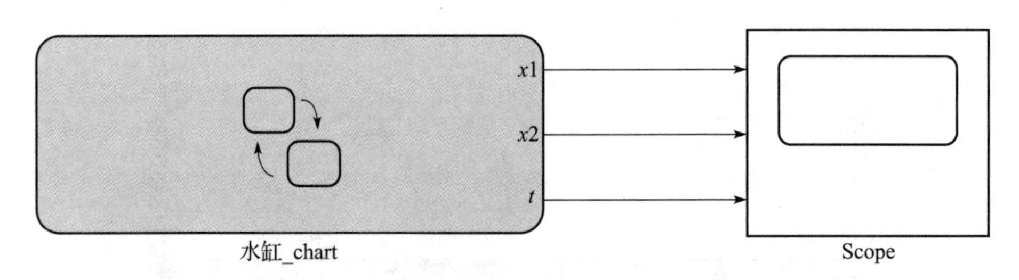

图 3-24　水缸系统的 Simulink 模型(情形 1)

对这个 Simulink 模型进行仿真，得到仿真图，见图 3-25。其中颜色稍浅的线是时间 t 的变化曲线，颜色最浅的线是第 1 水缸容量 $x1$ 的变化曲线，颜色最深的线是第 2 水缸容量 $x2$ 变化曲线。总体仿真时间包括 45 个单位时间，从仿真图中可以看到，在放置 40 个单位时间以后，两个水缸中的水很难保持在一定容量，软管在两个水缸间不停地转换，不能再往任何一个水缸注水了。

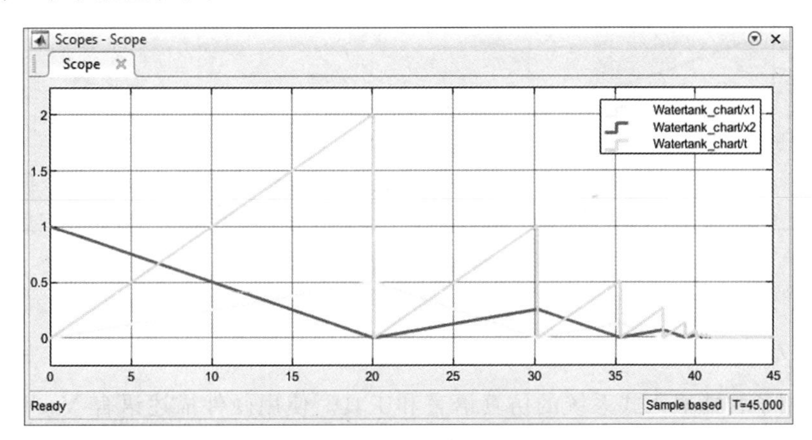

图 3-25　水缸系统仿真图(情形 1)

情形 2：两个水缸最低容量 $r1=0$，$r2=0.1$。

调整水缸的最低容量，如第 1 水缸最低容量 $r1=0$，第 2 水缸最顶容量 $r2=0.1$，其余参数不变。则软管转换条件为从第 1 水缸转换到第 2 水缸条件为 $r2 \leqslant 0.1$，从第 2 水缸转换到第 1 水缸条件为 $r1 \leqslant 0$，状态图为图 3-26，仿真时间是 45 个单位时间，仿真结果图为图 3-27。

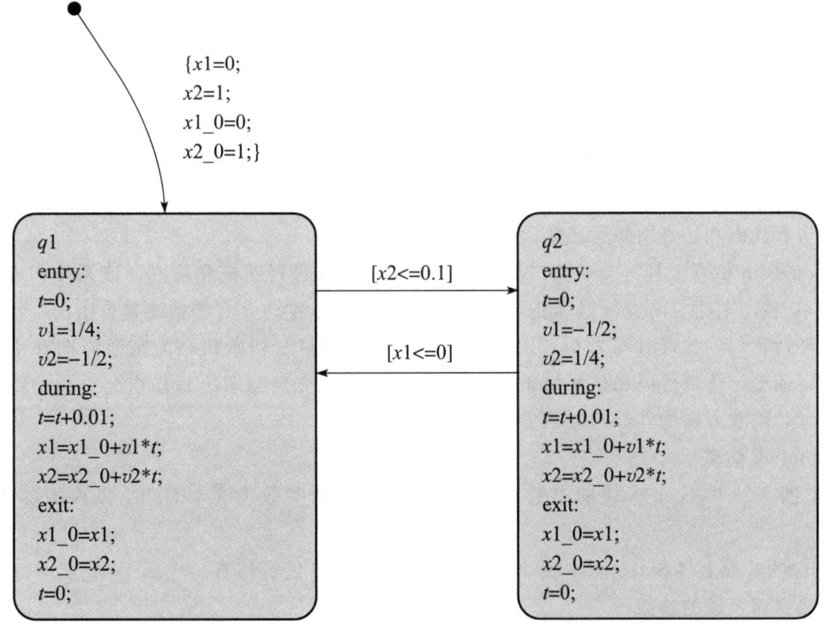

图 3-26　水缸系统状态图(情形 2)

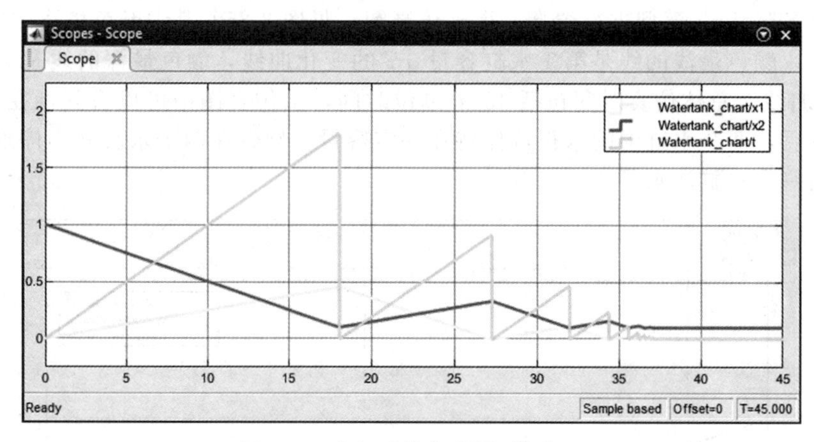

图 3-27　水缸系统仿真图(情形 2)

3.3 本章小结

本章介绍了智能嵌入式系统的仿真语言和工具。使用硬件描述语言 Verilog 以及仿真工具 Modelsim 对离散控制系统进行了仿真，使用 Simulink 建模语言和仿真工具对混成系统进行了建模和仿真。仿真在第 2 章系统建模的基础上，设置系统的状态和输入输出数据，依据仿真图验证系统建模的正确性。仿真测试程序中时序设计是很关键，体现了时序关系是否正确和合理，可以多设计仿真测试程序进行多次验证系统建模的正确性，以及时序关系的正确性和合理性。

硬件描述语言 Verilog 是硬件实现的设计语言，也是第 9 章中硬件 IP 核的描述语言，可以由 Vivado 工具自动生成，也可以使用 Vivado 工具进行离散系统仿真。

3.4 习题

3.1 对第 2 章中时序检测器系统分别进行 Moore 型自动机模型和 Mealy 型自动机模型的 Modelsim 仿真。将模型、仿真代码和仿真结果写成实验报告。

3.2 使用 Modelsim 仿真工具对饮料售货机进行建模和仿真。该饮料售货机可以售 3 种饮料：咖啡、水、可乐。每瓶咖啡售 5 元、每瓶可乐 4 元、每瓶水售 2 元，可接收 1 元、5 元、10 元，支持找零。将模型、仿真代码和仿真结果写成实验报告。

3.3 使用 Modelsim 仿真工具对交通路口红绿灯正交控制系统进行建模和仿真。该系统：南北方向直行绿灯亮 40 秒，东西方向直行绿灯亮 30 秒，在直行时可以左转，右转始终是自由的。绿灯到红灯的转换需经过黄灯，黄灯时间为 5s，而红灯直接转换到绿灯。初始状态为东西方向和南北方向都是黄灯。将模型、仿真代码和仿真结果写成实验报告。(正交控制系统是指南北方向为绿灯时东西方向为红灯，南北方向为红灯时东西方向为绿灯。)

3.4 使用 Simulink 仿真

(1) 调整图 3-28 中 Gain 模块的参数为 90，Gain1 模块的参数为 30，Gain2 模块的参数为 15 进行仿真。

(2) 在(1)的基础上将 Sine Wave 模块的参数频率调整到 6 进行仿真。

3.5 调整制热空调系统的参数

对制热空调系统的 Simulink 模型进行参数调整：将关状态下 $\exp(-0.02\times t)$ 公式中的参数值 -0.02 和开状态下 $\exp(-0.08\times t)$ 公式中的参数值 -0.08 调整为组合对 $(-0.01,-0.05)$ 和 $(-0.05,-0.02)$，对比参数调整前、后的仿真图。将模型、仿真代码和仿真结果写成实验报告。

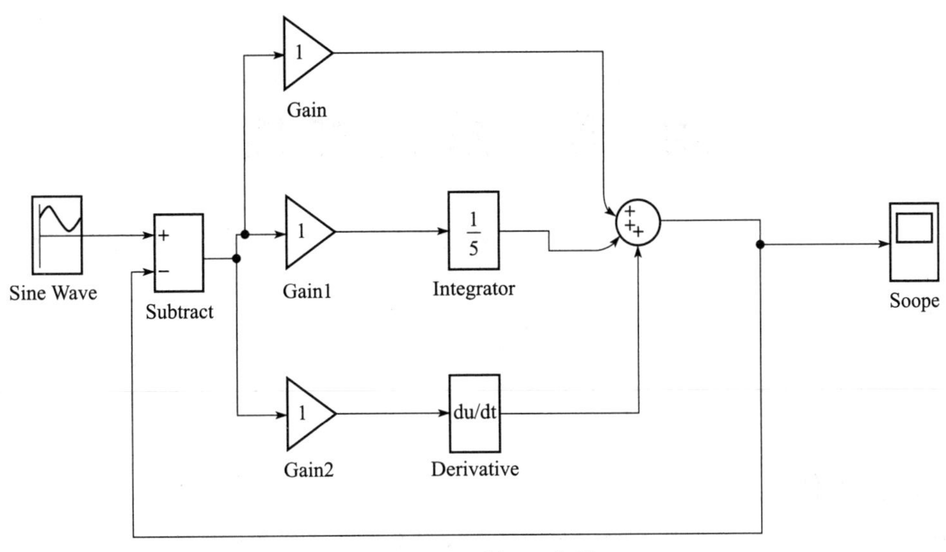

图 3-28 习题 3.4 的图

3.6 使用 Simulink 对汽车自动停车系统进行仿真

汽车自动停车系统的功能分成 3 个阶段，第 1 阶段是匀减速行驶，加速度是 $dv/dt=-1.35(m/s^2)$，当车速到达 20km/h 时，进入第二阶段；第 2 阶段也是减速行驶，加速度是 $dv/dt=0.09t-4.36(m/s^2)$，当车速减为 0 时，汽车进入第三阶段；停车。车速初始速度为 100km/h。将建模与仿真结果写成实验报告。（此题注意量纲的一致性）

3.7 使用 Simulink 对水缸系统进行仿真

由两个水缸(第 1 水缸和第 2 水缸)组成的水缸自动控制系统，水是按照一个常速通过一个软管流进水缸，在任何时刻水只能流进其中一个水缸，假定软管在两个水缸瞬间转换，并保持两个水缸中的水在一定容量。两个水缸中的水都是按照常速 v_1 和 v_2 流出，水按常速度 w 流进水缸，两个水缸容量都为 1，保持两个水缸容量为 $r_1=r_2$。设置两组起始状态是两个水缸的水容量，在每组起始状态下，设置三组流出速度 v_1 和 v_2、水流速度 w 以及水缸最低容量 r_1 和 r_2，并对各组情况进行仿真。将含参数的 Simulink 模型以及对应的仿真结果写成实验报告。

3.8 弹跳球运动模型

将球体从高度 h 处放下，其做自由落体运动，当落地时受到下落力作用会弹起，速度损失 20%，到最高处又会受到地球引力作用做自由落体运动，这样反复落-弹，直到落地不再弹起为止。建立弹跳球运动系统的 Simulink 模型，并对参数 h 分别取 100cm 和 200cm 进行仿真，仿真参数包含时间、速度和高度，将仿真结果写作实验报告。

3.9 调查了解业界离散系统、离散-连续系统仿真工具情况，阅读文献[17]掌握学术界模型驱动的仿真验证研究情况。

第4章 系统性能

失之毫厘，差之千里 《大戴礼记·保傅》

智能嵌入式系统优化设计方法是通过系统功能的软件与硬件实现，完成整个系统性能的优化。在实现系统功能之前，人们要获得软件实现的性能(简称软件性能)以及硬件实现的性能(简称硬件性能)。本章提供软件性能、硬件性能以及通信时延的获取方法。

4.1 软件性能

软件性能一般包括软件执行时间和功耗。这里分两节介绍软件性能的获取方法。

4.1.1 软件执行时间

定义 4.1 软件执行时间(简称软件时间)是指使用软件执行任务所需要的时间。

软件执行时间 T 通常可以表示成执行该软件的时钟周期数 N 与时钟频率 H 倒数的乘积：

$$T=N\times\frac{1}{H} \tag{4-1}$$

其中时钟频率 H 倒数为计算机中最基本的、最小的时间单位。

获取软件执行时间最好的办法是把任务用编程实现后在微处理器上执行实现代码，并获取执行时间。但在算法建模阶段，可以使用 Matlab 仿真工具、C 和 C++，将其代码执行时间作为可参考的软件执行时间，为系统开发节约时间。

在 Matlab 工具中，在需要测量时间的任务代码前加命令 tic，在任务结尾加命令 toc，即可获得软件执行时间。

例 4.1 获取排序算法的软件执行时间。对数据 3、4、1、8、0、5、14、10 按照从小到大的顺序进行排序，并记录排序结果和执行排序的时间。

解： 下面是排序算法在 Matlab 上的运行代码以及运行结果：

```
>> tic
a=[3,4,1,8,0,5,14,10];
temp=0;
for i=1:7
    for k=0:7-i
      if a(k+1)>a(k+2)
        temp=a(k+1);
        a(k+1)=a(k+2);
        a(k+2)=temp;
      end
    end
end
a
  toc
```

运行结果为：

```
a =0     1     3     4     5     8     10     14
Elapsed time is 0.007076 seconds.
```

软件执行时间为 0.007 076s。但若再次执行，执行时间会发生变化。

```
>>  tic
a=[3,4,1,8,0,5,14,10];
temp=0;
for i=1:7
    for k=0:7- i
      if a(k+1)> a(k+2)
        temp=a(k+1);
        a(k+1)=a(k+2);
        a(k+2)=temp;
      end
    end
end
a
  toc
```

运行结果为：

```
a =0     1     3     4     5     8     10     14
Elapsed time is 0.018493 seconds.
```

这次软件执行时间为 0.018 493s，约是上次执行时间的 2.6 倍。由此可以看出，同一个程序在多次运行时所需的时间是不同的，而且相差较大。因此，可以多运行几次记录最大执行时间和最小执行时间以及平均时间，作为软件执行时间的值。

例 4.2　获取排序算法的软件执行时间。对数据 3、4、1、8、0、5、14、10 按照从小到大的顺序进行排序，使用 Matlab 记录 10 次执行时间以及最小、最大和平均执行时间。

解： 下面是在 Matlab 上运行的代码以及运行结果。

```
t=[0,0,0,0,0,0,0,0,0,0];
for i=1:10
    a=[3,4,1,8,0,5,14,10];
  tic
  for j=1:7
    for k=1:8-j
      if (a(k)>a(k+1))
        a(k)=a(k)+a(k+1);
        a(k+1)=a(k)-a(k+1);
        a(k)=a(k)-a(k+1);
      end
    end
  end
  a;
  t(i)=toc
end
min=t(1);
max=t(1);
avg=t(1);
for k=2:10
  if (t(k)<min)
```

```
    min=t(k);
  end
  if (t(k)>max)
    max=t(k);
  end
  avg=avg+t(k);
end
min
max
avg=avg/10
```

运行结果如下：

```
min =8.4000e-06
max =1.94000e-05
avg =1.2390e-05
t=(1.7100e-05,1.9400e-05,1.8000e-05,1.0800e-05,9.2000e-06,9.70000e-06,8.4000e-06,1.
  2200e-05,1.0400e-05,8.7000e-06)
```

注意：8.400 0e—06 是用 Matlab 科学计数法表示的数字，是 $8.4\times10^{-6}=0.000\,008\,4$，时间单位是秒(s)。

在 C、C++代码中分别加上一行带有时间戳的代码 `cout<< "timer ="<< fp_ns<< " ms"<< endl;` 和 `count<< "timer="<< cfp_ns<< "ms"<< endl;`，即可获得软件执行时间。

例 4.3　实现欧几里得(Euclid)算法，求得 200 和 148 的最大公约数以及软件执行时间。

解：Matlab 软件执行时间是 39ms，C 软件执行时间是 35ms，C++软件执行时间为 57ms。

如下为 Matlab 代码：

```
tic
% gcd codes
% input two numbers: a and b;
% output their greatest common divisor;
a =200;       %input('Please input the first number:\n a =');
b =148;       %input('Please input the second number:\n b =');
c =mod(a,b);
while c~=0
   a=b;
   b=c;
c=mod(a,b);
end
disp('The Greatest common divisor of 200 and 148 is: ');
disp(b);
toc
```

如下为 C 代码：

```
#include<stdio.h>
#include<time.h>
int main(){
  double t0=clock();
  int a =200;
  int b =148;
```

```
    //input the value of a and b
  int c =a % b;
  while(c){
    a =b;
    b =c;
    c =a % b;
      }
  printf("The Greatest common divisor of 200 and 148 is : % d\n",b);
  double t1=clock();
  double fp_ns=(t1- t0);
  printf("execute time =% .1f ms\n", fp_ns);
  //cout<< "timer ="<< fp_ns << "ms"<< endl;
  return 0;
}
```

如下为 C++代码：

```
#include< iostream>
#include< chrono>
#include< time.h>
using namespace std;
int main(){
  auto t0 =clock();
  int a =200;
  int b =148;
    //input the value of a and b
  int c =a % b;
  while(c){
    a =b;
    b =c;
    c =a % b;
  }
  cout <<  "The Greatest common divisor of 200 and 148 is : " <<  b <<  endl;
  auto t1 =clock();
  double fp_ns=(t1- t0);
  cout<< "timer ="<< fp_ns<< "ms"<< endl;
  return 0;
}
```

4.1.2 软件功耗

定义 4.2 软件功耗是指软件从执行开始到执行结束产生的功耗。

软件运行所产生的功耗 E 定义为微处理器单位功耗 P 与软件运行时间 T 的乘积：

$$E=P\times T \tag{4-2}$$

软件执行时间越长其功耗越大，因此软件执行时间是计算软件功耗的一个因素。

微处理器在执行过程中会消耗电能量，因此会产生功耗。这种功耗通常定义为电压与电流的乘积，单位为瓦/小时(W/H)。软件在微处理器上运行会产生功耗，可实时测量获得。在软件设计阶段，可以预估软件运行产生的功耗值。

微处理器的参数一般包含热设计功耗 TDP(Thermal Design Power)值，如 Intel 酷睿 2 双核 SL9400 的热设计功耗为 17W/H，Intel(R)i5-5200U@2.2GHz 的热设计功耗为 15W/H，酷睿 2 双核 T9500 的热设计功耗为 35W/H，酷睿 i5 3470 的热设计功耗为 77W/H。

热设计功耗是衡量当微处理器达到最大负荷时热量释放能力的指标，是冷却系统必须有能力驱散热量的最大限度。很明显，热设计功耗不是程序在微处理器上运行时产生的单位功耗。一般来说，程序运行时产生的单位功耗要小于热设计功耗，为了能预估软件运行产生的功耗，可以把热设计功耗的10%作为程序运行产生的单位功耗。这样就很方便给出软件运行功耗的预估值，为软件开发提供功耗参考。

例 4.4　获取排序算法的软件功耗。将数据 3、4、1、8、0、5、14、10 按照从小到大进行排序，使用的微处理器为 Intel(R)i5-5200U@2.2GHz，其热设计功耗为 15W/H，其 1/10 为 1.5W/H。例 4.2 中运行结果显示在 Matlab 上执行代码 10 次后，最小执行时间为 8.4×10^{-6}s、最大执行时间为 1.94×10^{-5}s、平均执行时间为 1.239×10^{-5}s。这样这个程序的最小、最大、平均功耗分别为 3.5×10^{-9}W/H、8.08×10^{-9}W/H、5.16×10^{-9}W/H。

注意：软件功耗 E＝微处理器单位功耗 $P\times$程序时钟周期数 $N\times$时钟频率 H 倒数。一般认为电压保持不变，因此只需测量执行时微处理器的平均电流，便可以计算软件产生的功耗。通过直接测量目标处理器执行指令时的平均电流可以建立基本的软件功耗模型。通过执行具有足够多次循环的指令序列可以得到稳态平均电流。循环体内指令重复的次数要足够多，以消除循环结束时无条件跳转指令等指令的影响。

只在微处理器内部进行计算的指令，其功耗可以用指令数来计算，但软件执行中的内存操作功耗也是需要计算的，读和写导致的电流变化是不一样的，也应该计算在内。因而对软件功耗应建立这种计算模块：

指令执行功耗＋数据读访问功耗＋数据写访问功耗＋指令无效读取功耗

这些与具体程序有关，每个程序设计人员应给出程序执行量和数据访问次数，用这个可以比较精确地预估软件运行功耗。从这个计算公式可以看出，对软件优化可以降低软件功耗。

早在 1999 年，Simunic 等人[19-20]开始了对嵌入式软件功耗的研究，其研究结果表明，对软件源代码进行全局优化，软件系统最高可节能 90%；2000 年，Kandemir 等人[21]对目标代码进行了功耗优化设计，研究结果表明，对目标代码进行功耗优化设计可节能 25%以上。智能手机、智能传感器等智能移动终端的功耗更是需要关注的。2014 年，郭兵团队[22]利用安卓操作系统提供的基于组件应用程序功耗测量方法，提出了一种基于应用程序运行时间的时间功耗模型，实践表明该模型能保证在功耗误差为 0.001%～7.82%的基础上，方便终端用户利用独立于硬件功耗特性(power characteristics)的时间变量估算应用程序功耗。

4.2　硬件性能

硬件性能包括硬件执行时间、硬件面积以及 FPGA 的 LUT 数等。

4.2.1　硬件执行时间与硬件面积

定义 4.3　*硬件执行时间是指使用硬件执行任务所需要的时间。*

定义 4.4　*硬件面积是指任务在硬件上执行所需要的硬件面积。*

硬件面积一般是指 ASIC 的面积。但是由于 ASIC 全定制或者半定制的设计方法，流片需要花费大量的时间与人力进行人工布局布线，而且一旦需要修改内部设计，将不得不影响到其他部分的布局。所以，进行硬件面积估算时若采用 ASIC 将会带来很高的成本。硬件时间若通过 ASIC 来获取同样会带来很高的成本。

因此，本节采用 FPGA 的设计工具 Vivado HLS 估算硬件面积和硬件时间。FPGA 硬件面积是指 LUT 的个数。

4.2.2 FPGA 的 LUT

定义 4.5 FPGA 的 LUT 本质上是一个静态随机存储器 SRAM(Static Random Access Memory)。

FPGA 的 LUT 多采用 4 位输入的查找表，每个 LUT 都可以看作有 4 位地址线的 16×1 的 RAM。近来也有采用 6 位地址线的 LUT。在 FPGA 工作时，每输入一个进行逻辑运算的信号就等于输入一个 LUT 的地址，需要找出地址对应的内容，然后输出。因此，LUT 的个数反映了 FPGA 的能力，个数越多，FPGA 的可编程能力就越好，其成本也就越高。

4.2.3 获取硬件执行时间与 LUT

Vivado 高阶层次综合工具 HLS(High Level Synthesis)可直接使用 C、C++以及 System C 语言规范对 Xilinx 可编程器件进行编程，而无须手动创建 RTL，从而可加速 IP 创建，同时会对 IP 资源和占用时间进行模拟，也可以对编程代码进行优化，以减少执行时间。

本节使用 Vivado HLS 2018.2 工具。有关如何安装和使用 Vivado 工具的详情可以参考 Vivado 工具的使用说明。

例 4.5 在 Vivado HLS 工具上实现欧几里得算法。输入输出要求如下：有两个整数输入 m 和 n(可用 8 位表示，但要依据整数的大小来决定位数，可以使用 16 位、32 位甚至 64 位)，需输出两整数的最大公约数，并给出硬件执行时间和 LUT 数。

解： 首先，将一般的 C/C++代码改写为符合 Vivado HLS 标准的代码。

根据 Vivado HLS 的 C 语言规范对下面的 C 语言代码进行改写。

gcd C 语言代码：

```
int gcd(int m, int n)
  {
    int r;
      r=m% n;
    while(r! =0){
        m=n;
        n=r;
        r=m% n;
        }
    return n;
  }
```

把返回值类型 int 改写为符合标准的 uint8，uint8 表示 8 位整数型变量。

gcd.c HLS 文件：

```
# include "gcd.h"
uint8 gcd(uint8 m,uint8 n)
{
  uint8 r;
  while(n! =0){
    r =m%n;
    m =n;
    n =r;
  }
```

```
  return m;
}
```

同时为了能正确使用 uint8 数据类型，要包含头文件“ap_cint. h”。

gcd. h 文件：

```
#include< ap_cint.h>
uint8 gcd(uint8 m,uint8 n);
```

完成了 C 代码的改写后，需要编写一个测试文件，对修改后符合 Vivado HLS 标准的 C 代码进行逻辑检查，通过验证实际输出是否符合预期输出，确保改写没有影响原本代码想要实现的逻辑。形成测试文件 gcd_tb. c：

```
#include < stdio.h>
#include "gcd.h"
int main(void)
{
  uint8 result1 =0;
  uint8 result2 =0;
  result1 =gcd(200,148);
  printf("result= % d\n",result1);
  return 0;
}
```

打开 Vivado HLS 工具，选择 Create New Project，新建一个 Project。取 gcd 为 Project 名，为该 Project 设置一个目录，如 C：//Vivado-files。按照操作步骤依次加入 Top Function (gcd)还有 Source 目录下的 gcd. c 文件和 gcd. h 文件以及 Test Bench 目录下的 gcd_tb. c 文件。打开 Board 界面，选择目标开发板 xc7z020clg484-1。

在 Solution 环境下运行 C Synthesis Active Solution，获得图 4-1 和图 4-2。图 4-1 中右侧窗口显示“General Information(基本信息)”“Performance Estimates(性能估算)”“Utilization Estimates(资源利用估算)”“Interface(接口)”信息。从这两张图可以获得欧几里得算法的硬件资源信息，其中图 4-1 中框出了有关 Timing 资源的信息，图 4-2 中最后一列是有关 LUT 资源的信息。

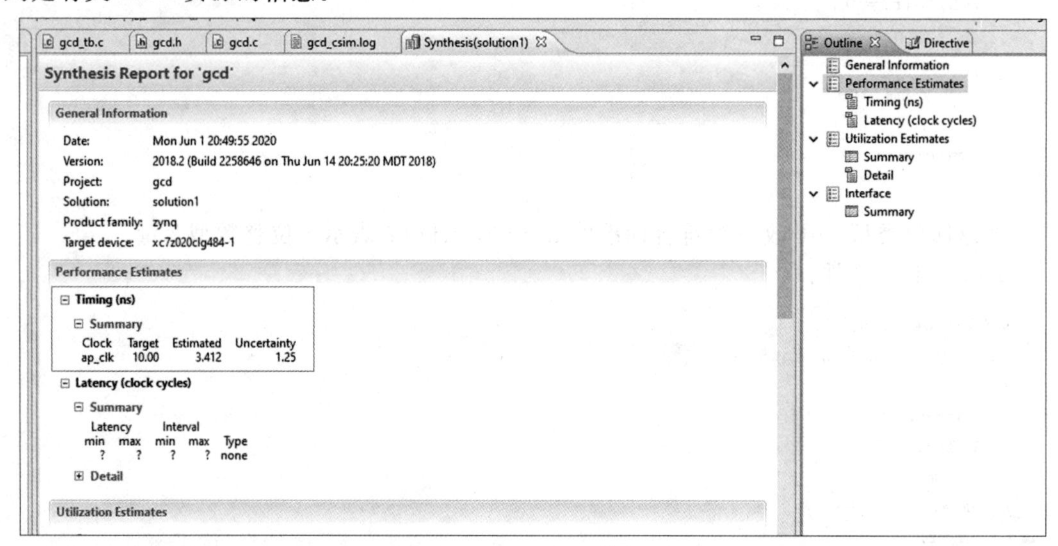

图 4-1　Timing 资源信息图

Utilization Estimates

Summary

Name	BRAM_18K	DSP48E	FF	LUT
DSP	-	-	-	-
Expression	-	-	0	11
FIFO	-	-	-	-
Instance	-	-	106	44
Memory	-	-	-	-
Multiplexer	-	-	-	77
Register	-	-	29	-
Total	0	0	135	132
Available	280	220	106400	53200
Utilization (%)	0	0	~0	~0

Detail

Instance

图 4-2　LUT 资源信息图

FPGA 的 LUT 数可以直接从图 4-2 中获得，当前硬件面积为：132 个 LUT。图 4-2 还展示了触发器 FF(Flip Flop)数：135。LUT 归于组合逻辑，FF 归于时序逻辑。

在 Solution 环境下运行 C/RTL Cosimulation 可以获得图 4-3，该图给出了硬件执行时间、Latency 资源和 Interval 资源的信息。

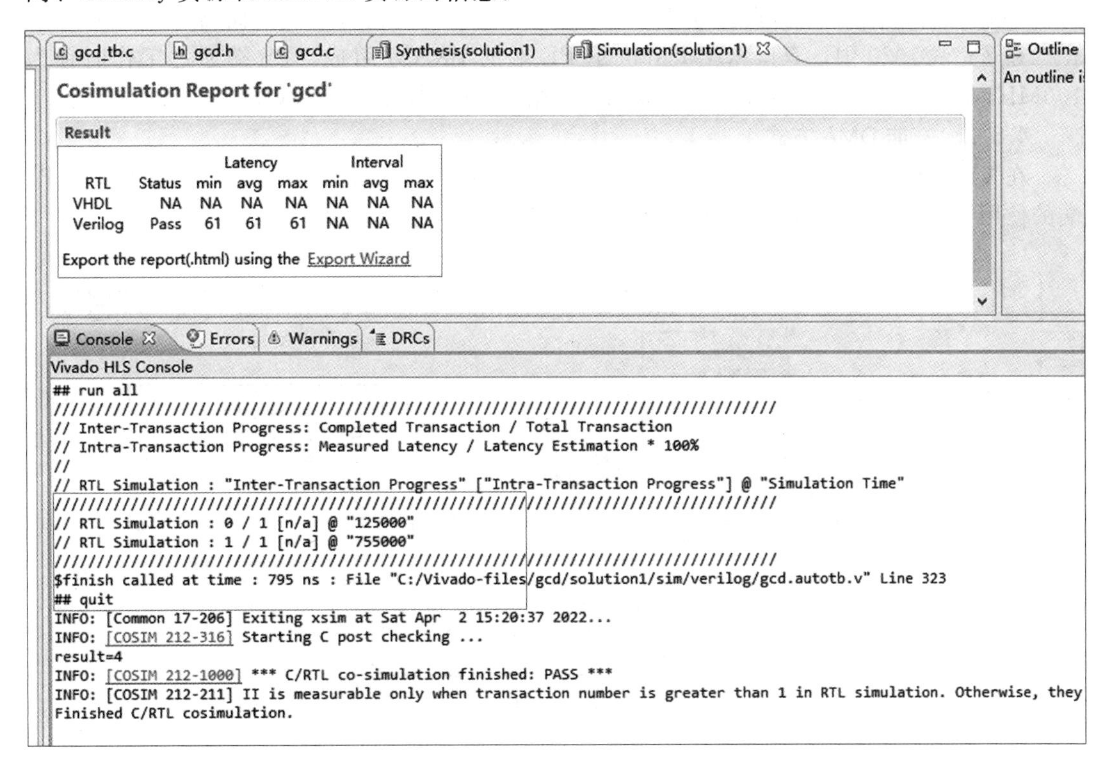

图 4-3　硬件执行时间、Latency 资源和 Interval 资源信息图

任务的**硬件执行时间**与测试用例有关。由图 4-3 可以看到当前测试用例的硬件执行时间为 795ns，Latency 为 61。可以通过调整 gcd_tb. c 文件中的参数获得计算任意两个整数的最大公因子所需要的硬件执行时间和 Latency。

4.3　通信时延

本节介绍通信时延指标的获取方法。4.3.1 节介绍一个简单的估测方法。4.3.2 节以

ZYNQ7020 开发板为例，通过一个实例来分析直接存储器访问 DMA 和非直接存储器访问两种方式下的通信时延估计方法。

4.3.1　通信时延的简单估测

假定总线访问周期为 T_B，通信时延 T 可以简单地根据要传输的总字节数 $N_{总}$ 和总线宽度 W(位)估测而得。首先用 W 计算一次能够传输的字节数 N(W 与数字 8 的商，即 $N=W/8$，因为 1 字节等于 8 位)，然后计算共需传输的次数($N_{总}$与 N 的商)，每次总线时长就是总线访问周期 T_B，故通信时延 T 的计算公式如下：

$$T=\lceil N_{总}/N\rceil\times T_B \tag{4-3}$$

例如，$N_{总}$为 100 字节，W 为 32 位(代表一次可以传输 4 字节，即 $N=4$)，则共需要传输 100/4=25 次。T_B 为 20ns，估测通信时延为 25×20ns=500ns。

4.3.2　基于异构系统平台的通信时延估测

本段介绍基于具体异构系统平台(如 ZYNQ7020)的通信时延估测方法。通过编写 PS 与 PL 端的通信代码，来仿真获取基于时钟的通信时延计算公式。通信代码见 9.3.5 节。

在 ZYNQ7020 中，双口 RAM 由位于 PL 端的 BRAM 组成，PS 端通过工作时钟为 100MHz 的 AXI 总线与 BRAM 控制器相连，由 BRAM 控制器对 BRAM 进行读写操作。

4.3.2.1　非 DMA 方式

在 Vivado 中构建如图 4-4 所示的非 DMA 通信的测试电路图。BRAM 的端口 A 为 PS 端的使用端口，端口 B 为 PL 端的逻辑处理电路直接使用的端口。

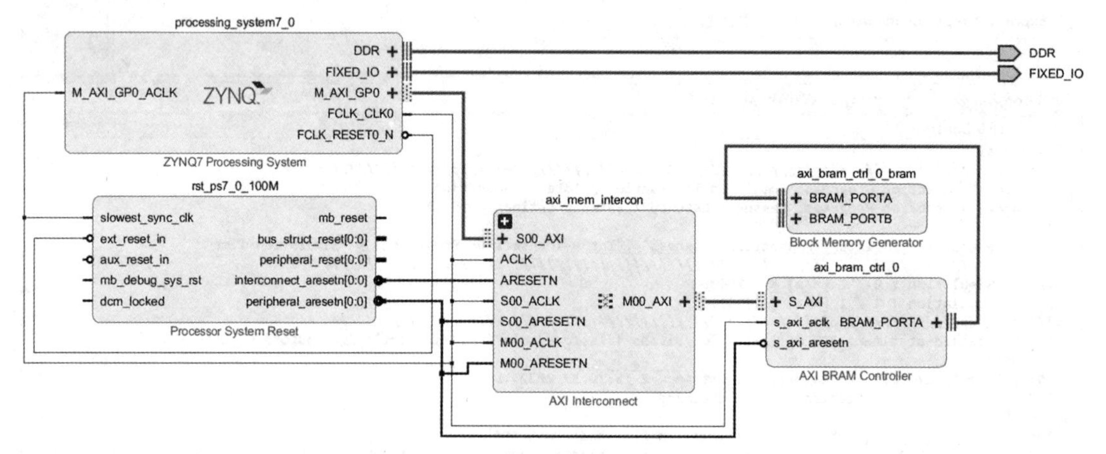

图 4-4　非 DMA 通信代码的 IP 核图

①PS 端至 PL 端通信

对这个方向所传数据进行测试的程序会对端口 A 连续执行 4 次写操作，之后可通过集成逻辑分析器 ILA 获取端口 A 的总线时序图。图 4-5 是一次单字传输的总线时序图。

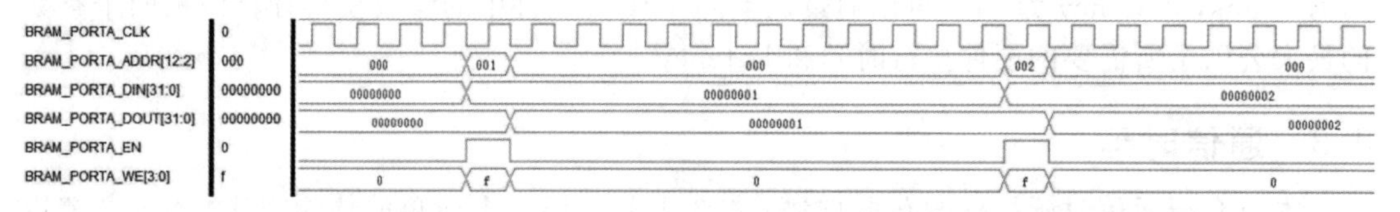

图 4-5　PS 端至 PL 端以非 DMA 方式传输数据的总线时序图

由图 4-5 可知，一个单字传输操作的时长为两个相邻 BRAM_PORTA_EN 之间的间隔，共有 12 个总线时钟周期(BRAM_PORTA_CLK)，即 120ns。

值得注意的是，在执行单字的通信指令时，虽然总线上数据写操作只占用 1 个总线时钟周期，即 10ns，但总线上还会有 10 个时钟周期的其他时延。所以一次从 PS 端至 PL 端的通信操作实际用 12 个总线时钟周期，不能简单用总线上的写操作时长(1 个总线时钟周期)来计算。

②PL 端至 PS 端通信

对这个方向所传数据进行测试的程序会对端口 A 连续执行 4 次读操作，之后也可通过 ILA 获取端口 A 的总线时序图。图 4-6 是一次单字传输的总线时序图。

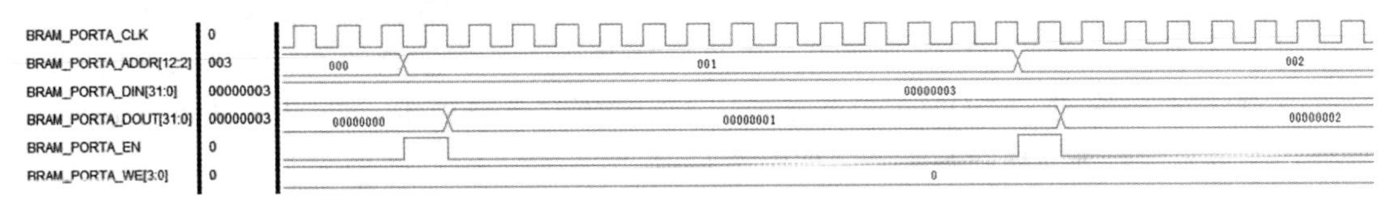

图 4-6　PL 端至 PS 端以非 DMA 方式传输数据的总线时序图

由图 4-6 可知，一次传输操作的时长为两个相邻 BRAM_PORTA_EN 之间的间隔，共有 14 个总线时钟周期，即 140ns。

4.3.2.2　DMA 方式

在 Vivado 中构建如图 4-7 所示的测试电路图，其在图 4-4 的基础上增加了 AXI Central Direct Memory Access 和 AXI SmartConnect 两个部件。

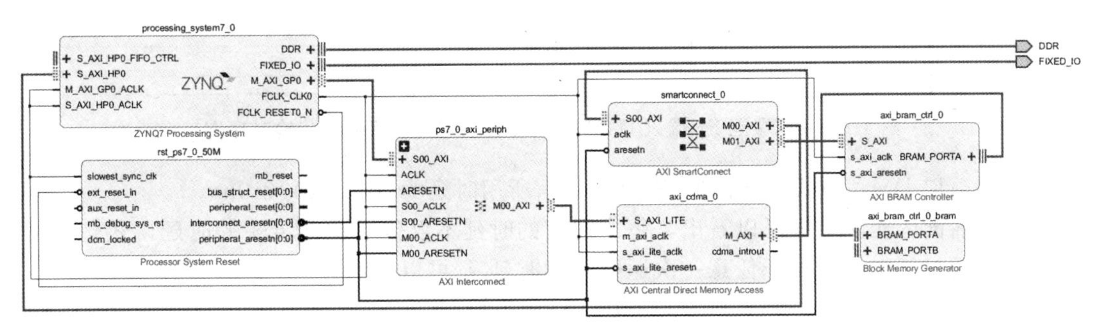

图 4-7　DMA 方式软硬通信测试电路图

与非 DMA 方式相似，BRAM 的端口 A 为 PS 端的使用端口，端口 B 被 PL 端的逻辑处理电路直接使用。软硬件通信主要体现在 MPU 对端口 A 的访问上。

①PS 端至 PL 端通信

对这个方向所传数据进行测试的程序会对端口 A 采用 DMA 方式一次写 4 个字，之后可通过 ILA 获取端口 A 的总线时序图，如图 4-8 所示，两次连续的 DMA 方式通信间隔为 76 个总线时钟周期，对 DMA 控制器进行了 3 次寄存器写操作。对 BRAM 进行数据访问共用 4 个总线时钟周期，其时序图如图 4-9 所示。

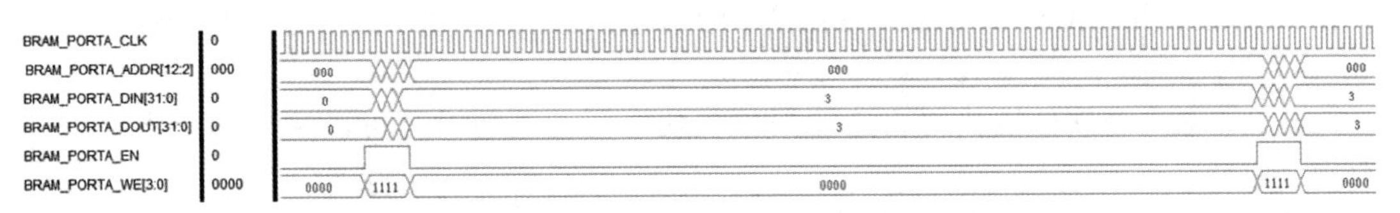

图 4-8　PS 端至 PL 端以 DMA 方式传输数据的总线时序图

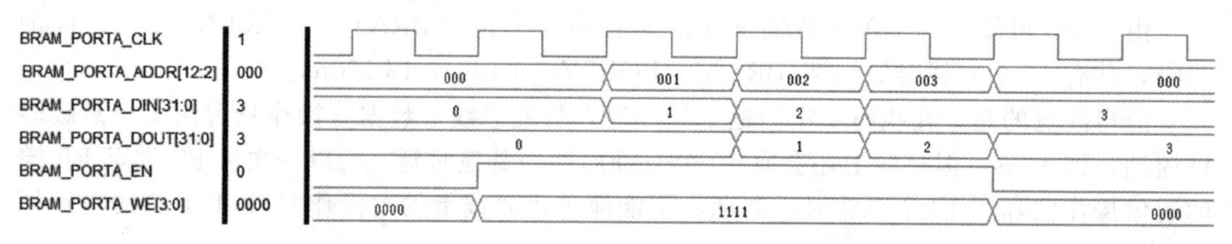

图 4-9　PS 端至 PL 端以 DMA 方式传输数据的总线数据传输时序图

因此，以 DMA 方式一次写入 N 个字通信所用时延为$(N+76)\times 10$ns。

②PL 端至 PS 端通信

对这个方向所传数据进行测试的程序会对端口 A 采用 DMA 方式一次读 4 个字，之后可通过 ILA 获取端口 A 的总线时序图，如图 4-10 所示，两次连续的 DMA 方式通信间隔为 74 个总线时钟周期，对 DMA 控制器进行了 3 次寄存器写操作。对 BRAM 进行数据访问共用 4 个总线时钟周期，其时序图如图 4-11 所示。

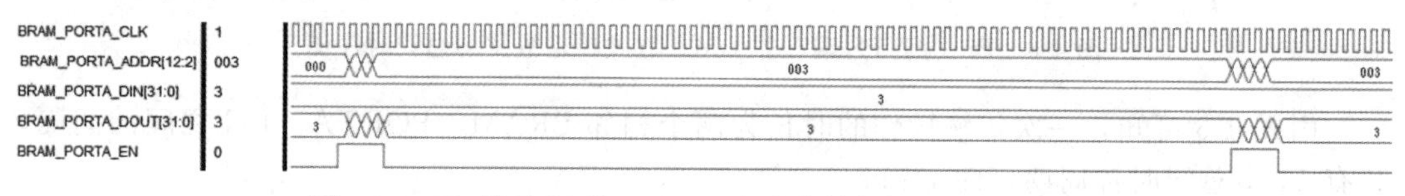

图 4-10　PL 端至 PS 端以 DMA 方式传输数据的总线时序图

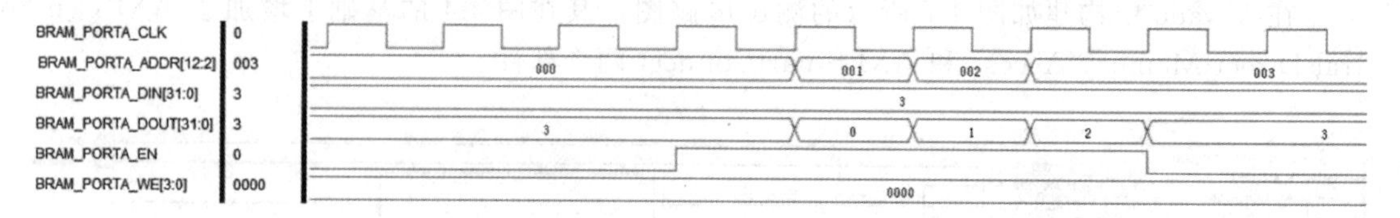

图 4-11　PL 端至 PS 端以 DMA 方式传输数据的总线数据传输时序图

因此，以 DMA 方式一次读取 N 个字通信所用时延为$(N+74)\times 10$ns。

综合前面的实测数据可以看出，每次通信的时延不仅包括数据传输的时延，还包括通信总线上的控制时延。对于任意一次通信，其时延 T 可以表示为：

$$T=T_d+T_w$$

其中 T_d 为数据传输时延，通常与数据量有关；T_w 为通信控制操作时延，通常与操作类型有关，不同操作类型所需要的额外控制操作不同。

通信分为从 PS 端至 PL 端和从 PL 端至 PS 端两个方向，每个方向都有单字通信和批量通信。

对于从 PS 端至 PL 端方向，单字通信的数据传输时延为 T_d^{sl}，控制操作时延为 T_{ws}^{sl}；一次 N 个字的批量通信数据传输时延为 $N\times T_d^{sl}$；控制操作时延为 T_{wb}^{sl}。

对于从 PL 端至 PS 端方向，单字通信的数据传输时延为 T_d^{ls}，控制操作时延为 T_{ws}^{ls}；一次 N 个字的批量通信的数据传输时延为 $N\times T_d^{ls}$，控制操作时延为 T_{wb}^{ls}。

在前面所用的测试平台中，这些参数值分别为：$T_d^{sl}=10$ns，$T_{ws}^{sl}=110$ns，$T_{wb}^{sl}=760$ns，$T_d^{ls}=10$ns，$T_{ws}^{ls}=130$ns，$T_{wb}^{ls}=740$ns。

至此，某一个软件模块与相连的硬件模块之间的通信时延可以采用如下方法进行估测。

假定某软件模块的代码中通信信息如下：

从 PS 端至 PL 端的批量通信量为 N_{sl} 个字，共用 K_{sl} 次批量传输操作；从 PS 端至 PL 端的单字通信共 M_{sl} 次。从 PL 端至 PS 端的批量通信量为 N_{ls} 字，共有 K_{sl} 次批量传输操作；从 PL 端至 PS 端的单字通信共 M_{ls} 次。其通信时延估测公式为：

$$T_d = N_{sl} \times T_d^{sl} + K_{sl} \times T_{wb}^{sl} + M_{sl} \times (T_d^{sl} + T_{ws}^{sl}) + N_{ls} \times T_d^{ls} + K_{ls} \times T_{wb}^{ls} + M_{ls} \times (T_d^{ls} + T_{ws}^{ls}) \tag{4-4}$$

使用本节的测试用例可以算得通信时延：

$$T_d = N_{sl} \times 10 + K_{sl} \times 760 + M_{sl} \times 120 + N_{ls} \times 10 + K_{ls} \times 740 + M_{ls} \times 140$$

在智能嵌入式系统设计中，根据控制操作通常采用单字通信，少量数据采用单字通信，大量数据采用批量通信。以前面的测试平台来说，对少于 8 个字的数据采用多次单字通信比采用批量通信时延小。

4.4　本章小结

本章介绍了智能嵌入式系统的软件任务、硬件任务，以及 PS 端与 PL 端通信性能指标的获取方法，这些只是初步性能指标。在实际开发中，特别在性能指标为非常关键因素的智能嵌入式系统设计和开发中，需要获取精确的性能指标，使得开发的系统具有最优的性能。

4.5　习题

4.1　分别使用 Matlab 工具和 C++语言获得计算下列算法的最大执行时间、最小执行时间和平均执行时间，以及相应的软件功耗。

(1) 请实现对一维数组[3,4,1,8,0,5,14,10,12,20,23,24,2,17,6,18,9,19]的排序。(请勿使用 Matlab 自带的 sort 函数。建议使用冒泡、快排等常用算法。)

(2) 实现 1+2+3+…+10 000 的求和。

4.2　使用 Vivado HLS 工具把上题中(1)和(2)再做一遍，获取硬件执行时间、LUT 数和 FF 数。(至少选择两个目标开发板，通过比较获得硬件性能指标。)

4.3　设通信总量 $N_{总}$ 为 10 000 字节，总线宽度 W 为 32 位，一次传输一个字节需要 8 位，每次总线时长即访问周期 T_B 为 20ns，计算完成这个通信量传输所需要的时延。又设通信总量 $N_{总}$ 为 9 981 字节，其他相同，计算完成这个通信量传输需要的时间。

4.4　在一款异构系统平台上编写通信代码测试 PS 端与 PL 端的通信时延。

第二篇
核　心　篇

本篇是本教材的核心篇，将介绍智能嵌入式系统的软硬件优化配置方法。旨在让你掌握基于线性规划的多指标优化方法以及工具，掌握基于任务优先级的多处理器系统调度方法并实现相关算法代码，掌握基于通信代价的多模块划分方法并实现相关算法代码，掌握基于多模块和多处理器系统的微系统划分方法并实现相关算法代码。

通过本篇学习，相信你能掌握智能嵌入式系统的软硬件优化配置方法，编程实现相关算法，建立智能嵌入式系统软硬件优化配置工具库。

第5章　多指标划分方法

兼权熟计　《荀子·不苟》

一个系统的规范包括系统的功能描述，以及系统的性能描述。而这些系统性能是多指标的，有时是相互矛盾的，如任务完成速度与任务实现成本是一对矛盾体。

本章介绍基于线性规划方法的多指标划分方法，划分目的是确认哪些任务使用软件实现和哪些任务使用硬件实现。因此，本章实际上给出了基于线性规划的软硬件划分方法。

5.1　线性规划介绍

线性规划(Linear Programing，LP)是研究在线性约束条件下线性指标函数极值问题的数学理论和方法。线性规划是运筹学中研究较早、发展较快、应用广泛、方法较成熟的一个重要分支，它是辅助人们进行科学管理的一种数学方法，被广泛应用于军事作战、经济分析、经营管理和工程技术等方面，为合理地利用有限的人力、物力、财力等资源做出最优决策，提供科学的依据。

线性规划的研究成果还直接推动了其他数学规划问题包括整数规划、随机规划和非线性规划的算法研究。随着数字电子计算机的发展，出现了许多线性规划软件，如 MPSX、OPHEIE 和 UMPIRE 等，可以很方便地求解几千个变量的线性规划问题。由于线性规划已比较成熟，因此一般使用现有的软件工具求解，比较常用的求解线性规划模型的软件有 LINGO 和 Matlab。

5.1.1　数学建模

数学建模是为实际问题建立数学模型，用数学表达式或方程组来描述实际问题。

例 5.1　现有 3 个任务 r_1、r_2、r_3，它们在微处理器上运行时间分别为 10、15、12 个单位时间，运行完成产生的收益分别为 0.6、0.3、0.5。计算在 30 个单位时间内，使得收益最大的任务完成方案。

从实际问题中建立数学模型一般经过以下 4 个步骤。

步骤 1　决策变量——依据会影响最终目的的因素来确定决策变量：

$$r_1, r_2, r_3 \text{（3 个任务）}$$

步骤 2　指标函数——由决策变量和最终目的之间的函数关系确定指标函数，这个指标函数一般是最大或最小值函数：

$$\max = 0.6 \times r_1 + 0.3 \times r_2 + 0.5 \times r_3 \text{（3 个任务完成后产生的收益之和最大值）}$$

步骤 3　约束条件——由决策变量所受的限制条件确定决策变量所应满足的约束条件：

$$10 \times r_1 + 15 \times r_2 + 12 \times r_3 \leqslant 30 \quad r_1, r_2, r_3 \in \{0,1\}$$

（3 个任务在微处理器上运行完成的时间之和不超过 30 个单位时间）

由于任务只有完成后才能产生收益，因此要求任务要么完成要么没有完成，取值 0

表示任务没有完成，取值 1 表示任务完成；

步骤 4　最优解——依据约束条件和指标函数，在可行域内求指标函数的最优解及最优值，即求出决策变量的取值(范围)以及指标函数的值(范围)。

例 5.1 的任务处理情况分析：从 3 个任务完成时间来看，它们不能都执行，可以执行其中 2 个任务，即有 3 个组合，分别为(r_1,r_2)、(r_1,r_3)和(r_2,r_3)。对应的约束条件为：(1,1,0)执行 25 个单位时间，(1,0,1)执行 22 个单位时间，(0,1,1)执行 27 个单位时间。这 3 个组合执行时间都符合约束条件(≤30)，因此它们都是候选解。当然也可以执行其中 1 个任务，此情况虽然执行时间符合约束条件，但收益明显不如执行 2 个任务的大，因而执行 1 个任务不是最优解，不需要考虑。

(r_1,r_2)产生收益为 0.6+0.3=0.9，(r_1,r_3)产生收益为 0.6+0.5=1.1，(r_2,r_3)产生收益为 0.3+0.5=0.8。

因此例 5.1 的最优解为执行任务 r_1 和 r_3，产生的最大收益为 1.1，执行时间为 22 个单位时间。

5.1.2　线性规划

当数学模型的指标函数为线性函数，约束条件也为线性等式或不等式时，称此数学模型为线性规划模型。

线性规划模型具有以下特点：

1. 每个模型都有若干个决策变量($x_1,x_2,x_3,\cdots,x_n$)，其中 n 为决策变量的个数。一组决策变量值表示一种方案，同时决策变量一般是非负的；
2. 指标函数是关于决策变量的线性函数，根据具体问题可以是最大化(max)或最小化(min)，二者统称为最优化(opt)；
3. 约束条件也是关于决策变量的线性函数；
4. 线性规划的解(即解决方案)是满足指标函数的一组决策变量值，如(0,1,0,1,1)。

5.1.3　求解工具

本节介绍两个求解工具：LINGO 和 Matlab。

例 5.2　使用 LINGO 工具求解任务调度问题，其代码为：

```
model:
max=0.6*r1+0.3*r2+0.5*r3;
10*r1+ 15*r2+ 12*r3<=30;
@bin(r1);
@bin(r2);
@bin(r3);
end
```

其中@bin(r1)表示 r1 只取 0 与 1 这两个值。运行结果为：

```
Global optimal solution found.
Objective value:                              1.100000
Objective bound:                              1.100000
Infeasibilities:                              0.000000
Extended solver steps:                               0
Total solver iterations:                             0
```

```
Variable          Value        Reduced Cost
      R1       1.000000          -0.6000000
      R2       0.000000          -0.3000000
      R3       1.000000          -0.5000000
     Row   Slack or Surplus     Dual Price
       1       1.100000            1.000000
       2       8.000000            0.000000
```

解决方案：完成任务 r1 和 r3，其收益为 1.1，执行时间为 22。

使用 Matlab 工具提供的求解函数进行求解。Matlab 工具中的线性规划函数为：

```
[x,fval,exitflag,output,lambda]= linprog(f,A,b,Aeq,beq,lb,ub)
```

其中，x 为最优解；fval 为指标函数最优值；exitflag 表示求解是否成功；output 为优化过程中的各种输出信息；lambda 为结构体，包含最优解处的拉格朗日乘子；f 为指标函数的系数矩阵；A 为不等式约束的系数矩阵；b 为不等式约束的常向量；Aeq 为等式约束的系数矩阵；beq 为等式约束的常向量；lb 为自变量下限；ub 为自变量上限。

整数线性规划/0-1 线性规划函数为：

```
[x,fval,exitflag,output ]=intlinprog(f,intcon,A,b,Aeq,beq,lb,ub)
```

其中，intcon 表示整数约束，其余参数含义同上，只是参数值都是整数/0 或 1。

使用 Matlab 工具求解任务调度问题，其代码为：

```
>>  f=[0.6;0.3;0.5]
A=[10,15,12]
b=[30];
lb=zeros(3,1);
ub=[1;1;1];
intcon=[1,2,3];
[x,fval,exitflag,output]= intlinprog(- f,intcon,A,b,[],[],lb,ub)
```

运行结果为：

```
x=
    1
    0
    1

fval=

  -1.1000
```

求出的结果与使用 LINGO 工具求出的相同：完成任务 r1 和 r3。

5.2　多处理器任务分配

一个系统由多任务组成，每个任务都含有多个性能指标。多任务分配的目的是在满足一定系统性能约束的前提下，在多处理器上进行任务分配并使系统性能达到最优。

5.2.1　任务分配时间问题

例 5.3　有 4 个任务 t_0、t_1、t_2 和 t_3，以及 2 个处理器 PE_0 与 PE_1。这些任务在处理器 PE_0 上的执行时间分别 5、15、10 和 30，在 PE_1 上的执行时间分别为 10、20、10 和

10。将这 4 个任务分配到这 2 个处理器上执行，要求使得执行时间最短。示意图见图 5-1。

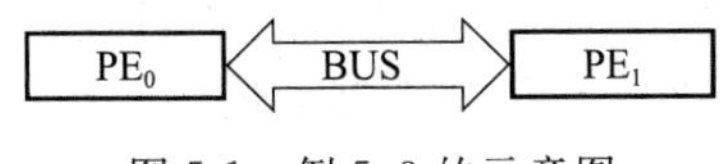

图 5-1 例 5.3 的示意图

解：把每个任务分别安排在 PE_0 和 PE_1 上执行，引入变量 t00、t10、t20、t30（分别表示对应任务在 PE_0 上执行）和 t01、t11、t21、t31（分别表示对应任务在 PE_1 上执行），它们满足 t00+t01= 1、t10+t11=1、t20+t21=1、t30+t31=1 条件，并且每个变量只取 0/1 二值，这意味着每个任务只能在且必须在 PE_0 和 PE_1 中一个上执行。再引入变量 load0 表示处理器 PE_0 的执行时间，load1 表示处理器 PE_1 的执行时间，则有：

```
load0=5*t00 + 15*t10 + 10*t20 + 30*t30
load1=10*t01 +20*t11 + 10*t21 + 10*t31
```

指标函数是：

```
min=load0+load1
```

建立线性规划模型：

```
min=load0+load1;
load0=5*t00 + 15*t10 + 10*t20 + 30*t30;
load1=10*t01 +20*t11 + 10*t21 + 10*t31;
t00+ t01=1;
t10+ t11=1;
t20+ t21=1;
t30+ t31=1;
```

因为每个任务只能在且必须在 PE_0 和 PE_1 中一个上执行，所以共有 $2^4=16$ 种候选分配方案，我们要从这 16 种中选择最优方案，即 load0+load1 取最小值的解决方案。

使用 LINGO 工具求解，代码为：

```
model:
min =load0+load1;
load0=5*t00 + 15*t10 + 10*t20 +30*t30;
load1=10*t01 +20*t11 + 10*t21 + 10*t31;
t00+t01=1;
t10+t11=1;
t20+t21=1;
t30+t31=1;
@bin(t00);
@bin(t01);
@bin(t10);
@bin(t11);
@bin(t20);
@bin(t21);
@bin(t30);
@bin(t31);
end
```

输出结果为 T00=T10=T20=T31=1，即处理器 PE_0 执行任务 t_0、t_1 和 t_2，处理器 PE_1 执行任务 T_3，执行时间总共是 40。

但这样的方案是不均匀的，处理器 PE_0 执行 3 个任务，用时 30，而处理器 PE_1 仅处理 1 个任务且仅用时 10。从任务时间来看，任务 t_0 和 t_1 最好安排在 PE_0 处理器上，任务 t_3 最好安排在 PE_1 处理器上，任务 t_2 安排在 PE_0 和 PE_1 中任何一个上都可以。但从任务分配均匀角度来看，任务 t_2 安排在 PE_1 处理器上最好，这样 2 个处理器用时都是 20。

再使用 Matlab 工具求解：

```
>> f=[5;15;10;30;10;20;10;10];intcon=[,2,3,4,5,6,7,8];Aeq=[1,0,0,0,1,0,0,0;0,1,0,0,0,1,0,0;0,
   0,1,0,0,0,1,0;0,0,0,1,0,0,0,1];beq=[1;1;1;1];lb= zeros(8,1);ub=[1;1;1;1;1;1;1;1]; [x,
   fval,exitflag,output]=intlinprog(f,intcon,[],[],Aeq,beq,lb,ub)

LP:              Optimal objective value is 40.000000.
```

输出结果为：

```
x =  1
     1
     0
     0
     0
     0
     1
     1
fval =40
```

处理器 PE_0 执行任务 t_0 和 t_1，处理器 PE_1 执行任务 t_2 和 t_3，执行时间总共是 40。2 个处理器执行的任务比较均匀，而且执行时间均为 20。

将例 5.3 扩展为一般问题。 设有 n 个任务 $r_1,r_2,\cdots,r_n$ 以及 m 个处理器 $P_1,P_2,\cdots,P_m$，任务 R_i 在处理器 P_j 上的执行时间为 $t_{ij}(i=1,\cdots,n,j=1,\cdots,m)$。要求把这 n 个任务分配给这 m 个处理器执行，使得整体执行时间最少。

建立线性规划模型。 引入变量 Rij 表示任务 r_i 在处理器 P_j 上执行，其取值 0 或 1，0 表示不执行，1 表示执行。再引入变量 loadj= $\sum_{i=1\cdots n}$tij* Rij 表示处理器 P_j 执行所有任务的时间之和；load= $\sum_{j=1\cdots m}$ loadj 表示 m 个处理器执行所有任务的时间之和。整体指标是求一个分配方案使得 load 取最小值，即：

```
Min load=Σj=1...m loadj;
loadj=Σi=1...ntij* Rij (j= 1...m);
Rij∈{0,1}(j=1...m,i=1...n);
Σj=1...m Rij=1。
```

5.2.2 任务分配收益问题

设有 n 个任务 $r_1,\cdots,r_n$，它们在处理器 P 上的执行时间分别为 $t_1,\cdots,t_n$，系统收益分别为 g_1，$g_2,\cdots,g_n$。求在时间 T 内能使系统收益最大的任务分配方案。

建立线性规划模型：

```
maximize:  g1*r1+ ...+ gn*rn
subject to:  t1*r1+ ...+ tn*rn<=T
             ri=0 或 1;
```

5.3 多指标软硬件划分

软硬件划分是将系统任务指定给软件实现或硬件实现。每个任务都有可能基于软件实现或硬件实现，因而每个任务都有衡量软件实现和硬件实现的性能指标，包括执行时间、开发成本、功耗、可靠度，以及硬件(电路板)面积。有些指标之间是矛盾的，如执行时间和开发成本是一对矛盾指标。因此在实现系统时要考虑这些指标，在它们中寻找平衡，使得系统性能最优化。

本节介绍基于线性规划的软硬件划分方法。但对于复杂系统的软硬件划分还是需要结合其他方法进行求解[23]。

5.3.1 面向可靠度的软硬件划分

可靠度是评价嵌入式系统的一个重要指标，也是系统实现的一个增益。软件可靠度与硬件可靠度是有区别的，这里假设软件可靠度没有硬件可靠度强，但硬件实现有硬件面积的要求，因此根据不同的硬件面积约束条件会产生不同的软硬件划分方案，进而产生不同的系统可靠度。

例 5.4 现有 6 个任务 T_1、T_2、T_3、T_4、T_5 和 T_6。每个任务都有软件可靠度和硬件可靠度，软件实现有时间指标，硬件实现有面积指标，数据如表 5-1 所示。求在软件时间不超过 200，硬件面积分别为 1 000、2 000 和 2 500 情况下的系统最大可靠度以及设计方案。

表 5-1 例 5.4 的任务指标数据表

任务	软件可靠度	软件时间	硬件可靠度	硬件面积
T_1	0.8	50	0.9	430
T_2	0.82	43	0.96	520
T_3	0.75	38	0.90	489
T_4	0.80	52	0.92	532
T_5	0.78	51	0.95	541
T_6	0.85	44	0.99	488

使用线性规划求解结果如表 5-2 所示，其中系统可靠度等于用软件实现的任务的软件可靠度之和加用硬件实现的任务的硬件可靠度之和，再除以 6(6 个任务)。

表 5-2 例 5.4 的线性规划求解结果

软件时间	硬件面积	软件实现的任务	硬件实现的任务	系统可靠度
200	1 000	T_1、T_2、T_4、T_5	T_3、T_6	0.848(=5.09/6)
	2 000	T_2、T_4	T_1、T_3、T_5、T_6	0.893(=5.36/6)
	2 500	T_4	T_1、T_2、T_3、T_5、T_6	0.917(=5.5/6)

5.3.2 多指标软硬件划分

假设智能嵌入式系统中有 N 个任务，第 $i(i=1,2,\cdots,N)$ 个任务采用第 $j(j=0,1)$ 个实现方法，$j=0$ 表示软件实现，$j=1$ 表示硬件实现。每个任务有 4 个指标：功耗 $P(i,j)$、硬件面积 $S(i,j)$、开发代价 $C(i,j)$ 和执行时间 $T(i,j)$。

假定智能嵌入式系统最大功耗为 P，最大硬件面积为 S，最大开发代价为 C，最大执行时间为 T。

软硬件划分的目的是建立软硬件划分方案，使得系统的整体性能或某个指标达到最优。

设 x_{ij} 表示采用实现方法 j 的任务 i。

引入公式：$P=\sum_{i=1,\cdots,N,j=0,1}P(i,j)\times x_{ij}$

$S=\sum_{i=1,\cdots,N,j=0,1}S(i,j)\times x_{ij}$

$C=\sum_{i=1,\cdots,N,j=0,1}C(i,j)\times x_{ij}$

$T=\sum_{i=1,\cdots,N,j=0,1}T(i,j)\times x_{ij}$

求 $P+S+C+T$ 的最小值。

约束条件：

$\sum_{i=1,\cdots,N,j=0,1}P(i,j)\times x_{ij}\leqslant P$

$\sum_{i=1,\cdots,N,j=0,1}S(i,j)\times x_{ij}\leqslant S$

$\sum_{i=1,\cdots,N,j=0,1}C(i,j)\times x_{ij}\leqslant C$

$\sum_{i=1,\cdots,N,j=0,1}T(i,j)\times x_{ij}\leqslant T$

划分结果：x_{ij} 取值 0 或 1，表示第 i 个任务采用软件实现或硬件实现（注意：每个任务只能有一种实现方法，即 $x_{i0}+x_{i1}=1$）。

划分效果：将 x_{ij} 的值代入公式 P、S、C、T，并求它们之和的最小值。

例 5.5 现有 10 个任务，每个任务的软件实现和硬件实现有功耗、时间、代价指标，硬件实现有硬件面积指标，数据如表 5-3 所示，系统最大功耗为 $P=4\text{W}$ ㊀，最大硬件面积为 $S=3\,500\text{mm}^2$，最大开发代价为 $C=1\,080$ 元，最大执行时间为 $T=600\text{ms}$。要求设计一个软硬件划分方案使得整个系统的性能最优，即功耗、硬件面积、开发代价和执行时间都最小。

表 5-3 例 5.5 任务指标值

任务	硬件面积	软件功耗	硬件功耗	软件时间	硬件时间	软件代价	硬件代价
0	413	0.18	0.13	80	0.2	15	156
1	216	0.12	0.05	54	0.16	12	134
2	758	0.26	0.17	123	0.24	23	341
3	531	0.18	0.12	74	0.21	14	143
4	522	0.55	0.41	65	0.15	14	123
5	470	0.14	0.15	76	0.18	12	134
6	502	0.78	0.22	62	0.11	13	125
7	330	0.45	0.34	57	0.12	11	121
8	363	0.17	0.25	62	0.13	14	187
9	524	0.62	0.5	68	0.16	16	234
总和	4 629	3.33	2.34	721	1.66	144	1 698

解： x_{ij} 定义同前。

将上表中的数据代入前面的公式计算 4 个指标，约束条件同前。

(1) 综合考虑使得系统整体性能最优

- 极值：$\min=S+P+T+C$
- 约束条件：$S\leqslant 3\,500$、$P\leqslant 4$、$T\leqslant 600$ 和 $C\leqslant 1\,080$
- 划分解：

㊀ 本节中各指标的单位只在此出现一次，之后只出现数值。——编辑注

$$x_{00}=x_{10}=x_{21}=x_{31}=x_{41}=x_{51}=x_{61}=x_{71}=x_{81}=x_{91}=0$$
$$x_{01}=x_{11}=x_{20}=x_{30}=x_{40}=x_{50}=x_{60}=x_{70}=x_{80}=x_{90}=1$$

任务 2、3、4、5、6、7、8 和 9 用软件实现，任务 0 和 1 用硬件实现

- 划分效果：

硬件面积 $S=629$，功耗 $P=3.33$，执行时间 $T=587.36$，开发代价 $C=407$

- 系统性能最小值：min=1 626.69。

(2) 只考虑时间最优，即系统整体执行时间最小

- 极值：$\min=T$
- 约束条件：$S\leqslant 3\,500$、$P\leqslant 4$、$C\leqslant 1\,080$
- 划分解：

$$x_{00}=x_{11}=x_{20}=x_{30}=x_{40}=x_{50}=x_{60}=x_{71}=x_{81}=x_{91}=0$$
$$x_{01}=x_{10}=x_{21}=x_{31}=x_{41}=x_{51}=x_{61}=x_{70}=x_{80}=x_{90}=1$$

任务 1、7、8 和 9 用软件实现，任务 0、2、3、4、5 和 6 用硬件实现

- 划分效果：

硬件面积 $S=3\,196$，功耗 $P=2.56$，执行时间 $T=242.09$，开发代价 $C=1\,075$

- 执行时间最小值：$T=242.09$

(3) 只考虑硬件面积，即系统硬件面积最小

- 极值：$\min=S$
- 约束条件：$T\leqslant 600$、$P\leqslant 4$、$C\leqslant 1\,080$
- 划分解：

$$x_{00}=x_{10}=x_{21}=x_{31}=x_{41}=x_{51}=x_{61}=x_{71}=x_{81}=x_{91}=0$$
$$x_{01}=x_{11}=x_{20}=x_{30}=x_{40}=x_{50}=x_{60}=x_{70}=x_{80}=x_{90}=1$$

任务 2、3、4、5、6、7、8 和 9 用软件实现，任务 0 和 1 用硬件实现

- 划分效果：

硬件面积 $S=629$，功耗 $P=3.33$，执行时间 $T=587.36$，开发代价 $C=407$

- 硬件面积最小值：$S=629$

(4) 只考虑功耗，即系统功耗最小

- 极值：$\min=P$；
- 约束条件：$S\leqslant 3\,500$、$T\leqslant 600$、$C\leqslant 1\,080$
- 划分解：

$$x_{01}=x_{10}=x_{21}=x_{30}=x_{40}=x_{51}=x_{60}=x_{70}=x_{81}=x_{90}=0$$
$$x_{00}=x_{11}=x_{20}=x_{31}=x_{41}=x_{50}=x_{61}=x_{71}=x_{80}=x_{91}=1$$

任务 0、2、5 和 8 用软件实现，任务 1、3、4、6、7 和 9 用硬件实现

- 划分效果：

硬件面积 $S=2\,625$，功耗 $P=2.39$，执行时间 $T=341.91$，开发代价 $C=944$

- 功耗最小值：$P=2.39$

(5) 只考虑开发代价，即系统开发代价最小

- 极值：$\min=C$
- 约束条件：$S\leqslant 3\,500$、$P\leqslant 4$、$T\leqslant 600$
- 划分解：

$$x_{01}=x_{11}=x_{21}=x_{31}=x_{40}=x_{51}=x_{61}=x_{70}=x_{81}=x_{91}=0$$

$$x_{00}=x_{10}=x_{20}=x_{30}=x_{41}=x_{50}=x_{60}=x_{71}=x_{80}=x_{90}=1$$

任务 0、1、2、3、5、6、8 和 9 用软件实现，任务 4 和 7 用硬件实现

- 划分效果：

硬件面积 $S=852$，功耗 $P=3.2$，执行时间 $T=599.27$，开发代价 $C=363$

- 开发代价最小值：$C=363$

划分方案结果统计见表 5-4。

表 5-4　例 5.5 划分结果统计表

优化指标	划分方案	硬件面积	功耗	执行时间	开发代价
整体最优	软件：2,3,4,5,6,7,8,9 硬件：0,1	629	3.33	587.36	407
时间最优	软件：1,7,8,9 硬件：0,2,3,4,5,6	3 196	2.56	242.09	1 075
硬件面积最优	软件：2,3,4,5,6,7,8,9 硬件：0,1	629	3.33	587.36	407
功耗最优	软件：0,2,5,8 硬件：1,3,4,6,7,9	2 625	2.39	341.91	944
代价最优	软件：0,1,2,3,5,6,8,9 硬件：4,7	852	3.2	599.27	363

5.3.3　多候选对象的软硬件划分

在实际中开发一个系统平台时，除了任务有软硬件选择之外，软硬件本身也有多个候选对象，需要从中选取唯一合适的候选对象，获得组合方案，并满足一定的指标约束条件。

例 5.6　PDA 手机系统的软硬件划分[24-25]

一个 PDA 手机的视频、音频发送系统由音频数据采集模块、视频数据采集模块、用户界面、MP3 编码模块、MPEG4 编码模块和音频视频同步模块组成。如图 5-2 所示，音频数据采集模块和视频数据采集模块负责将声音和图像转换成音频和视频信息；用户界面模块负责接收来自用户的输入信息并将其发给 MP3 编码模块和 MPEG4 编码模块；MP3 编码模块和 MPEG4 编码模块负责压缩、编码音频和视频信息；音频视频同步模块负责解决音频和视频的同步问题，并将这些信息通过无线网络发给收方。

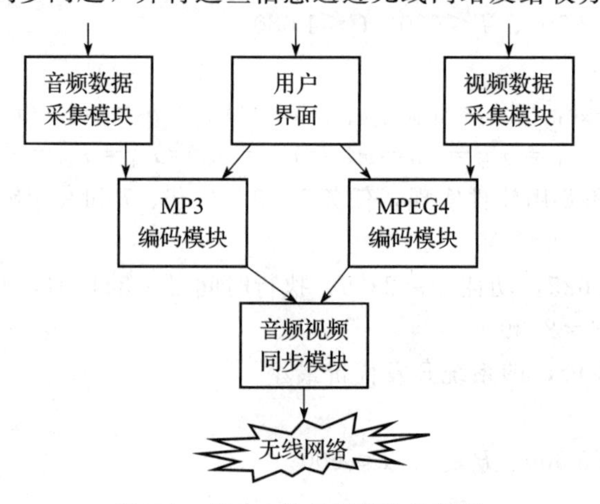

图 5-2　例 5.6 的手机模块示意图

各个模块的参数如表 5-5 所示，性能需求为成本不超过 1 100 元、硬件面积不超过 3 900mm²、功耗不超过 1.9W、工作时间特性不超过 600ms，请选出最合适的模块编号。

表 5-5　例 5.6 的模块参数表

模块	编号	类型	成本(元)	硬件面积(mm²)	功耗(W)	工作时间(ms)
音频数据采集模块	Core11	软件构件	80	0	0.2	80
	Core12	IP 核	110	30×25=750	0.25	50
	Core13	IP 核	180	23×20=460	0.15	30
视频数据采集模块	Core21	软件构件	95	0	0.3	100
	Core22	IP 核	150	35×28=980	0.3	60
	Core23	IP 核	180	28×23=644	0.2	50
用户界面模块	Core31	软件构件	30	0	0.1	20
	Core32	软件构件	50	0	0.08	10
MP3 编码模块	Core41	软件构件	180	0	0.6	400
	Core42	软件构件	220	0	0.5	350
	Core43	IP 核	350	65×40=2 600	0.5	120
	Core44	IP 核	420	38×36=1 368	0.4	70
MPEG4 编码模块	Core51	软件构件	150	0	0.6	400
	Core52	软件构件	180	0	0.5	380
	Core53	IP 核	320	55×45=2 475	0.5	130
	Core54	IP 核	380	40×35=1 400	0.4	80
音频视频同步模块	Core61	软件构件	120	0	0.4	150
	Core62	软件构件	150	0	0.3	120
	Core63	IP 核	220	38×25=950	0.3	50

注：软件构件和 IP 核为模块的候选构件。

解： 建立线性规划模型。

定义变量簇 x_1、x_2、x_3、x_4、x_5 和 x_6，它们分别表示音频数据采集模块、视频数据采集模块、用户界面模块、MP3 编码模块、MPEG4 编码模块和音频视频同步模块。x_{1i} 表示音频数据采集模块的候选构件，其中 $i=1,\cdots,3$；x_{2j} 表示视频数据采集模块的候选构件，其中 $j=1,\cdots,3$；x_{3k} 表示用户界面模块的候选构件，其中 $k=1,\cdots,2$；x_{4l} 表示 MP3 编码模块的候选构件，其中 $l=1,\cdots,4$；x_{5m} 表示 MPEG4 编码模块的候选构件，其中 $m=1,\cdots,4$；x_{6n} 表示音频视频同步模块的候选构件，其中 $n=1,\cdots,3$。每个 x_{st}(s=1,…,6，t=i,j,k,l,m,n)都含有 4 个指标：成本、硬件面积、功耗和工作时间。分别使用符号 C、S、P 和 T 表示总成本、总硬件面积、总功耗和总工作时间。

约束条件为：

$$C=\sum_{i=1,\cdots,3,j=1,\cdots,3,k=1,\cdots,2,l=1,\cdots,4,m=1,\cdots,4,n=1,\cdots,3}\mathrm{Sumcost}(x_{1i},x_{2j},x_{3k},x_{4l},x_{5m},x_{6n})\leqslant 1\,100$$
$$S=\sum_{i=1,\cdots,3,j=1,\cdots,3,k=1,\cdots,2,l=1,\cdots,4,m=1,\cdots,4,n=1,\cdots,3}\mathrm{Sumarea}(x_{1i},x_{2j},x_{3k},x_{4l},x_{5m},x_{6n})\leqslant 3\,900$$
$$P=\sum_{i=1,\cdots,3,j=1,\cdots,3,k=1,\cdots,2,l=1,\cdots,4,m=1,\cdots,4,n=1,\cdots,3}\mathrm{Sumpower}(x_{1i},x_{2j},x_{3k},x_{4l},x_{5m},x_{6n})\leqslant 1.9$$
$$T=\sum_{i=1,\cdots,3,j=1,\cdots,3,k=1,\cdots,2,l=1,\cdots,4,m=1,\cdots,4,n=1,\cdots,3}\mathrm{Sumtime}(x_{1i},x_{2j},x_{3k},x_{4l},x_{5m},x_{6n})\leqslant 600$$

将表 5-5 中的数据代入上述公式计算 4 个指标。

选择结果 x_{st} 取值 0 或 1。取 1 表示候选构件选中，取 0 表示候选构件没有选中，即所有候选构件要么选中要么没有选中。

对于每个模块，都只能选择候选构件中的一个。下面分情况讨论：

(1) 要求综合最优，即 $C+S+P+T$ 最小。

使用 LINGO 工具在条件 C<=1100、S<=3900、P<=1.9、T<=600 的约束下，使得 min=C+ S+ P+ T，可以得到表 5-6 所示的 LINGO 解决方案。

表 5-6　综合最优方案

综合最优方案	成本	硬件面积	功耗	工作时间
Core11，Core21，Core31，Core44，Core53，Core62	1 095	3 843	1.80	520

(2) 要求某性能最优：在使用 LINGO 工具时取消对这个性能的约束条件，并保留对其他性能的约束条件，求得最优解。

如要求成本最优，则使用 LINGO 工具可以求得表 5-7 所示的解决方案。

表 5-7　成本最优方案

成本最优方案	成本	硬件面积	功耗	时间
Core11，Core21，Core31，Core44，Core53，Core61	1 065	3 843	1.90	550

类似地，可以求得要求面积最优、功耗最优、时间最优的解决方案，连同综合最优解决方案和成本最优解决方案，共获得 3 种解决方案如表 5-8 所示，其中综合最优、时间最优、功耗最优的解决方案是一致的。

表 5-8　例 5.6 的优化指标解决方案表

优化指标	解决方案	成本	硬件面积	功耗	时间
综合最优 时间最优 功耗最优	Core11，Core21，Core31，Core44，Core53，Core62	1 095	3 843	1.80	520
成本最优	Core11，Core21，Core31，Core44，Core53，Core61	1 065	3 843	1.90	550
面积最优	Core11，Core21，Core32，Core44，Core53，Core61	1 085	3 843	1.88	540

这三种方案的差异体现在用户界面模块(第 1 下标为 3)和音频视频同步模块(第 1 下标为 6)上，硬件面积都是一样的。从解决方案来看：功耗少、执行时间短，成本就高，这符合实际情况。本节采用线性规划方法进行求解，其结果与文献[24，25]的解决方案相同，这两篇文献介绍的解决方法是值得学习和借鉴的。

5.4　本章小结

本章介绍了基于线性规划的软硬件划分方法，并使用现有的软件工具 LINGO 和 Matlab 进行求解。对于比较复杂的线性规划问题，求解时需要使用一些常用的算法，如蚁群算法[26]、遗传算法[27]、遗传算法与蚁群算法融合算法[28]以及遗传算法与自适应蚁群算法融合算法[29]等，进行算法设计。

5.5　习题

5.1　SM2 加密算法的软硬件划分

SM2 加密算法中每个步骤所需的软硬件执行时间、硬件面积及功耗如表 5-9 所示。依据这些数据，系统要求最大硬件功耗 $P=4.5\text{mW}$，最大硬件面积 $S=12\text{mm}^2$，最大执行时间 $T=110\text{s}$，使用线性规划方法进行软硬件划分，使得执行时间、硬件面积以及功耗整体最优，以及使得系统单个性能指标最优，求出两种要求下的软硬件划分结果及其性能指标。

表 5-9　习题 5.1 中算法的指标表

模块	软件时间(s)	硬件时间(s)	硬件面积(mm^2)	硬件功耗(mW)
点加 AddP	11.861	1.467	3.524	1.338
倍点 DoubleP	11.055	1.038	1.881	1.002
模逆 Invmod	48.949	0.958	0.293	0.078
模乘 Mulmod	42.293	0.536	0.271	0.123
预处理 MODN	23.478	0.342	0.109	0.033
点乘 Q=[k]P	32.456	1.231	5.581	2.2
模加减 Addmod&Submod	10.020	0.995	5.426	2.231

5.2　车辆自动变道系统

在图 5-3 中，矩形代表车辆 A、B、C，它们上都装有通信设备和用于信息采集的传感器。

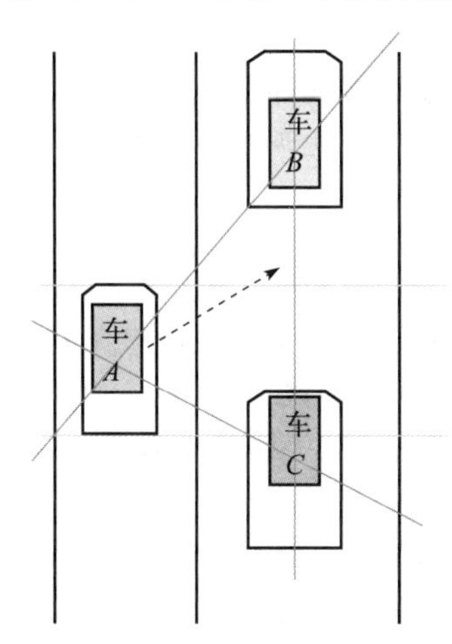

图 5-3　习题 5.2 中车辆变道示意图

当车辆 A 要向右进行变道时，先向车辆 B、C 发送变道请求，打开右转向灯，并收集车辆 B 和车辆 C 此时的车速、加速度，线段 AB、AC 与平行法线的夹角和线段 AB、AC 的长度，若车辆 B、C 成功收到请求并将收到的信息成功反馈给车辆 A，则车辆 A 查看此时道路环境是否满足变道要求，若满足则进行变道，否则重新发送请求。车辆 A 进行变道时，变道系统会控制车辆 B 不能减速，车辆 C 不能加速。如表 5-10 所示，该自动变道系统由信息采集模块、信息处理模块、车灯控制模块、车速控制模块、信息接收模块、信息发送模块组成。每个模块有软件功耗、硬件功耗和硬件面积这 3 个指标。

使用线性规划方法给出两种解决方案：第 1 种在硬件面积不超过 $1.2mm^2$、$1.5mm^2$、$2.0mm^2$ 前提下，要求功耗最优的解决方案；第 2 种在整体功耗不超过 2mW、2.2mW、2.5mW 前提下，要求硬件面积最优的解决方案。

表 5-10　习题 5.2 软硬件功耗及资源

性能	信息采集模块	信息处理模块	车灯控制模块	车速控制模块	信息接收模块	信息发送模块
软件功耗(mW)	0.55	0.23	0.22	0.37	0.45	0.39
硬件功耗(mW)	0.34	0.38	0.17	0.57	0.33	0.27
硬件面积(mm^2)	0.413	0.531	0.216	0.330	0.363	0.424

5.3　查阅本章小结中提到的典型算法，了解国内外多指标划分的最新研究成果。

第6章　多处理器系统调度算法

万物并育而不相害　《礼记·中庸》

智能嵌入式系统通常是实时系统：在限定时间内完成其任务并提交服务的系统，实时系统常用在数字控制、指挥控制、信号处理系统等领域。

本章主要介绍实时系统的多核划分算法，在多核环境下，对实时系统的任务进行恰当的划分与分配，实现系统的多核划分。

本章主要内容可分成两个部分。第一部分介绍和实时系统的实时调度有关的问题，第二部分介绍基于实时调度的多处理器系统调度算法。

6.1　实时系统

智能手机、飞行器控制系统(如火箭发射、飞机起降控制系统)、高速运动列车的运行控制系统、音乐播放系统、在线转账系统和围棋机器人 AlphaGO 都是典型的实时系统。为了给出实时系统的较严格定义，本节先规范一些基本概念。这些概念大部分来自文献[30]，同时参考了文献[31]。

文献[30]将系统可调度和执行的工作单元定义为工作 job，任务 task 是相关工作的集合，用于实现系统功能。文献[31]将任务定义为度量的执行线程(Thread)，并认为任务和进程(process)是在大多数内核中具有可调度实体的例子，将任务和进程看作一体。本书将任务定义为系统可调度和执行的工作单位。

6.1.1　基本概念

周期任务 period task：按照顺序周期性执行的任务。

处理器 processor：可以在其上执行任务的系统，如 CPU、FPGA 等。在实时系统中，人们会关注处理器上的任务如何调度、不同处理器如何同步、处理器是否得到有效使用。其评价指标有速度和使用率。

释放时间 release time：任务时间的一个实例，任务可以执行的时刻。

开始执行时间 start execution time：任务时间的一个实例，任务开始执行的时刻。

期限时间 deadline time：任务时间的一个实例，任务必须完成的时刻。

执行时间 execution time：从任务开始执行到结束执行之间的时间长度。

响应时间 response time：从任务释放到结束执行之间的时间长度。

执行周期 execution period：所有相邻释放时间之间差值的最小者。

资源：通常是被动的，如寄存器、数据库等，其评价指标是容量。

实时系统是由若干任务和处理器等资源组成的可完成某个或几个功能的实体。一般根据实时系统对任务结束时间要求得是否严格，把实时系统分为硬实时系统和软实时系统。若一个系统不满足时间约束会导致灾难性结果，则这种时间约束称为**硬时间约束**；若不会导致灾难性后果，则这种时间约束称为**软时间约束**。

定义 6.1　具有硬时间约束的实时系统称为**硬实时系统**。

例如，火车的制动系统、汽车的制动系统、飞行器起降控制系统等都是硬实时系统。

定义 6.2　具有软时间约束的实时系统称为**软实时系统**。

例如，自动栅门系统、空调控制系统、音乐播放系统、电灯开关控制系统、自动售货机系统、在线转账系统、电子游戏系统等都是软实时系统。

给定实时系统需处理的任务后，需要明确开始执行时间 s、执行时间 e、期限时间 d 和执行周期 p，用 4 元组(s,e,d,p)来表示这些时间参数。一般线下设计并存储好任务的调度方案，供用户直接使用。任务的调度效率为 e/p，反映了系统在一个周期内执行任务的情况，通常越大越好，最大值为 1，即任务执行时间和执行周期相等。例如：(1,3,6,10)表示任务执行周期为 10，即每过 10 个单位时间，任务执行 1 次；执行时间为 3 个单位时间，因此效率为 3/10＝0.3。

6.1.2　任务依赖关系

实时系统除了时间约束，通常任务间也会有依赖关系，即一个任务的执行依赖于另一个任务的完成。

定义 6.3　任务 J 依赖于任务 I，是指任务 I 完成后，任务 J 才能开始执行。此时称任务 I 为任务 J 的**前驱**(predecessor)，任务 J 为任务 I 的**后继**(successor)。如果任务 I 是任务 J 的前驱，并且不存在一个任务 K 使得任务 I 是任务 K 的前驱同时任务 K 是任务 J 的前驱，此时称任务 I 为任务 J 的**直接前驱**(immediate predecessor)，任务 J 为任务 I 的**直接后继**(immediate successor)。使用符号 $I\rightarrow J$ 表示任务 I 为任务 J 的直接前驱，任务 J 是任务 I 的直接后继的依赖关系。

任务依赖关系是一种偏序关系。可以用依赖关系图来描述这种依赖关系。依赖关系图是由任务和任务依赖关系组成的有向无环图。从依赖关系图中可以直接看出任务间的依赖关系以及直接前驱和直接后继。

例 6.1　设一系统有 8 个任务，任务依赖关系如图 6-1 所示。

从图 6-1 中可以看到 J_1 是孤立任务，既没有前驱也没有后继。J_2 没有前驱但有后继 J_3、J_4 和 J_6，其中 J_3 和 J_6 是其直接后继。J_8 有两个直接前驱 J_5 和 J_7，但没有后继。J_3 是 J_2 的直接后继，J_4 是 J_2 的后继。J_6 是 J_2、J_5 和 J_7 的直接后继。

为了合理调度一个系统的任务，需要知道任务的执行时间。任务的执行是依赖于执行环境和资源的。因此，同一个任务的执行时间会有差异，一般会有最小执行时间、最大执行时间和平均执行时间。为了保证任务调度顺利，一般会把任务的最大执行时间规定为任务执行时间，这里不区分软件执行时间和硬件执行时间。通常把任务执行时间标注到依赖关系图中。

例 6.2　在例 6.1 基础上我们标注每个任务的执行时间，如图 6-2 所示。

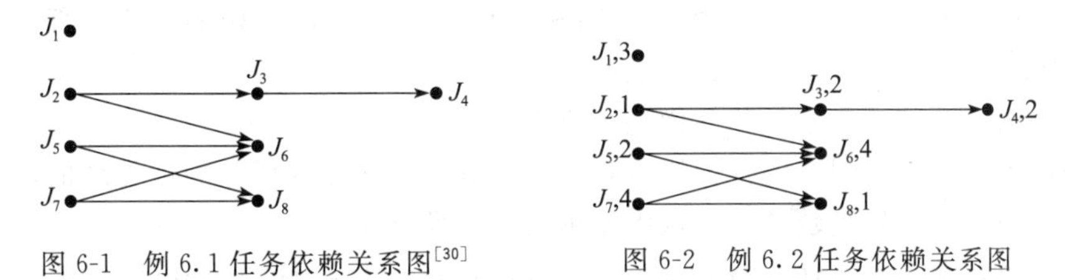

图 6-1　例 6.1 任务依赖关系图[30]　　图 6-2　例 6.2 任务依赖关系图

图 6-2 中任务后面的数字就是任务执行时间。例如，任务 J_1 的执行时间为 3，任务

J_6 的执行时间为4。

6.1.3 任务抢占

实时系统中的任务常常是轮流执行的。一个正在执行中的任务可能会被临时中断执行(被挂起)，把处理器让给另一个更急迫的任务，等该任务完成后，重新获得处理器并继续执行，这种任务的中断称为**抢占**(preemption)。如果一个任务在其执行过程中可以随时被抢占，则称之为**可抢占任务**(preemptable task)。若一个任务在其执行过程中完全不可以被别的任务抢占，则称之为**不可抢占的**(nonpreemptable)。

6.1.4 实时系统参考架构

实时系统参考架构由任务依赖关系图、处理器关系图和资源架构图组成，如图6-3所示。处理器关系图展示了处理器间的数据传输关系，资源架构图中展示了资源(如数据)间的逻辑关系。

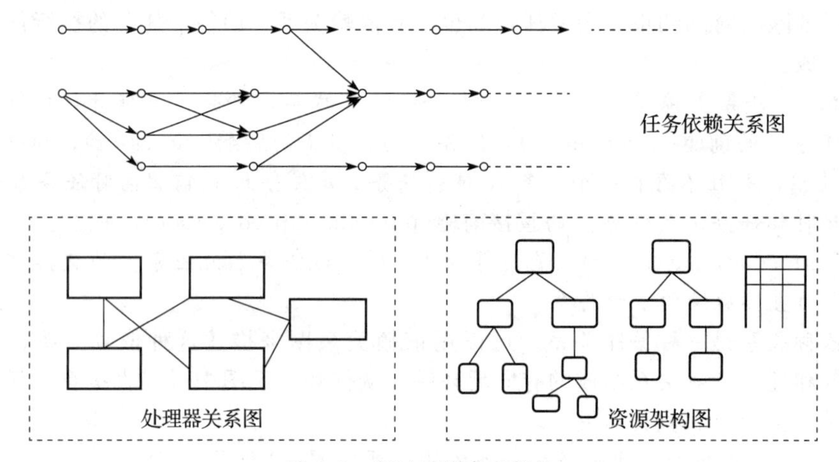

图6-3 实时系统参考架构

6.2 任务优先级

任务优先级是在任务依赖关系基础上，定义任务优先执行的级别，优先级越高的任务越优先执行。因而，在对任务进行多核划分之前需要先构建好任务优先级表。

使用符号>表示任务优先级，如 $I>J$ 表示任务 I 比任务 J 优先级高。

6.2.1 任务优先级值

任务优先级值是表示任务优先级的数值(通常是正整数)，数值越大优先级别越高。

一种简单的做法是使用任务执行时间作为任务优先级值。如例6.2中任务 J_1、…、J_8 的优先级值分别为3、1、2、2、2、4、4、1。

下面介绍一个稍微复杂的任务优先级值定义公式。

依据任务依赖关系图中的任务执行时间以及节点出度计算任务的优先级值，其结果是任务执行时间越长优先级越高，节点出度越大优先级越高。

具体来说，设有向无环图 G 有 n 个节点 $J_1,J_2,\cdots,J_n$，且每个节点 J_i 都带执行时间 $e_i(i=1,\cdots,n)$，符号 E 表示图 G 的边集合。$(J_i,J_j)\in E$ 表示从节点 J_i 到 J_j 的有向边，

J_i 称为此边的始端点，J_j 称为此边的末端点。即 J_i 是 J_j 的直接前驱，而 J_j 是 J_i 的直接后继。后面有时也在不引起混淆的前提下，直接使用(i, j)表示从 J_i 到 J_j 的有向边。

$\text{Pre}(J_i)$和 $\text{Suc}(J_i)$分别表示 J_i 的直接前驱节点集合和直接后继节点集合，即 $\text{Pre}(J_i)=\{J_j \mid (J_j, J_i)\in E\}$、$\text{Suc}(J_i)=\{J_k \mid (J_i, J_k)\in E\}$。

J_i 的入度 $I(J_i)$表示以 J_i 为末端点的边的个数，出度 $O(J_i)$表示以 J_i 为始端点的边的个数，即 $I(J_i)=|\text{Pre}(J_i)|$、$O(J_i)=|\text{Pre}(J_i)|$。

节点 J_i 的优先级值按照式(6-1)定义：

$$\text{OPri}(J_i)=e_i+O(J_i)+\text{Max}\{\text{OPri}(J_k) \mid J_k\in \text{Suc}(J_i)\} \tag{6-1}$$

即节点 J_i 的优先级值等于 J_i 的执行时间 e_i、出度 $O(J_i)$和其所有直接后继节点的优先级值中的最大者之和，体现了执行时间、直接后继的重要性，直接后继越多越需早点执行。

很明显，若 $O(J_i)=0$，即 J_i 没有直接后继，则 $\text{OPri}(J_i)=e_i$。

推论： 若节点 J_i 是节点 J_j 的直接前驱，则 $\text{OPri}(J_i)>\text{Pri}(J_j)$。

式(6-1)是依据图节点进行回溯给出的，即首先给出出度为0的节点的优先级值，然后沿着有向边的方向进行回溯，从而计算出各节点的优先级值。

例 6.3 图6-4是一个含有8个任务的任务依赖关系图，边表示依赖约束，每个任务名后面的数字依然表示它的执行时间。

解： 按照式(6-1)计算例6.3中8个节点的优先级值分别为 $\text{OPri}(J_1)=3$，$\text{OPri}(J_4)=2$，$\text{OPri}(J_6)=4$，$\text{OPri}(J_8)=1$，$\text{OPri}(J_3)=5$，$\text{OPri}(J_2)=8$，$\text{OPri}(J_5)=8$，$\text{OPri}(J_7)=10$。

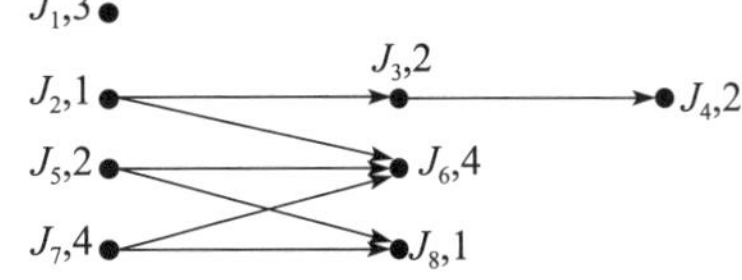

图6-4　例6.3任务依赖关系图

6.2.2　任务优先级表

按照任务优先级值，用算法6-1构建任务优先级表：按照任务优先级值、任务依赖关系、任务释放时间以及执行时间进行排序，构成任务优先级静态表。

算法6-1　任务优先级排序算法 TaPSA

算法输入：含有 n 个任务 $J_1,\cdots,J_n$ 的有向无环图 G、G 的节点依赖关系矩阵、任务释放时间表、任务执行时间表、任务优先级值表。

算法输出：排序表，即为任务优先级表。

第1步　按照优先级值从高到低的顺序对任务进行排序，若没有优先级值相等的任务，则排序过程结束，输出排序表并转入第3步，否则转入第2步。

第2步　对优先级值相等的任务进行组合，形成若干个子表。在每个子表中，先按照释放时间的先后对任务进行排序：释放时间越早优先级越高；若释放时间一致，则按照执行时间从大到小的顺序对任务进行排序；若执行时间也相等，则按照下标从小到大的顺序对任务排序。用排序后的各个子表代替第1步中的相应子表，排序过程结束，输出排序表并转入第3步。

第3步　算法结束。

例 6.4 设图6-4中，J_5 在4时刻释放，其他任务释放时间都是0时刻。按照任务优先级排序算法 TaPSA 求出任务优先级表。

解：按照式(6-1)计算出各任务的优先级值，得到任务优先级表为 $J_7>J_2>J_5>J_3>J_6>J_1>J_4>J_8$。需要注意的是，此例中 J_2 与 J_5 的优先级值相等(都为 8)，由于 J_2 的释放时间为 0，而 J_5 的释放时间为 4，因而 J_2 的优先级高于 J_5 的优先级。

注：若使用任务执行时间作为优先级值，则可以通过以下两种方式得到任务优先级表。

(1) 最长执行时间。执行时间越长的任务优先级值越大，同时直接前驱的优先级高于直接后继，释放时间早的任务优先级高于释放时间晚的任务，在这 3 种优先级都一样的情况下，下标小的任务优先级高。依据这个优先级排序要求，得到例 6.4 的任务优先级表为 $J_7>J_6>J_1>J_3>J_4>J_5>J_2>J_8$，其中 J_6 和 J_7 优先级值相等(都为 4)，释放时间都是 0 时刻，但 J_7 是 J_6 的直接前驱，因而 J_7 优先级别高于 J_6。任务 J_2 与 J_8 的优先级关系是因为任务 J_2 下标小于任务 J_8 的下标。J_3、J_4、J_5 任务优先级相等(都为 2)，但 J_3 与 J_4 的释放时间都是 0 时刻，J_5 的释放时间是 4 时刻，因而 J_3 与 J_4 优先级高于 J_5，J_3 高于 J_4 是因为 J_3 是 J_4 的直接前驱。

(2) 最短执行时间。执行时间越短的任务优先级值越大，其他情况等同于第(1)种，因此例 6.4 的任务优先级表为 $J_2>J_8>J_3>J_4>J_5>J_1>J_7>J_6$。

6.3　实时调度

一个实时系统通常会有多个任务，需要把它们安排给处理器去执行。这个安排过程通常称为调度。

6.3.1　实时调度问题

一个实时调度问题是：依据任务依赖关系图，将任务合理地调度(划分)给多个处理器(包括 CPU、GPU、ARM 和 FPGA)，使得全体任务最终都完成且所花费的时间最少，即完工时间最小(定义见 6.3.2 节)。具体定义如下：

实时调度问题

已知一个实时系统含有 n 个任务 $J_1,J_2,\cdots,J_n$，每个任务 J_i 都关联执行时间 $e_i(i=1,\cdots,n)$，由包含 n 个节点的带权有向无环图表示这 n 个任务间的依赖关系。每个任务 J_j 都有一个开始时间 s_j 和结束时间 $d_j(j=1,\cdots,n)$，任务 J_j 占用处理器的时间段为 s_j 到 d_j。

问题是将这 n 个任务调度给 k 个处理器 $P_1,\cdots,P_k$ 使得 d_j 最大者最小，即 $\mathrm{Min}\max_{j=1,\cdots,n}\{d_j\}$。

实时调度问题的有效解决算法需要满足如下几条原则：

1. 对于每个处理器，在任何时刻最多调度给它一个任务；
2. 每个任务在任何时刻最多被调度给一个处理器；
3. 任务在释放时间之前是不可以被调度的；
4. 所有依赖关系和资源使用的约束都要满足，只有当一个任务的所有前驱都执行完毕后，该任务才能执行；
5. 若允许抢占，则优先级高的任务可以抢占优先级低的任务。

6.3.2　系统完工时间与处理器使用率

在设计调度算法时，处理器使用率也是需要考虑的一个重要指标。**处理器完工时间**是指处理器上最后一个任务完成的时刻。如图 6-5 中，处理器 P_1 的完工时间为 13，处理器

P_2 的完工时间为 10。**处理器使用率**是指一个处理器上所有任务的执行时间之和与处理器完工时间之比。如图 6-5 中，P_1 的使用率为 9/13，P_2 的使用率为 10/10。

当多个处理器协同工作时，**系统完工时间**为所有处理器完工时间中的最大者，**各处理器使用率**定义为该处理器的实际使用时间(其完成的所有任务的执行时间之和)与系统完工时间之比。在多处理器协同工作场景下，本教材采用这种方式来定义处理器使用率。如图 6-5 中，系统完工时间为 13，P_1 使用率为 9/13，处理器 P_2 的使用率为 10/13。

P_1		J_1			J_5						J_6			
P_2	J_2	J_3		J_4			J_7			J_8				
	0	1	2	3	4	5	6	7	8	9	10	11	12	13	14

图 6-5　处理器使用率

6.3.3　优先级驱动算法

常用的实时调度算法有：时间驱动(time-driven)调度算法、优先级驱动(priority-driven)调度算法。

顾名思义，**时间驱动调度算法**是时间驱动的，一般要明确任务执行时间和开始执行时间。这种算法会线下设计并存储好，供用户直接使用。

本节接下来重点介绍优先级驱动调度算法。各任务按照优先级顺序进行排队，在调度时，具有最大优先级的任务被调度给处理器执行。除了优先级表外，比较常见的优先级确定策略有以下两种。

- 最短执行时间优先 SETF(Shortest-Executive-Time-First)和最长执行时间优先 LETF(Longest-Executive-Time-First)：这两种策略将执行时间作为(唯一)依据来确定优先级。
- 最早期限优先 EDF(Earliest-Deadline-First)：这种策略适用于单个处理器且允许抢占的调度。

优先级驱动调度算法是指一大类绝不故意让资源空闲的实时调度算法，只有当没有任务需要资源准备时资源才空闲。优先级驱动调度算法采用贪心策略，试图寻找局部最优的决定。当资源空闲，某个任务准备使用资源并且开始处理时，这个算法绝不会让这个任务等下去。优先级驱动调度算法通常会使用一张表表示任务优先级，因此有时也称其为表调度(List Scheduling)算法。

6.4　多处理器系统调度算法

本节介绍基于实时调度的多处理器系统调度算法 **MuPPA**(Multi-Processor partition algorithm)，该算法依据任务优先级表，将任务调度给空闲的处理器。在实时调度时除了依据任务优先级表，还需注意一个任务可以执行的前提是它的所有前驱任务都已经执行完毕。

算法 6-2　多处理器系统调度算法 MuPPA

算法输入：含有 n 个任务 $J_1,\cdots,J_n$ 的有向无环图 G、G 的任务依赖关系矩阵、任务释放时间表、任务执行时间表、k 个处理器 $m_1,\cdots,m_k$

算法输出：把 n 个任务调度给 k 个处理器的方案、k 个处理器的最大执行时间、每个处理器的使用率

第 1 步　使用式(6-1)计算这 n 个任务的优先级值；

第2步　使用算法6-1构建这 n 个任务的优先级表；

第3步　按照任务优先级表检查其所有任务的前驱是否已执行完毕，将所有前驱执行完毕且优先级别最高且释放时间已到的任务调度给空闲的处理器，同时将这个任务从优先级表中删除；

第4步　如果任务优先级表为空则算法结束，否则转到第3步。

定义6.4　将 n 个任务调度给 k 个处理器的多处理器系统调度算法MuPPA的时间复杂度是 $O(n^2k)$。

证明　用该算法确定任务优先级时，所用时间为 $O(n^2)$，因为实际上是对任务的优先级值进行排序。调度所用的时间比较难以确定，因为对于 $O(n)$ 数量级别的任务可能需要来回确定是否其所有的直接前驱都已经执行完毕。为了减少这个确定遍数，采取每当有一个新的任务完成时，就去进行下一步调度的策略。这样，时间复杂度为 $O(n^2k)$，其中 k 为处理器数量，因为每次调度任务时，都要考察哪个处理器处于空闲。综上，整个算法的时间复杂度是 $O(n^2k)$。

例6.5　在例6.4已知内容的基础上，假设要将图6-4中的任务调度给处理器 P_1 和 P_2，请计算每个处理器的使用率。

解：依据式(6-1)计算任务的优先级值，并通过算法6-1得到任务优先级表为 $J_7>J_2>J_5>J_3>J_6>J_1>J_4>J_8$。

执行算法6-2，过程如下。

时刻0：把 J_7 放在 P_1 中，把 J_2 放在 P_2 中，更新后的任务优先级表为 $J_5>J_3>J_6>J_1>J_4>J_8$。

时刻1：J_2 执行完毕，P_2 空闲。由于 J_5 还没有释放，因此 J_5 不能调度，把 J_3 放在 P_2 中，更新后的任务优先级表为 $J_5>J_6>J_1>J_4>J_8$。

时刻2：两个处理器都不空闲，因此不能调度新任务。

时刻3：J_3 执行完毕，P_2 空闲，应该调度 J_6 但 J_6 依赖于 J_5，因此不能安排 J_6，把 J_1 放在 P_2 中，更新后的任务优先级表为 $J_5>J_6>J_4>J_8$。

时刻4：J_7 执行完毕，P_1 空闲，此时 J_5 释放，因此把 J_5 放在 P_1 中，更新后的任务优先级表为 $J_6>J_4>J_8$。

时刻5：J_1 和 J_5 都没有执行完毕，不能调度新任务。

时刻6：J_1 和 J_5 都执行完毕，调度 J_6 到 P_1 中、J_4 到 P_2 中，更新后的任务优先级表为 J_8。

时刻7：J_4 和 J_6 都没有执行完毕，不能调度新任务。

时刻8：J_4 执行完毕，把 J_8 放在 P_2 中，更新后的任务优先级表为空表，调度结束。

时刻9：J_8 执行完毕，J_6 继续执行。

时刻10：J_6 执行完毕，整个系统执行完毕。

如下为两个处理器上的任务调度结果：

P_1 处理器：J_7,J_5,J_6。

P_2 处理器：J_2,J_3,J_1,J_4,J_8。

算法执行过程图如图6-6所示。

整个系统完工时间是10时刻，即 J_6 的结束执行时间。处理器 P_1 的使用率为1，P_2 的使用率为0.9。

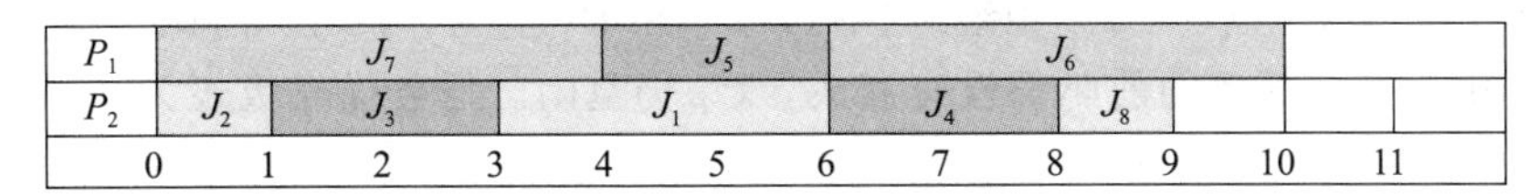

图 6-6 例 6.5 的算法执行过程图

在这个例子中，若使用最短执行时间作为任务的优先级值，则调度过程如图 6-7 所示。

P_1	J_1			J_7				J_6			
P_2	J_2	J_3		J_4		J_5		J_8			
	0	1	2	3	4	5	6	7	8	9	10

图 6-7 例 6.5 的另一种算法执行过程图

若使用最长执行时间优先级表进行划分，会得到什么样的划分结果？这留作课堂练习。

例 6.6 将图 6-8 中 11 个任务调度给处理器 P_1、P_2 和 P_3，并求出系统完工时间和每个处理器的使用率，其中所有任务释放时间均为 0 时刻，节点外数字为对应任务的执行时间。

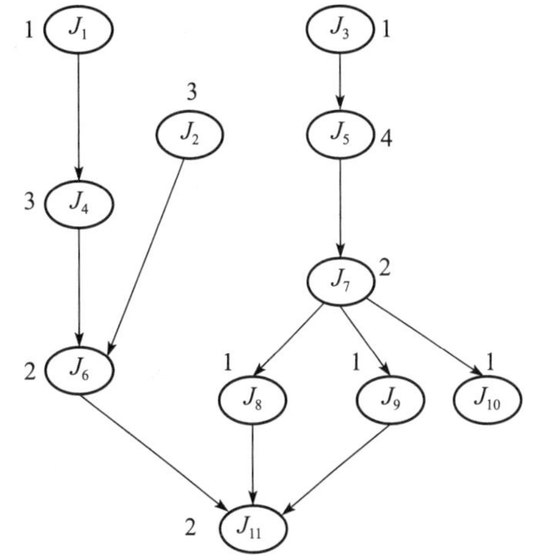

图 6-8 例 6.6 的任务依赖关系图

解： 使用式(6-1)计算每个任务的优先级值，并通过算法 6-1 得到任务优先级表，再使用算法 6-2 完成多处理器系统的任务调度。

第 1 步：使用式(6-1)计算各任务的优先级值。

$\mathrm{OPri}(J_{11})=2$，$\mathrm{OPri}(J_{10})=1$，$\mathrm{OPri}(J_9)=4$，$\mathrm{OPri}(J_8)=4$，$\mathrm{OPri}(J_7)=9$，$\mathrm{OPri}(J_6)=5$，$\mathrm{OPri}(J_5)=14$，$\mathrm{OPri}(J_4)=9$，$\mathrm{OPri}(J_3)=16$，$\mathrm{OPri}(J_2)=9$，$\mathrm{OPri}(J_1)=11$。

第 2 步：使用算法 6-1 得到任务优先级表。

优先级值等于 9 的任务有 J_2、J_4 与 J_7，优先级值等于 4 的任务有 J_8 与 J_9。这 5 个任务的释放时间均为 0 时刻，因而需要按执行时间的大小排序，J_2 与 J_4 的执行时间等于 3，大于 J_7 的执行时间(2)，J_8 与 J_9 的执行时间都是 1。再按下标小优先级高的原则排序：J_2 优先级高于 J_4，J_4 优先级高于 J_7，J_8 优先级高于 J_9。由于其余节点优先级值不相等，因而直接按优先级值对它们排序。最终得到任务优先级表：$J_3>J_5>J_1>J_2>J_4>J_7>J_6>J_8>J_9>J_{11}>J_{10}$。

第 3 步：在 3 个处理器 P_1、P_2 和 P_3 上使用算法 6-2。

时刻 0：由于 J_5 与 J_3 有依赖关系，因此 J_5 暂时还不能调度，将 J_3、J_1 和 J_2 分别放到处理器 P_1、P_2 和 P_3 中。此时，任务优先级表为 $J_5>J_4>J_7>J_6>J_8>J_9>J_{11}>J_{10}$。

时刻 1：J_3 与 J_1 都完工，把 J_5 放到 P_1 中，把 J_4 放到 P_2 中，J_2 在 P_3 中继续执行。此时，任务优先级表为：$J_7>J_6>J_8>J_9>J_{11}>J_{10}$。

时刻 2：3 个处理器都不空闲。

时刻 3：J_2 完工，J_4 和 J_5 都没完工，处理器 P_3 空闲，P_1 和 P_2 都不空闲。J_7 依赖于 J_5，J_6 依赖于 J_4，J_8、J_9、J_{11} 和 J_{10} 的前驱都没有完工，因此这几个任务不能调度。此时 P_3 空闲，任务优先级表为 $J_7>J_6>J_8>J_9>J_{11}>J_{10}$。

时刻4：J_4 完工，J_5 在 P_1 中继续执行，P_2 和 P_3 空闲。J_7 在等待 J_5 完工，因此把 J_6 放到 P_3 中，其余任务的前驱都没有完成，P_2 仍空闲。任务优先级表为 $J_7>J_8>J_9>J_{11}>J_{10}$。

时刻5：J_5 完工，把 J_7 放到 P_1 中。P_2 空闲，因为 J_8 到 J_{11} 几个任务都依赖于 J_7 完工。此时任务优先级表为 $J_8>J_9>J_{11}>J_{10}$。

时刻6：J_6 完工，J_7 在 P_1 中继续执行，因此 P_3 和 P_2 空闲。此时任务优先级表为 $J_8>J_9>J_{11}>J_{10}$。

时刻7：J_7 完工，3个处理器都空闲，把 J_8、J_9、J_{10} 分别放到 P_2、P_3、P_1 中，因为 J_{11} 依赖于 J_8 和 J_9 完工，所以此时任务优先级表为 J_{11}。

时刻8：J_8、J_9、J_{10} 都完工了，把 J_{11} 安排在 P_2 中，P_1 和 P_3 空闲，此时任务优先级表为空表。

时刻9：J_{11} 在 P_2 中继续执行，P_1 和 P_3 空闲。

时刻10：J_{11} 完工。整个系统执行完毕。

系统完工时间为任务 J_{11} 的结束执行时间：10时刻。

以下为3个处理器上的任务调度结果。

调度给 P_1 处理器的任务有 J_3、J_5、J_7、J_{10}，P_1 处理器的使用率为0.8。

调度给 P_2 处理器的任务有 J_1、J_4、J_8、J_{11}，P_2 处理器的使用率为0.7。

调度给 P_3 处理器的任务有 J_2、J_6、J_9，P_3 处理器的使用率为0.6。

算法执行过程图见图6-9。

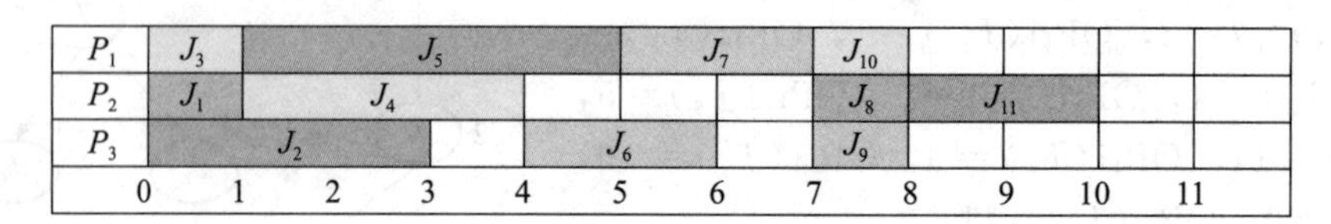

图6-9 例6.6的算法执行过程

6.5 带抢占的多处理器系统调度算法

带抢占的多处理器系统调度算法规定：

1. 优先级高的任务总可以抢占优先级低的任务，除非规定该优先级别低的任务不可以被抢占。

2. 每个任务至多被抢占一次。

3. 被抢占的任务重新加入优先级表等待再次被调度，此时该任务的执行时间是剩下的待执行时间，即该任务的原执行时间减去已执行时间所得到的差。

4. 被抢占的任务重新加入优先级表时有两种可能：

(1) 处在优先级表中原来的位置；

(2) 处在优先级表的表头，即作为优先级最高的待调度任务。

5. 被抢占的任务再次被调度给处理器时有两种可能：

(1) 只被调度给上次的处理器；

(2) 被随意调度给任何处理器。

例6.7 假设图6-4中，J_2 在1时刻释放，J_5 在5时刻释放，其他任务释放时间都是0时刻。请将这些任务调度给处理器 P_1 和 P_2。规定优先级高的任务可以抢占优先级低的任务，每个任务只允许被抢占一次。

解：分两种情况讨论。情况 1：被抢占的任务重新加入优先级表中原来的位置以及被随意调度给任何处理器。情况 2：被抢占的任务重新加入优先级表中原来的位置以及只被调度给上次的处理器。其他情况作为练习。

情况 1：先使用算法 6-1 得到任务优先级表：$J_7>J_2>J_5>J_3>J_6>J_1>J_4>J_8$。再执行算法 6-2，只不过此处规定优先级高的任务可以抢占优先级低的任务。

时刻 0：任务 J_7 释放，J_2 与 J_5 都没有释放，J_1 释放。把 J_7 放到 P_1 中，把 J_1 放到 P_2 中，任务优先级表为 $J_2>J_5>J_3>J_6>J_4>J_8$。

时刻 1：J_2 释放，J_2 优先级高于 J_1，因而抢占 J_1 先执行，把 J_2 放到 P_2 中，任务优先级表为 $J_5>J_3>J_6>J_1>J_4>J_8$(J_1 重新加入优先级表中原来的位置，但执行时间为 2)。

时刻 2：J_2 完工，J_5 还没有释放，把 J_3 放到处理器 P_2 中，任务优先级表为 $J_5>J_6>J_1>J_4>J_8$。

时刻 3：J_3 和 J_7 都没有完工，处理器都不空闲，任务优先级表为 $J_5>J_6>J_1>J_4>J_8$。

时刻 4：J_3 和 J_7 都完工，处理器都空闲，J_5 还没有释放，J_6 依赖于 J_5 完工，因而不能被调度，把 J_1 放到处理器 P_2 中(因为 J_1 可以被调度给任何处理器)，把 J_4 放到处理器 P_1 中，任务优先级表为 $J_5>J_6>J_8$。

时刻 5：J_5 释放，其优先级高于正在执行中的两个任务 J_1 和 J_4。由于 J_1 已被抢占过一次，因而这次 J_5 抢占 J_4，把 J_5 放到 P_1 处理器中，同时将 J_4 放到优先级表中原来的位置，任务优先级表为 $J_6>J_4>J_8$。

时刻 6：J_1 完工，J_6 等待 J_5 完工，J_8 等待 J_5 完工，因而把 J_4 放到处理器 P_2 中，任务优先级表为 $J_6>J_8$。

时刻 7：J_5 完工，J_6 和 J_8 都可以调度了，把 J_6 放到 P_1 处理器中，把 J_8 放到 P_2 中，任务优先级表为空表，任务调度结束。

时刻 8：J_8 完工，J_6 在 P_1 中继续执行。

时刻 9：J_6 在 P_1 中继续执行。

时刻 10：J_6 在 P_1 中继续执行。

时刻 11：J_6 完工，整个系统完工，系统完工时间为 11 时刻。

两个处理器上的任务调度结果：

调度给处理器 P_1 的任务有 J_4、J_5、J_6、J_7，处理器 P_1 的使用率为 1(=11/11)；

调度给处理器 P_2 的任务有 J_1、J_2、J_3、J_4、J_8，处理器 P_2 的使用率为 0.73(≈8/11)。

算法执行过程见图 6-10。

P_1	J_7				J_4	J_5		J_6					
P_2	J_1	J_2	J_3		J_1		J_4	J_8					
	0	1	2	3	4	5	6	7	8	9	10	11	12

图 6-10　例 6.7 情况 1 的算法执行过程

情况 2：这种情况下从时刻 6 开始与情况 1 不同。

时刻 6：J_1 完工，J_6 等待 J_5 完工，J_8 等待 J_5 完工，由于 J_4 上次被调度给处理器 P_1，因而现在不能被调度给处理器 P_2，这样处理器 P_2 空闲，任务优先级表为 $J_6>J_4>J_8$。

时刻 7：J_5 完工，J_6 和 J_4 都可以调度了，把 J_4 放到 P_1 中，把 J_6 放到 P_2 中，任务优先级表为 J_8。

时刻 8：J_4 完工，把 J_8 放到处理器 P_1 中，J_6 在 P_2 中继续执行。

时刻 9：J_8 完工，J_6 在 P_2 中继续执行。

时刻 10：J_6 在 P_2 中继续执行。

时刻 11：J_6 完工，整个系统完工，系统完工时间为 11 时刻。

两个处理器上的任务调度结果：

调度给处理器 P_1 的任务有 J_4、J_5、J_7、J_8，处理器 P_1 的使用率为 0.82(≈9/11)；

调度给处理器 P_2 的任务有 J_1、J_2、J_3、J_6，处理器 P_2 的使用率为 0.91(≈10/11)。

算法执行过程见图 6-11。

P_1	J_7				J_4	J_5		J_4	J_8			
P_2	J_1	J_2	J_3		J_1			J_6				
0	1	2	3	4	5	6	7	8	9	10	11	12

图 6-11　例 6.7 情况 2 的算法执行过程

6.6　本章小结

多处理器调度/核划分问题在一般情况下是 NP-完全的，在一些约束条件下也是 NP-完全的[32]。本章介绍的式(6-1)综合考虑了任务执行时间与节点出度，反映了这两个方面的重要性。当然只考虑其中一个方面也是可以的，只是全面性不够。文献[3]介绍了多个单处理器调度算法，包括最早期限优先(Earlist-Deadline-First，EDF)、最早到期优先(Earlist-Due-First，EDD)和最迟期限优先(Lastest-Deadline-First，LDF)算法；该文献也介绍了多处理器调度方法，包括同构多处理器和异构多处理器两种情形。有关单处理器调度的有效性研究成果可参见文献[33]。

6.7　习题

6.1　编程实现本章的算法 6-1，并求出下列两题的任务优先级表。

(1) 设一系统有 5 个任务，任务执行时间与依赖关系如图 6-12 所示，其中任务 J_2 释放时间是 3 时刻，其余任务释放时间都是 0 时刻。

(2) 设一系统有 11 个任务，任务执行时间和依赖关系如图 6-13 所示，其中 J_4 的释放时间为 4 时刻，J_8 的释放时间为 6 时刻，其余任务释放时间均为 0 时刻。

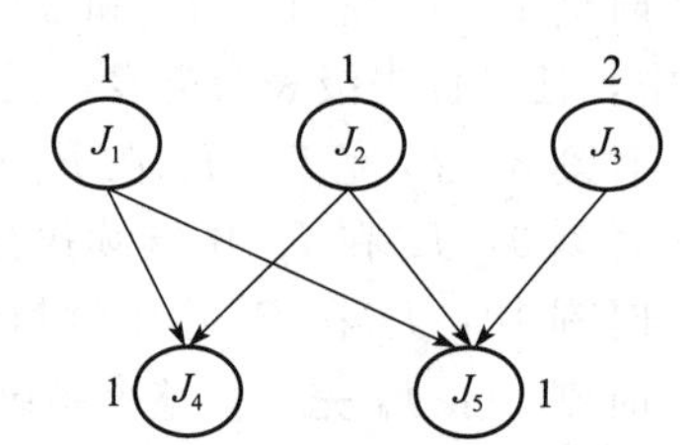

图 6-12　习题 6.1(1)的任务执行时间和依赖关系图

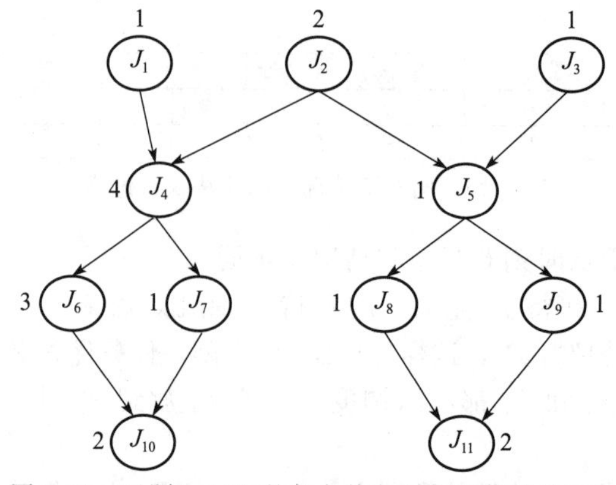

图 6-13　习题 6.1(2)的任务执行时间和依赖关系图

6.2 对例 6.5，以最长执行时间和最短执行时间作为任务的优先级值进行调度，给出调度过程，并与书中所给的调度过程进行比较，找出它们的差异。

6.3 编程实现算法 6-2，并给出下面两题的调度结果，计算每个处理器的使用率。

(1) 已知图 6-12，假设其中任务释放时间都是 0 时刻，把这些任务调度给处理器 P_1 和 P_2。

(2) 已知图 6-13，假设其中任务 J_4 的释放时间为 4 时刻，J_8 的释放时间为 6 时刻，其余任务释放时间均为 0 时刻，把这些任务调度给处理器 P_1、P_2 和 P_3。

6.4 将图 6-14 中的 13 个任务调度给处理器 P_1 和 P_2，其中 J_7 的释放时间为 10 时刻，J_9 的释放时间为 11 时刻，J_{11} 的释放时间为 23 时刻，其余任务释放时间均为 0 时刻。调度时允许抢占，抢占时分 4 种情况考虑。

情况 1：被抢占的任务重新加入优先级表中原来的位置以及被随意调度给任何处理器。

情况 2：被抢占的任务重新加入优先级表中原来的位置以及只被调度给上次的处理器。

情况 3：被抢占的任务重新加入优先级表的表头以及被随意调度给任何处理器。

情况 4：被抢占的任务重新加入优先级表的表头以及只被调度给上次的处理器。

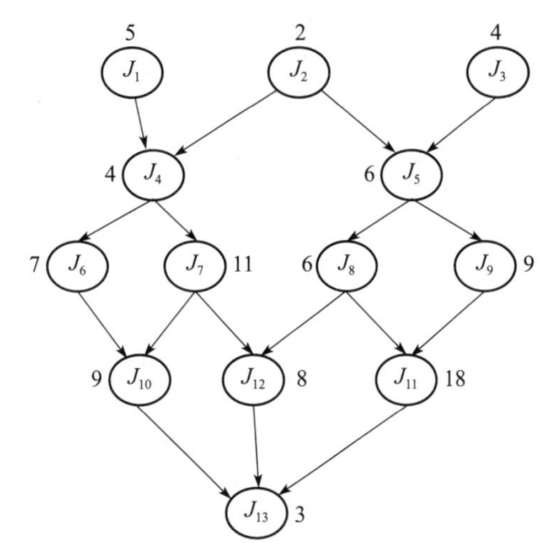

图 6-14 习题 6.4 的任务依赖关系图

第7章　多模块划分

絜矩之道　《礼记·大学》

智能嵌入式系统通常会含有众多任务，这些任务之间通过通信进行消息/数据/事件传输，协同完成整个系统需要完成的任务。为了满足时间性能的要求，人们会把这些任务划分成多个模块，每个模块由一个或多个处理器，或由软件与硬件融合而得的异构平台进行处理。模块内依据任务的性能指标(如时间、功耗、成本、硬件面积等)进行软硬件优化划分。这样一方面可以缩短设计周期，极大地提高设计效率，另一方面可以根据系统各个部分的特点和设计约束选择软件或硬件实现方式，从而得到高性能、低成本的优化设计方案。

本章将以任务间的通信代价为考量来划分智能嵌入式系统的模块，将通信代价大的两个任务划分在一个模块中，以使整个系统的通信代价极小。智能嵌入式系统模块划分是智能嵌入式系统软硬件优化配置的关键技术之一，它对整个系统的设计结果有着重要的影响。

7.1　多模块划分方法

多模块划分是当前智能嵌入式系统实现复杂系统优化设计的一个重要手段，其目的是将一个复杂系统中的任务划分到多个模块中，每个模块相对独立，模块间通过通信实现数据传输，所有模块协同完成整个系统的并行同步与分布处理。实现多模块划分的基本思想是依据任务间的通信代价通过贪心算法进行聚类，把通信代价较高或通信较频繁的两个任务划分到一个模块(簇、类)中，模块间的通信代价依据划分结果计算，而模块内的通信代价规定为零，划分目的是使模块间通信代价之和极小。

7.1.1　模块划分问题

模块划分试图解决组合问题中的一个基本问题：给定一个带权图 G，其权值是节点间的通信代价，把图 G 的节点集划分成若干个元素数不超过最大规模的子集，并使得模块间通信代价最小。

为了用数学语言描述多模块划分问题，我们需要下面的一些定义。

7.1.2　可许划分

设 G 是一个含有 n 个节点的图，其中每个节点都有尺寸 $w_i>0(i=1,\cdots,n)$。设 p 是一个正数并且对于所有的 i 都有 $0<w_i\leqslant p$。设 $\boldsymbol{C}=(c_{ij})(i,j=1,\cdots,n)$ 是以图 G 中边的权值为元素的矩阵 c_{ij}。

注： 图 G 中节点的尺寸可以是节点(任务)的开发成本、功耗或执行时间，边的权值可以是节点间的通信代价。

定义 7.1(划分)　设 k 是一个正整数，图 G 的一个 k 式划分是将图 G 的节点集合 V 划分成 k 个互不相交的模块 $V_1,V_2,\cdots,V_k$。

定义 7.2(划分成本)　图 G 的一个划分 $V_1,V_2,\cdots,V_k$ 的成本 $C(V_1,V_2,\cdots,V_k)$ 是该划

分中两两模块之间成本之和，即 $C(V_1,V_2,\cdots,V_k)=\sum_{i=1,\cdots,k,j=1,\cdots,k(i\neq j)}C(V_i,V_j)$，其中 $C(V_i,V_j)=\sum_{a\in V_i,b\in V_j}c_{ab}$，其中 c_{ab} 是边 $a\to b$ 的权重。

定义 7.3(可许划分)　若对于所有的 $i(1\leqslant i\leqslant k)$ 都有 $|V_i|\leqslant p$，则说划分 $\{V_1,V_2,\cdots,V_k\}$ 是可许的(admissible)。符号 $|X|$ 表示集合 X 的尺寸，等于 X 中元素尺寸之和。

本章所考虑的划分问题实际上是寻找图 G 的一个成本极小的可许划分。

7.2　基于通信代价的聚类算法

聚类是数据处理中一个最基本的方法，其目的是将数据划分成若干组(称为模块、类、簇)。基于通信代价的聚类算法是对智能嵌入式系统的任务按照通信代价进行聚类，把通信代价高的两个元素聚集到一个类中，把通信代价低的两个元素划分到两个不同类中。这样聚类的结果是类内元素通信代价高，类间元素通信代价低。

在讨论聚类算法时，假设 7.1 节中图 G 的节点尺寸都等于 1。本节主要参考的是文献[34]。

7.2.1　层次聚类算法

经典层次聚类算法实际上是通过迭代产生嵌套的类集，如下为算法的整体流程

1. 算法开始时，每个成员都是一个单独类。
2. 在每次迭代过程中，都把相邻的类合并成一个类。
3. 直到所有的成员组成一个类为止。

层次聚类算法最核心的步骤是第 2 步：把相邻的两个类合并。其中相邻类是其关键，相邻类的定义不同，产生的层次聚类算法就不同。

1. 单链接算法(Single Link)：类间元素的最大通信代价大于等于通信代价阈值，即有一对元素的通信代价大于等于通信代价阈值。

2. 全链接算法(Complete Link)：类间元素的最小通信代价大于等于通信代价阈值，即类间所有元素对的通信代价都大于等于通信代价阈值。

3. 均链接算法(Average Link)：类间元素的平均通信代价大于等于通信代价阈值，此时有一部分元素对的通信代价大于等于通信代价阈值，有一部分元素对的通信代价小于通信代价阈值。

设类 $A=\{a_i\mid 1\leqslant i\leqslant n\}$，类 $B=\{b_j\mid 1\leqslant j\leqslant m\}$，则类 A 与类 B 间的平均通信代价：

$$\mathrm{avec}(A,B)=\frac{\sum_{1\leqslant i\leqslant n,1\leqslant j\leqslant m}C(a_i,\ b_j)}{n\times m}$$

其中 $C(a_i,b_j)$ 是元素 a_i 与 b_j 的通信代价。

7.2.2　谱系图

层次聚类算法实际上是在谱系图上实现的。

谱系图是一棵树，示例见图 7-1。每一层都包含该层的类集。

1. 叶节点：每个叶子节点都是一个类。
2. 中间节点：表示由其子节点合并而成的新类。
3. 根节点：最终聚类成的类。

在该图中：

5 层有 1 个类——$\{A,B,C,D,E,F\}$；

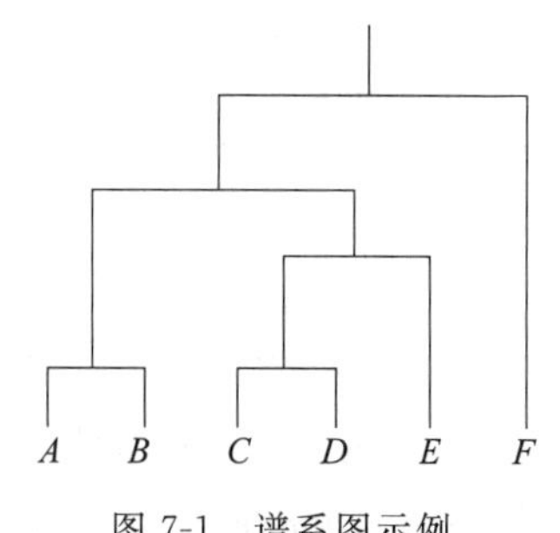

图 7-1　谱系图示例

4 层有 2 个类——$\{A,B,C,D,E\}$和$\{F\}$；

3 层有 3 个类——$\{A,B\}$、$\{C,D,E\}$和$\{F\}$；

2 层有 4 个类——$\{A,B\}$、$\{C,D\}$、$\{E\}$和$\{F\}$；

1 层有 6 个类——$\{A\}$、$\{B\}$、$\{C\}$、$\{D\}$、$\{E\}$和$\{F\}$。

谱系图用有序 3 元组$<c,k,K>$表示：其中 c 是通信代价阈值，k 是类的数目，K 是类的集合。如图 7-1 用 3 元组表示为：

```
{
  <7, 6, {{A},{B},{C},{D},{E},{F}}>
  <6, 4, {{A,B},{C,D},{E},{F}}>
  <5,3, {{A,B},{C,D,E},{F}}>
  <4,2, {{A,B,C,D,E},{F}}>
  <3,2, {{A,B,C,D,E},{F}}>
  <1,1,{{A,B,C,D,E,F}>
}
```

给定一组节点，根据节点之间的通信代价形成矩阵 $\boldsymbol{C}$，矩阵元素 C_{ij} 的值是第 i 个节点和第 j 个节点之间的通信代价，其中 C_{ii} 表示节点 i 自身的通信代价，根据实际情况应为 0。矩阵 $\boldsymbol{C}$ 是对称阵，即 $C_{ij}=C_{ji}$。符号 $\mathrm{Max}(\boldsymbol{C})$表示矩阵 $\boldsymbol{C}$ 中的最大元素，即 $\mathrm{Max}(\boldsymbol{C})=\mathrm{Max}\{C_{ij}\mid 1\leqslant i,j\leqslant n\}$。通过一定的策略逐步将样本合并为同一类，建立对应的谱系图。

7.2.3　聚类算法

设 D 表示含有 n 个元素的集合，$\boldsymbol{C}=(C_{ij})_{n\times n}$ 是元素间通信代价的矩阵，c 表示类间通信代价阈值，每次聚类后通信代价减少 1，k 表示类的数目，K_c 表示通信代价阈值 c 对应的类集合，即 $k=|K_c|$。算法从 $k=n$(开始有 n 个类)开始，到 $k=1$(最终聚成一个类)结束。

算法 7-1　聚类算法 AA

算法输入：$D=\{t_1,t_2,\cdots,t_n\}$

　　　　　$\boldsymbol{C}$

算法输出：DE(谱系图)

算法流程描述如下：

```
c=1+Max(C);
k=n;
K={{t₁},{t₂},…,{tₙ}};
DE={<c,k,K_c>}
repeat
  <k,K_c>= NewClusters(A,D);
  DE=DE∪{<c,k,K_c>};
  c=c-1;
until k=1
```

NewClusters 的作用是对其参数做合并运算，不同的算法采用不同的合并策略，于是形成了单链接聚类算法、全链接聚类算法和均链接聚类算法。

7.2.4　单链接聚类算法

若两个类间元素的最大通信代价值大于等于通信代价阈值 c，则合并这两个类。因此，两类间只要有一个元素对的通信代价值大于等于给定的阈值 c，就合并这两个类。

算法 7-2　单链接聚类算法 SAA

算法输入：$D=\{t_1,t_2,\cdots,t_n\}$

$\boldsymbol{C}$

算法输出：DE

算法流程描述如下：

```
c=1+Max(C);
k=n;
Kc={{t1},{t2},...,{tn}};
DE={<c,k,Kc>}
repeat
  for each Ki, Kj∈Kc do
     {
    larc=largest communication cost between all ti∈Ki and tj∈Kj;
    if larc≥c then Kc=Kc-{ki}-{Kj}∪{Ki∪Kj};         //-的优先级高于∪的优先级
    }
    k=|Kc|;
    DE=DE∪{<c,k,Kc>};
   c=c-1;
  until k=1
```

7.2.5　全链接聚类算法

若两个类间元素的最小通信代价值大于等于通信代价阈值 c，则合并这两个类，这意味着两个类间所有元素对的通信代价都要大于等于通信代价阈值。

算法 7-3　全链接聚类算法 CAA

算法输入：$D=\{t_1,t_2,\cdots,t_n\}$

$\boldsymbol{C}$

算法输出：DE

算法流程描述如下：

```
c=1+Max(C);
k=n;
Kc={{t1},{t2},...,{tn}};
DE={<c,k,Kc>}
repeat
  for each Ki, Kj∈Kc do
     {
    smac=small communication cost between all ti∈Ki and tj∈Kj;
    if smac≥c then Kc=Kc-{ki}-{Kj}∪{Ki∪Kj};
    }
    k=|Kc|;
    DE=DE∪{<c,k,Kc>};
```

```
  c=c-1;
until k=1
```

7.2.6　均链接聚类算法

若两个类间元素的平均通信代价值大于等于通信代价阈值 c，则合并这两个类。

算法 7-4　均链接聚类算法 AAA

算法输入：$D=\{t_1,t_2,\cdots,t_n\}$

　　　　　$\boldsymbol{C}$

算法输出：DE

算法流程描述如下：

```
c=1+Max(C);
k=n;
Kc={{t1},{t2},...,{tn}};
DE={<c,k,Kc>}
repeat
  for each Ki, Kj∈Kc do
      {
     avec=Average communication cost between all ti∈Ki and tj∈Kj;
     if avec≥c then Kc= Kc-{ki}-{Kj}∪{Ki∪Kj};
     }
     k=|Kc|;
     DE=DE∪{<c,k,Kc>};
  c=c-1;
until k=1
```

例 7.1　设智能系统含有 5 个任务 A、B、C、D 和 E，任务间通信及通信代价如图 7-2所示。

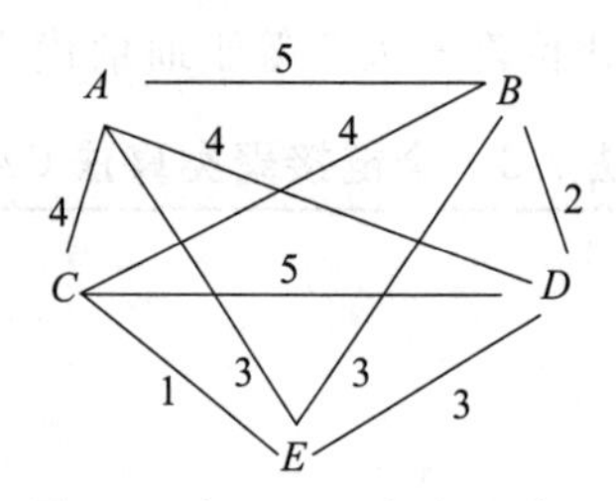

图 7-2　例 7.1 的任务通信图

依据聚类方法求得系统的谱系图。

解：如下为任务间的通信代价矩阵。

	A	B	C	D	E
A	0	5	4	4	3
B	5	0	4	2	3
C	4	4	0	5	1
D	4	2	5	0	3
E	3	3	1	3	0

依据这个通信代价矩阵，按照 3 种聚类算法法，分别生成谱系图，其中均链接算法会产生 2 个结果，如图 7-3 所示。

```
<1,1,{{A,B,C,D,E}}>
<2,2,{{A,B,E},{C,D}}>
<3,2,{{A,B,E},{C,D}}>
<4,3,{{A,B},{C,D},{E}}>
<5,3,{{A,B},{C,D},{E}}>
<6,5,{{A},{B},{C},{D},{E}}>
```

a）全链接谱系图

```
<3,1,{{A,B,C,D,E}}>
<4,2,{{A,B,C,D},{E}}>
<5,3,{{A,B},{C,D},{E}}>
<6,5,{{A},{B},{C},{D},{E}}>
```

b）单链接谱系图

```
<2,1,{{A,B,C,D,E}}>
<3,2,{{{A,B,C,D},{E}}>
<4,3,{{A,B},{C,D},{E}}>
<5,3,{{A,B},{C,D},{E}}>
<6,5,{{A},{B},{C},{D},{E}}>
```

c）均链接谱系图1

```
<3,1,{{A,B,C,D,E}>
<4,3,{{A,B},{C,D},{E}}>
<5,3,{{A,B},{C,D},{E}}>
<6,5,{{A},{B},{C},{D},{E}}>
```

d）均链接谱系图2

图 7-3　例 7.1 的谱系图

7.3　基于聚类的多模块划分算法

本节旨在将聚类的思想和方法应用于带有多任务的智能嵌入式系统的多模块划分中。

7.3.1　多模块聚类算法

多模块划分的目的是将任务集划分到若干个模块中，因此划分所得模块的总数是已知的，如 M。这样多模块划分中的模块实际上是聚类谱系图中的类，因此，聚类算法就可以直接应用于多模块划分。

算法 7-5　多模块聚类算法 MuMAA

算法输入：$D=\{t_1,t_2,\cdots,t_n\}$

$\boldsymbol{C}$

M

算法输出：DE

算法流程描述如下：

```
 c=1+Max(C) ;
k=n;
K={{t_1},{t_2},...,{t_n}};
DE={<c,k,K_c>}
repeat
  <k,K_c>=NewClusters(Ac,D);
  DE=DE∪{<c,k,K_c>};
  c=c-1;
 until k=M
```

修改聚类算法可以得到基于聚类的多模块划分算法：多模块单链接聚类算法、多模块全链接聚类算法和多模块均链接聚类算法。

算法 7-6　多模块单链接聚类算法 MuSAA

算法输入：$D=\{t_1,t_2,\cdots,t_n\}$

$\boldsymbol{C}$

M

算法输出：DE

算法流程描述如下：

```
c=1+Max(C);
k=n;
Kc={{t1},{t2},...,{tn}};
DE={<c,k,Kc>}
repeat
  for each Ki, Kj∈Kc do
      {
    larc=largest communication cost between all ti∈Ki and tj∈Kj;
    if larc≥c then Kc=Kc-{ki}-{Kj}∪{Ki∪Kj};
      }
      k=|Kc|;
    DE=DE∪{<c,k,Kc>};
   c=c-1;
  until k=M
```

算法 7-7　多模块全链接聚类算法 MuCAA

算法输入：$D=\{t_1,t_2,\cdots,t_n\}$

$\boldsymbol{C}$

M

算法输出：DE

算法流程描述如下：

```
c=1+Max(C);
  k=n;
  Kc={{t1},{t2},...,{tn}};
  DE={<c,k,Kc>}
  repeat
    for each Ki, Kj∈Kc do
       {
     smac=small communication cost between all ti∈Ki and tj∈Kj;
     if smac≥c then Kc=Kc-{ki}-{Kj}∪{Ki∪Kj};
       }
       k=|Kc|;
     DE=DE∪{<c,k,Kc>};
    c=c-1;
  until k=M
```

算法 7-8　多模块均链接聚类算法 MuAAA

算法输入：$D=\{t_1,t_2,\cdots,t_n\}$

$\boldsymbol{C}$

M

算法输出：DE

算法流程描述如下：

```
c=1+Max(C);
k=n;
Kc={{t1},{t2},...,{tn}};
DE={<c,k,Kc>}
repeat
  for each Ki, Kj∈Kc do
      {
     avec=average communication cost between all ti∈Ki and tj∈Kj;
     if avec≥c then Kc=Kc-{ki}-{Kj}∪{Ki∪Kj};
      }
      k=|Kc|;
     DE=DE∪{<c,k,Kc>};
    c=c-1;
  until k=M
```

例 7.2　将例 7.1 中的任务划分成 3 个模块和 2 个模块。

解：(1) 划分成 3 个模块：由例 7.1 的系统谱系图获得，3 种聚类算法结果都是$\{\{A,B\},\{C,D\},\{E\}\}$。

(2) 划分成 2 个模块：由例 7.1 的系统谱系图获得，多模块全链接聚类算法结果是$\{\{A,B,E\},\{C,D\}\}$，多模块单链接聚类算法结果是$\{\{A,B,C,D\},\{E\}\}$，多模块均链接聚类算法结果是$\{\{A,B,C,D\},\{E\}\}$。

7.3.2　多模块划分代价

多模块划分代价实际上是定义 7.2 的划分成本。

定义 7.4(多模块划分代价)　指任务划分完成后所有模块间通信代价的总和。

多模块划分的目的是使划分代价极小。基于聚类划分使用贪心策略，即将通信代价大的两个任务划分到一个块内，因此划分结果可能会是局部极优。为了使划分结果整体极优，可以多次划分，比较每次的划分代价，决定划分结果。

例 7.3　将例 7.1 中的任务划分成 2 个模块，并计算划分代价。

解：由例 7.2 得到，多模块全链接聚类算法的划分结果为$\{\{A,B,E\},\{C,D\}\}$，其划分代价为 18；多模块单链接聚类算法与多模块均链接聚类算法划分结果均是$\{\{A,B,C,D\},\{E\}\}$，其划分代价为 10。

注：从划分代价来看，划分结果$\{\{A,B,C,D\},\{E\}\}$比较好，但模块$\{A,B,C,D\}$包含的任务太多，整体来看不太均匀，而划分结果$\{\{A,B,E\},\{C,D\}\}$的 2 个模块中任务相对均匀。

这个简单例子告诉我们使用不同策略，划分结果不同。

7.3.3　规定模块最大任务数算法

在已知通信代价矩阵的基础上，使用贪心策略进行聚类，将矩阵中值最大的两个节点聚集在一个块中。但这种方法不能满足在划分时对模块尺寸的要求。

我们的做法是规定单个模块包含任务数的上限值，使得划分到每个模块中任务的个数相对均匀。在具体划分过程中，加上条件：每个模块的任务个数小于等于 EN(模块中任务数的上限值)时才能与其他块合并，反之就不能了。下面是规定单个模块包含的最大任务数的多模块划分算法 Multi-Modules-Max(MMM)。

算法 7-9 MMM 单链接聚类算法 MMMSAA

算法输入：$D=\{t_1,t_2,\cdots,t_n\}$

$\boldsymbol{C}$

M

EN

算法输出：DE

算法流程描述如下：

```
c=1+Max(C);
k=n;
Kc={{t1},{t2},...,{tn}};
DE={<c,k,Kc>}
repeat
  for each Ki, Kj∈Kc do
      {
    larc=largest communication cost between all ti∈Ki and tj∈Kj;
    if larc≥c and |Ki∪Kj|≤EN then Kc=Kc-{ki}-{Kj}∪{Ki∪Kj};
      }
     k=|Kc|;
    DE=DE∪{<c,k,Kc>};
   c=c-1;
  until c=0 or k=M
If c=0 and k>M then calling again MMMSAA for K1 as the input.
```

注：对于不太稀疏的通信代价矩阵，该算法可以终止并给出聚类结果。若不能给出符合要求的聚类结果，则对最后的聚类 K_1 再次调用该算法，在调用时需要以 K_1 中的类为元素，计算类间元素的通信代价，形成新的通信代价矩阵，在合并类时注意新类元素个数不超过 M。其他两个算法则可能不会终止，也就是说聚类阈值等于 0，聚类结果也到不了希望的模块数，即模块数大于规定的模块数 M。当出现这种情况时需要使用该算法对聚类结果进行再次聚类，直到聚类的模块数等于规定的模块数。

算法 7-10 MMM 全链接聚类算法 MMMCAA

算法输入：$D=\{t_1,t_2,\cdots,t_n\}$

$\boldsymbol{C}$

M

EN

算法输出：DE

算法描述流程如下：

```
c=1+Max(C);
k=n;
Kc={{t1},{t2},...,{tn}};
DE={<c,k,Kc>}
repeat
  for each Ki, Kj∈Kc do
      {
    smac=small communication cost between all ti∈Ki and tj∈Kj;
    if smac≥c and |Ki∪Kj|≤EN then Kc=Kc-{ki}-{Kj}∪{Ki∪Kj};
```

```
      }
      k=|K_c|;
     DE=DE∪{<c,k,K_c>};
   c=c-1;
  until c=0 or k=M
If c=0 and k>M then calling MMMSAA for K_1.
```

算法 7-11　MMM 均链接聚类算法 MMMAAA

算法输入：$D=\{t_1,t_2,\cdots,t_n\}$

$\boldsymbol{C}$

M

EN

算法输出：DE

算法描述流程如下：

```
c=1+Max(C);
k=n;
K_c={{t_1},{t_2},...,{t_n}};
DE={<c,k,K_c>}
repeat
  for each K_i, K_j∈K_c do
      {
     avec=Average communication cost between all t_i∈K_i and t_j∈K_j;
     if avec≥c and |K_i∪K_j|≤EN then K_c=K_c-{k_i}-{K_j}∪{K_i∪K_j};
      }
      k=|K_c|;
     DE=DE∪{<c,k,K_c>};
   c=c-1;
  until c=0 or k=M
If c=0 and K>M then call MMMSAA for K_1.
```

例 7.4　设一智能嵌入式系统，由任务 $T_1, T_2, \cdots, T_{10}$ 组成，任务间的通信代价见图 7-4。使用算法 7-9 对此系统进行 3 模块划分，使得每个模块内任务数不超过 4，并计算划分产生的通信代价。

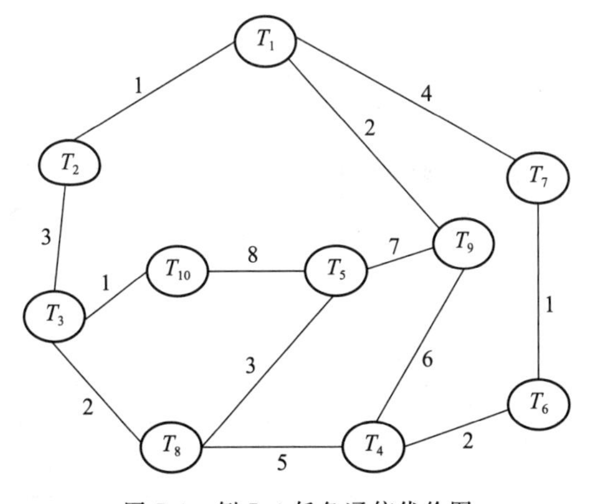

图 7-4　例 7.4 任务通信代价图

解：首先，建立任务通信代价矩阵(0 省略)。

	T_1	T_2	T_3	T_4	T_5	T_6	T_7	T_8	T_9	T_{10}
T_1		1					4		2	
T_2	1		3							
T_3		3						2		1
T_4						2		5	6	
T_5								3	7	8
T_6				2			1			
T_7	4					1				
T_8			2	5	3					
T_9	2			6	7					
T_{10}			1		8					

其次，调用多模块聚类算法，当产生的模块数为 3 时，聚类过程终止。

最后，输出划分结果，10 个任务被划分到 3 个模块上。计算划分后的通信代价。

采用不同的策略得到的划分结果不同，单链接策略的划分过程及结果如表 7-1，全链接策略的划分过程及结果如表 7-2(其中模块间元素的通信代价矩阵见表 7-3)，均链接策略的划分过程及结果如表 7-4 (其中模块间元素的通信代价矩阵见表 7-5)。

表 7-1　调用算法 7-9 的划分过程及结果

c	k	K	最大通信代价≥c
9	10	1,2,3,4,5,6,7,8,9,10	
8	9	{5,10},1,2,3,4,6,7,8,9	(5,10)=8
7	8	{5,9,10},1,2,3,4,6,7,8	(5,9)=7
6	7	{4,5,9,10},1,2,3,6,7,8	(4,9)=6
5	7	{4,5,9,10},1,2,3,6,7,8	(4,8)=5,模块$\lvert\{4,5,9,10\}\rvert=4$
4	6	{4,5,9,10},{1,7},2,3,6,8	(1,7)=4
3	5	{4,5,9,10},{1,7},{2,3},6,8	(2,3)=(5,8)=3,模块$\lvert\{4,5,9,10\}\rvert=4$
2	4	{4,5,9,10},{1,7},{2,3,8},6	(1,9)=(3,8)=(4,6)=2,模块$\lvert\{4,5,9,10\}\rvert=4$
1	3	{4,5,9,10},{1,6,7},{2,3,8}	(1,6)=1

划分后的通信代价为：

$C(\{4,5,9,10\},\{1,6,7\},\{2,3,8\})=C(\{4,5,9,10\},\{1,6,7\})+C(\{4,5,9,10\},\{2,3,8\})+C(\{1,6,7\},\{2,3,8\})=4+9+1=14$。

表 7-2　调用算法 7-10 的划分过程及结果

c	k	K	最小通信代价≥c
9	10	1,2,3,4,5,6,7,8,9,10	
8	9	{5,10},1,2,3,4,6,7,8,9	(5,10)=8
7	9	{5,10},1,2,3,4,6,7,8,9	(5,9)=7,但 smac({5,10},9)=0
6	8	{5,10},{4,9},1,2,3,6,7,8	(4,9)=6
5	8	{5,10},{4,9},1,2,3,6,7,8	
4	7	{5,10},{4,9},{1,7},2,3,6,8	(1,7)=4
3	6	{5,10},{4,9},{1,7},{2,3},6,8	(2,3)=3
2	6	{5,10},{4,9},{1,7},{2,3},6,8	

（续）

c	*k*	*K*	最小通信代价≥*c*
1	6	{5,10},{4,9},{1,7},{2,3},6,8	
调用算法 7-9	3	{4,5,9,10},{1,6,7},{2,3,8}	计算出这些模块间元素的通信代价，得到通信代价矩阵表（见表 7-3），使用算法 7-9 再次进行聚类，聚类模块大小不能超过 4

表 7-3　表 7-2 中模块间元素的通信代价矩阵

	6	**8**	**{2,3}**	**{1,7}**	**{4,9}**	**{5,10}**
6				1	2	
8			2		5	3
{2,3}				1		1
{1,7}					2	
{4,9}						7
{5,10}						

划分后的通信代价为：

C({4,5,9,10},{1,6,7},{2,3,8})=C({4,5,9,10},{1,6,7,8})+C({4,5,9,10},{2,3,8})+C({1,6,7,8},{2,3,8})=4+9+1=14。

表 7-4　调用算法 7-11 的划分过程及结果

c	*k*	*K*	平均通信代价≥*c*
9	10	1,2,3,4,5,6,7,8,9,10	
8	9	{5,10},1,2,3,4,6,7,8,9	avec(5,10)=8
7	9	{5,10},1,2,3,4,6,7,8,9	
6	8	{5,10},{4,9},1,2,3,6,7,8	avec(4,9)=6
5	8	{5,10},{4,9},1,2,3,6,7,8	
4	7	{5,10},{4,9},{1,7},2,3,6,8	avec(1,7)=4
3	6	{5,10},{4,9},{1,7},{2,3},6,8	avec(2,3)=3
2	5	{5,10},{4,8,9},{1,7},{2,3},6	avec({4,9},8)=2.5
1	5	{5,10},{4,8,9},{1,7},{2,3},6	虽然 avec({4,8,9},{5,10})=1.67>1，但由于 |{4,8,9,5,10}|=5>4，因此这两个模块不能合并成一个模块
调用算法 7-9	3	{4,6,8,9},{2,3,5,10}，{1,7}	计算出这些模块间元素的通信代价矩阵表（见表 7-5），其中×表示这两个模块不能合并，因为若合并则得到的模块尺寸将超过规定的模块尺寸。依据这个通信代价矩阵执行算法 7-9

划分后的通信代价为：

C({4,6,8,9},{2,3,5,10},{1,7})=C({4,6,8,9)+{2,3,5,10})+C({4,6,8,9},{1,7})+C({2,3,5,10},{1,7})=12+3+1=16。

表 7-5　表 7-4 中模块间元素的通信代价矩阵

	{5,10}	**{4,8,9}**	**{1,7}**	**{2,3}**	**6**
{5,10}		×		1	
{4,8,9}			×	×	2
{1,7}					1
{2,3}					
6					

统计划分结果，所得表见表 7-6。

表 7-6　例 7.4 的模块划分结果统计表

	算法 7-9			算法 7-10			算法 7-11		
划分结果	①{4,5,9,10} ②{1,6,7} ③{2,3,8}			①{4,5,9,10} ②{1,6,7} ③{2,3,8}			①{4,6,8,9} ②{2,3,5,10} ③{1,7}		
通信代价	14			14			16		
均值	4.67			4.67			5.33		
方差	10.89			10.89			25.97		
模块间元素的通信代价	① ②	① ③	② ③	① ②	① ③	② ③	① ②	① ③	② ③
	4	9	1	4	9	1	12	3	1
模块间元素的通信代价所占的比例	29%	64%	7%	29%	64%	7%	75%	19%	6%

从划分结果统计表来看，使用不同算法得到的划分结果是有差异的。算法 7-9 与算法 7-10 的结果比较好，一是通信代价小，二是模块的大小比较均匀，三是模块间元素的通信代价的方差小。因此，此智能系统比较好的模块划分结果为：{{4,5,9,10},{1,6,7},{2,3,8}}。但是经过大规模数据训练，发现算法 7-11 的划分结果是比较好的[35]。

7.3.4　多处理器任务调度

多处理器任务调度问题描述如下：

有 n 个任务 $T_1, T_2, \cdots, T_n$ 和 m 个处理器 $P_1, P_2, \cdots, P_m$，任务在执行时需要相互通信，通信会产生通信代价，如何把这 n 个任务调度给这 m 个处理器，使每个处理器处理的任务数不超过最大值 Max，且 m 个处理器间的通信代价极小？

解决方案：把处理器看作模块，m 个处理器就是 m 个模块，使用规定单个模块最大任务数的多模块划分算法，就可以解决多处理器任务调度问题。

7.4　基于 KL 算法的多模块划分

KL 算法是 Kernighan 与 Lin 在 1970 年设计的一个图划分算法，其目的是寻找图 G 的一个极小成本的可许划分[36]。KL 算法是一种基于贪心策略的划分算法，通过交换两模块中的元素实现两模块间元素通信代价的极小化。由于贪心算法会导致局部最优，因此 KL 算法在交换模块中元素时把所有可能交换后产生的代价增益都计算出来，从中选择一个最好并交换相应元素。这样在某种程度上降低了局部最优的风险，但会造成算法时间复杂度的增加。不过，KL 算法在很大程度上会给出全局最优解。实验表明 KL 算法给出的划分结果的通信代价极小化是最好的[35]。

假设图 G 含有尺寸为 1 的 n 个节点，将 G 划分成尺寸为 p 的 k 个子集块，有 $kp=n$。则第 1 个块有 C_n^p 种选法，第 2 个块有 C_{n-p}^p 种选法，第 3 个块有 C_{n-2p}^p 种选法，一直下去。由于这些块是不需要排序的，因此共有 $C_n^p \times C_{n-p}^p \times C_{n-2p}^p \times \cdots \times C_{n-(k-1)p}^p / k!$ 种选法。这

种算法的复杂度是很高的。

对于较大的 n、k 和 p，这个表达式的结果也会非常大，如当 $n=40$、$p=10(k=4)$时，至少有 10^{20} 选择方式[36]。

Kernighan 与 Lin 提出了一个基于贪心算法的 2 式划分算法，将待划分的图(含有 $2n$ 个)节点集合划分成 2 个含相同个数元素的模块(如 A 和 B 都含有 n 个节点)。

7.4.1　1 优化与 2 式划分

设有向图 G 含有 $2n$ 个节点，S 为 G 的节点集，通信代价矩阵 $\boldsymbol{C}=(C_{ij})$，$i,j=1,\cdots,2n$. 不失一般性，假定矩阵 $\boldsymbol{C}$ 是对称的并且对于所有的 i 都有 $C_{ii}=0$。

希望把 G 的节点集 S 划分成集合 A 和 B，它们都含有 n 个节点，并使得“外部成本” $T=\sum_{(a,b)\in A\times B}C_{ab}$ 是极小的。

定义 7.5(2 式划分)　给定节点数为 $2n$ 的图 G，其中每个节点都拥有相同的尺寸，寻找一个极小成本的划分将 $2n$ 个节点划分到各含有 n 个节点的块 A^* 和 B^* 中，称 A^* 和 B^* 为极小成本 2 式划分。

原则上是这样划分的：

从 S 的任一 2 式划分 A 和 B 开始，为了减少这初始的外部成本 T，可以安排一系列的 A、B 子集间的互换，当没有进一步的改进时，划分结果 A'和 B'是这个算法的局部极小。这个过程可以从另外任何一个初始划分 A、B 开始，生成许多局部极小划分结果。

设 A、B 是 S 的任一 2 式划分，则找子集 $X\subseteq A$ 和 $Y\subseteq B$，具有 $|X|=|Y|\leqslant n/2$，使得互换 X 和 Y 产生划分 A^* 和 B^*，如图 7-5 所示。

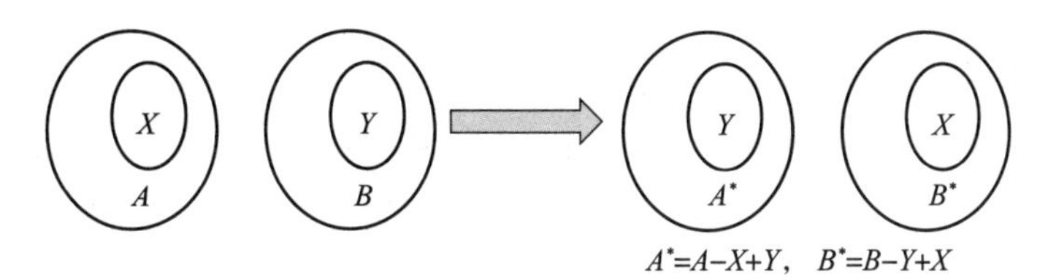

图 7-5　子集互换示意图

问题是如何从 A 和 B 中精选 X 和 Y，避免遍历所有的可能选择。精选 X 和 Y 的过程是逐步进行的。

对于每个 $a\in A$，定义一个外部成本 $E_a=\sum_{y\in B}C_{ay}$，一个内部成本 $I_a=\sum_{z\in A}C_{az}$。类似地，对于每个定义 $b\in B$，定义 E_b 和 I_b。

对于给定集合 S 和 S 的一个 2 式划分 A、B，以及所有的 $z\in S$，定义外部成本与内部成本之差 $D_z=E_z-I_z$。进一步地，若 $z\in A$ 则 $D_z=(\sum_{y\in B}C_{zy})-(\sum_{y\in A}C_{zy})$，若 $z\in B$ 则 $D_z=(\sum_{y\in A}C_{zy})-(\sum_{y\in B}C_{zy})$。

定义 7.6(λ 互换)　两个集合间的 λ 互换是指互换这两个集合的 λ 个元素。

定义 7.7(1 互换)　1 互换是将一个集合的单点与另一个集合的单点进行互换。

定义 7.8(互换收益)　设 $a\in A$ 和 $b\in B$，若 a 和 b 互换，则互换 a 和 b 的收益定义为互换前成本与互换后成本之差，并记作 g。

引理 7.9　考虑任何 $a\in A$ 和 $b\in B$。若 a 和 b 互换，则收益 g 恰好是 $D_a+D_b-2C_{ab}$。

证明：设 F 是 A 和 B 间除 a 和 b 以外其余元素的成本之和。再设 T 是 A 和 B 之间所有元素的成本之和，则 $T=\sum_{(x,y)\in A\times B}C_{xy}=F+E_a+E_b-C_{ab}$（因为 C_{ab} 在 E_a 和 E_b 中都出现了，共出现了2次，所以减去1次）。现互换 a 和 b，再设 T' 是互换 a 和 b 之后模块 A 和 B 之间的新成本，则：

$T'=F+E'_a+E'_b-C_{ba}=F+(I_a+C_{ab})+(I_b+C_{ba})-C_{ab}$。

进而收益 g＝老成本－新成本＝$T-T'=D_a+D_b-2C_{ab}$，这是因为 $T-T'=F+E_a+E_b-C_{ab}-(F+(I_a+C_{ab})+(I_b+C_{ba})-C_{ab})=E_a-I_a+E_b-I_b-2C_{ab}=D_a+D_b-2C_{ab}$。

注：在 a 和 b 互换时，若 $g>0$，则表明这次互换使得新模块间的通信成本减少了，可以接收这次互换，即用 b 替换集合 A 中的 a，同时用 a 替换集合 B 中的 b。这次互换得到的新集合 A' 和 B' 间的通信成本低于 A 和 B 间的通信成本。若 $g\leqslant 0$，则可以不接收这次 a 与 b 的互换，因为交换后得到的模块间通信成本没有降低甚至提高了。

定义 7.10（1优化） 若1划分 A' 和 B' 后，不再存在1互换导致划分成本下降，则称这个划分 A' 为 B' 为1优化。

7.4.2 KL 的 1 优化 2 式划分算法

本段介绍 KL 算法的基础算法：1优化2式划分算法。算法的核心是计算1互换产生的划分成本收益，若不再存在1互换导致划分成本下降，则算法终止。

Kernighan 与 Lin 在文献[36]表明 KL 算法有极大的可能性获得整体极小划分。

算法 7-12 KL 的 1 优化 2 式划分算法

算法输入：含 $2n$ 个节点的带权图 G，以及 G 的通信代价矩阵 $\boldsymbol{C}$

算法输出：通信代价极小的2式划分 A 和 B

算法流程描述如下：

第1步 对 G 的节点进行任意2式划分，得到 A 和 B。

第2步 对于初始划分 A 和 B，计算 G 中每个节点 a 的 D_a。

第3步 从 A 中选 a，从 B 中选 b 使得收益 $g_1=D_a+D_b-2C_{ab}$ 最大，将 a 记为 a_1，将 b 记为 b_1。

第4步 对 $A-\{a_1\}$ 和 $B-\{b_1\}$ 使用第2步；将第3步中选定的 $a\in A-\{a_1\}$ 和 $b\in B-\{b_1\}$ 分别记为 a_2 和 b_2，将对应的收益记为 g_2；对 $A-\{a_1,a_2\}$、$B-\{b_1,b_2\}$ 再次使用第2步，这样重复下去，在重复 n 次后会停止，并会选定元素对：$(a_1,b_1),(a_2,b_2),\cdots,(a_n,b_n)$ 和对应的收益 $g_1,g_2,\cdots,g_n$。

第5步 选 k 使得 $G=g_1+\cdots+g_k$ 最大。若 $G>0$ 则令 $X=\{a_1,\cdots,a_k\}$、$Y=\{b_1,\cdots,b_k\}$ 并交换 X 与 Y，即令 $A=A-X+Y$、$B=B-Y+X$；转到第2步；若 $G\leqslant 0$，则输出局部极小划分 A 和 B。

第6步 算法终止。

算法 7-12 的流程示意图见图 7-6。

7.4.3 KL 划分算法的例子

例 7.5 图 7-7 是一个含有 8 个元器件（节点）的电路图[37]，图中边的权重是通信代价，表 7-7 给出了通信代价矩阵。使用 KL 算法给出比较优的 2 式划分结果。

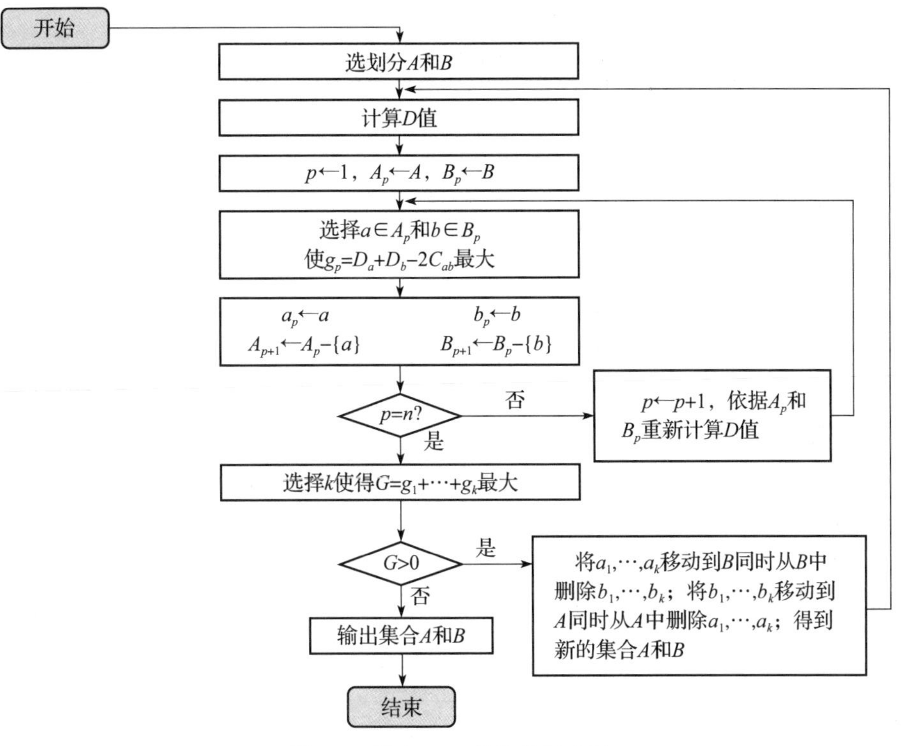

图 7-6 算法 7-12 的流程示意图

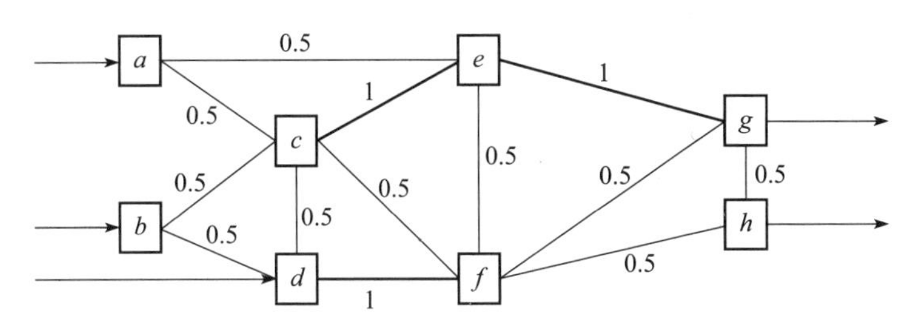

图 7-7 例 7.5 的电路示意图

表 7-7 例 7.5 的通信代价矩阵

Cxy	a	b	C	d	e	f	g	h
a	0	0	0.5	0	0.5	0	0	0
b	0	0	0.5	0.5	0	0	0	0
c	0.5	0.5	0	0.5	1	0.5	0	0
d	0	0.5	0.5	0	0	1	0	0
e	0.5	0	1	0	0	0.5	1	0
f	0	0	0.5	1	0.5	0	0.5	0.5
g	0	0	0	0	1	0.5	0	0.5
h	0	0	0	0	0	0.5	0.5	0

解： 使用算法 7-12。

第 1 步：任意选出初始划分集合 $A=\{a,c,d,f\}$和 $B=\{b,e,g,h\}$，记 $A_1=A$，$B_1=B$。

第 2 步：依据这个初始划分 A_1 和 B_1，计算 D 的值。

按照公式 $D_z = E_z - I_z$ 依次计算出 D_z 的值，结果见表 7-8。

表 7-8　D_z 值

D_z	值
D_a	0
D_b	1
D_c	0
D_d	−1
D_e	1
D_f	0
D_g	−1
D_h	0

第 3 步：按照公式 $g_p = D_x + D_y - 2C_{xy}$ 计算互换元素产生的收益值。

（1）当 $p=1$ 时，收益值 g_1 见表 7-9。

表 7-9　收益值 $g_1(p=1)$

交换对 (x,y)	D_x	D_y	C_{xy}	收益 g_1
(a,b)	0	1	0	1
(a,e)	0	1	0.5	0
(a,g)	0	−1	0	−1
(a,h)	0	0	0	0
(c,b)	0	1	0.5	0
(c,e)	0	1	1	−1
(c,g)	0	−1	0	−1
(c,h)	0	0	0	0
(d,b)	−1	1	0.5	−1
(d,e)	−1	1	0	0
(d,g)	−1	−1	0	−2
(d,h)	−1	0	0	−1
(f,b)	0	1	0	1
(f,e)	0	1	1	0
(f,g)	0	−1	0.5	−2
(f,h)	0	0	0.5	−1

g_1 最大值是 1，对应的互换对是 (a,b) 和 (f,b)。将 a 记作 a_1，将 b 记作 b_1，使用符号 $a_1 <- a$ 和 $b_1 <- b$ 表示；同理，对于 (f,b) 有 $a_1 <- f$ 和 $b_1 <- b$。更新后得到 $A_2 = \{c,d,f\}$ 和 $B_2 = \{e,g,h\}$，或者 $A_2 = \{a,c,d\}$ 和 $B_2 = \{e,g,h\}$。

（2）当 $p=2$ 时，选择计算初始组为 $A_2 = \{c,d,f\}$ 和 $B_2 = \{e,g,h\}$，依据这个初始组，重新计算 D_z 值，结果见表 7-10。

表 7-10　D_z 值 $(p=2)$

D_z	值	D_z	值
D_c	0	D_f	0
D_d	−1.5	D_g	−1
D_e	0.5	D_h	0

计算互换元素后产生的收益值 g_2，结果见表 7-11。

表 7-11　收益值 $g_2(p=2)$

交换对 (x,y)	D_x	D_y	C_{xy}	收益 g_2
(c,e)	0	0.5	1	−1.5
(c,g)	0	−1	0	−1
(c,h)	0	0	0	0
(d,e)	−1.5	0.5	0	−1
(d,g)	−1.5	−1	0	−2.5
(d,h)	−1.5	0	0	−1.5
(f,e)	0	0.5	0.5	−0.5
(f,g)	0	−1	0.5	−2
(f,h)	0	0	0.5	−1

g_2 最大值是 0，对应的互换对是 (c,h)，$a_2 <- c$，$b_2 <- h$。更新后得到 $A_3=\{d,f\}$ 和 $B_3=\{e,g\}$。

(3) 当 $p=3$ 情形时，初始组为 $A_3=\{d,f\}$ 和 $B_3=\{e,g\}$。依据这个初始组，重新计算 D_z 值，结果见表 7-12。

表 7-12　D_z 值 $(p=3)$

D_z	值
D_d	−1
D_e	−0.5
D_f	0
D_g	−0.5

计算互换元素后产生的收益值 g_3，结果见表 7-13。

表 7-13　收益值 $g_3(p=3)$

交换对 (x,y)	D_x	D_y	C_{xy}	收益 g_3
(d,e)	−1	−0.5	0	−1.5
(d,g)	−1	−0.5	0	−1.5
(f,e)	0	−0.5	0.5	−1.5
(f,g)	0	−0.5	0.5	−1.5

g_3 最大值是 −1.5，对应的互换对是 (d,e)，$a_3 <- d$，$b_3 <- e$。更新后得到 $A_4=\{f\}$ 和 $B_4=\{g\}$。

(4) 当 $p=4$ 时，初始组为 $A_4=\{f\}$ 和 $B_4=\{g\}$。依据这个初始组，重新计算 D_z 值，结果见表 7-14。

表 7-14　D_z 值 $(p=4)$

D_z	值
D_f	0.5
D_g	0.5

计算互换元素后产生的收益值 g_4，结果见表 7-15。

表 7-15　收益值($p=4$)

交换对(x,y)	D_x	D_y	C_{xy}	收益 g_4
(f,g)	0.5	0.5	0.5	0

收益值 $g_4=0$。

各步计算得到的收益值为：$g_1=1$，$g_2=0$，$g_3=-1.5$，$g_4=0$。

第 4 步：计算最大的 k 使得收益值和 G 最大。

计算 $G=g_1+g_2+g_3+g_4$。得到结果为 $k=1$ 或 2，取最大值 2，但由于 $g_2=0$，因此使互换 c 与 h，也不会产生收益，故只取 $k=1$。

第 5 步：移动元素，得到划分结果。

初始划分：$A=\{a,c,d,f\}$和 $B=\{b,e,g,h\}$。

$p=1$：互换对是(a,b)——$a_1<-a$，$b_1<-b$。

$p=2$：互换对是(c,h)——$a_2<-c$，$b_2<-h$。

$p=3$：互换对是(d,e)——$a_3<-d$，$b_3<-e$。

$p=4$：互换对是(f,g)——$a_4<-f$，$b_4<-g$。

取 $k=1$：互换一对(a,b)，结果为 $A'=\{b, c, d, f\}$和 $B'=\{a,e,g,h\}$。

由于 $G=1>0$，因此依据 KL 算法进入循环，以 $A'=\{b,c,d,f\}$和 $B'=\{a,e,g,h\}$作为初始划分分组，进行第 2 次计算和分组。

第 2 次计算使用算法 7-12 的计算过程省略，最终得到的收益值为：$g_1=0$、$g_2=-0.5$、$g_3=-1.5$ 和 $g_4=0$。计算最大的 k 使得收益和 $G=g_1+g_2+g_3+g_4$ 最大，得到结果为 $k=1$ 并且 G 取得最大值 0。由于此时 $G=0$，因此算法终止。输出第 2 次分组结果为(同初始分组)：$A^*=\{b,c,d,f\}$和 $B^*=\{a,e,g,h\}$。

第 6 步：计算通信代价，见表 7-16。

表 7-16　通信代价

初始分组			划分结果		
A	B	通信代价	A^*	B^*	通信代价
$\{a,c,d,f\}$	$\{b,e,g,h\}$	4	$\{b,c,d,f\}$	$\{a,e,g,h\}$	3

根据上述划分结果，更新后的电路图变成图 7-8。

从电路图设计角度来看，这个划分结果不太理想。我们需要再次选定一个初始划分分组，再次使用 KL 算法，计算更理想的划分结果。

现在选 $A''=\{a,b,c,d\}$和 $B''=\{e,f,g,h\}$为初始分组，再使用算法 7-12 进行划分，看看结果如何。经过划分，得到各步的收益为：$g_1=0$、$g_2=-0.5$、$g_3=-1.5$ 和 $g_4=0$。由此可得：$k=1$ 时使得各步收益和 $G=g_1+g_2+g_3+g_4$ 取得最大值 0。

由于 $G=0$，因此算法分组终止。输出最后分组结果为 $A'''=\{a,b,c,d\}$和 $B'''=\{e,f,g,h\}$，与初始划分 A''和 B''相同。其计算通信代价为 3。

因此，$A'''=\{a,b,c,d\}$和 $B'''=\{e,f,g,h\}$也是一个解。至此，得到了两个解：$\{b,c,d,f\}$和$\{a,e,g,h\}$，以及$\{a,b,c,d\}$和$\{e,f,g,h\}$。两个解中分组的划分代价都是 3，即两个组间通信代价都是 3。这样这两个分组都是解的候选者。但从电路设计角度看，分组$\{a,b,c,d\}$和$\{e,f,g,h\}$更合理、更优。在原电路图图 7-8 中，元件 a 要直接给元件 c 和 e 送数据。若选择分组$\{b,c,d,f\}$和$\{a,e,g,h\}$，则 a 送数据给 e 是在模块内通信，但 a 给 c 送数据是在模块间通信。若选择分组$\{a,b,c,d\}$和$\{e,f,g,h\}$，则电路图为图 7-9，这样

a 给 c 传输数据是在模块内通信，a 给 e 传输数据是在模块间通信。

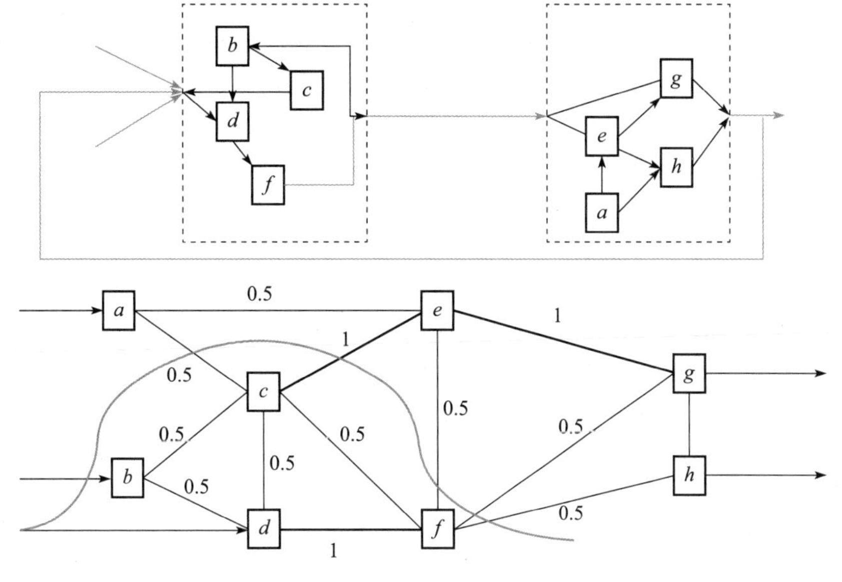

图 7-8　电路图：划分结果为{b,c,d,f}和{a,e,g,h}

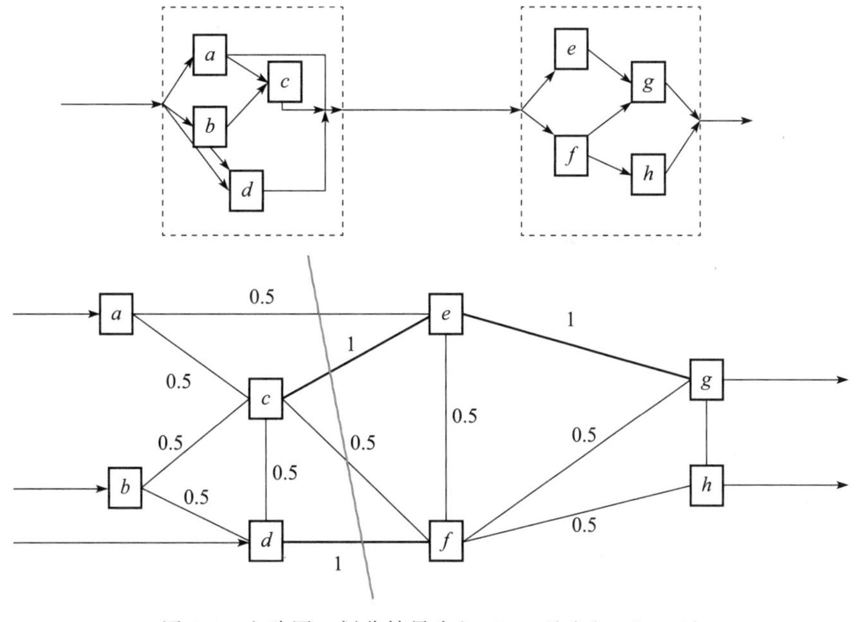

图 7-9　电路图：划分结果为{a,b,c,d}和{e,f,g,h}

7.4.4　KL 划分算法的拓展

7.4.2 节介绍了 KL 的 1 优化 2 式划分算法，2 式划分是比较特殊的情形，本节介绍一般情形的划分。整体思想是把一般情形转换成 7.4.2 节的特殊情形，然后调用 2 式划分算法，最后进行处理，实现一般情形下的划分。解决这个问题的关键是引入零元素。

定义 7.11(零元素)　若一个元素与其他所有元素都不邻接，即邻接矩阵中其所在行、所在列都是数值零，则称该元素为零元素。

1. 奇数个元素集合的划分

设集合 S 含有奇数个元素，比如 $2n+1$ 个，往其中增加一个零元素 ε 得到一个新的含有偶数个，即 $2(n+1)$ 个元素的集合 S^*。对 S^* 进行 2 式划分，从划分结果中删掉零元素，这样就得到了集合 S 的一个 2 式划分，其中一个集合含有 $n+1$ 个元素，另外一个集合含有 n 个元素。

2. 集合尺寸不相等的划分

设集合 S 含有 n 个元素，将 S 划分成两个模块 A 和 B，它们分别含有 n_1 个元素和 n_2 个元素($n_1+n_2=n$)。

假定 $n_1<n_2$，则加入 $2n_2-n$ 个零元素到 S 中，得到新的集合 S^*。S^* 共有 $2n_2$ 个元素，使用 KL 算法对 S^* 进行 2 式划分，初始时将 S^* 划分成均含有 n_2 个元素的集合 A 和 B，其中一个模块(如模块 A)不含有零元素。对这个初始分组使用 KL 算法进行互换对求解，在进行互换时，规定零元素不参与互换，将划分的结果记作 A^* 和 B^*，集合 A^* 不含有零元素，集合 B^* 含有所有的零元素。最后把零元素去掉，所得的两个集合就是需要的划分，即满足元素个数要求的划分。

3. 节点尺寸不相等的划分

2 式划分的前提是假定节点的尺寸相等。假定节点的尺寸不相等，比如有节点的尺寸为 $k(>1)$，则可以将尺寸为 k 的节点分成 k 个尺寸为 1 的节点，这样节点尺寸就都是相等的了(为 1)。然后调用 2 式划分即可。

7.4.5　KL 多式划分算法

设集合 S 含有 n 个元素，把集合 S 划分成 k 个模块 $S_1,\cdots,S_k$，使得

$$S=S_1\cup S_2\cup\cdots\cup S_k$$

即进行 k 式划分，这 k 个集合未必要含有相同的元素个数。为了调用 KL 算法的 2 式划分，可以增加零元素，使初始划分的集合含有相同的元素个数。

情形 1：若 $k=2^L$，则进行 L 次 2 式划分，就可以得到结果。以下为划分过程。

第 1 次 2 式划分：将集合 X 划分成 A^1、B^1。

第 2 次 2 式划分：将集合 A^1、B^1 分别划分成 $A^2 1$ 和 $A^2 2$、$B^2 1$ 和 $B^2 2$。

第 3 次 2 式划分：将集合 $A^2 1$、$A^2 2$、$B^2 1$、$B^2 2$ 分别划分成 $A^3 1$ 和 $A^3 2$、$A^3 3$ 和 $A^3 4$、$B^3 1$ 和 $B^3 2$、$B^3 3$ 和 $B^3 4$。

……

第 L 次 2 式划分：得到集合 $A^L 1$、$A^L 2$、$A^L 3$、…、$A^L 2^{L-1}$ 以及 $B^L 1$、$B^L 2$、$B^L 3$、…、$B^L 2^{L-1}$。

例 7.6　设集合 S 含有 16 个元素，将其划分成 4 个集合，每个集合合含有 4 个元素。

解：需要进行 $4=2^2$ 式划分，即只需 2 次 2 式划分。

第 1 次 2 式划分得到 $A1$ 和 $B1$(各含有 8 个元素)，第 2 次 2 式划分得到集合 $A^2 1$、$A^2 2$、$B^2 1$、$B^2 2$(各含有 4 个元素)。调用两次 2 式划分，完成了 4 式划分。

例 7.7　设集合 Y 含有 15 个元素，对其进行 4 式划分，即划分成 4 个集合，每个集合最多含有 4 个元素。

解：需要增加 1 个零元素，得到含有 16 个元素的集合 Y'，然后进行 4 式划分。

例 7.8　设集合 Z 含有 13 个元素，对其进行 4 式划分，即划分成 4 个集合，每个集合最多含有 4 个元素。

解：这个例子需要增加 3 个零元素，得到含有 16 个元素的集合 Z'，然后进行 4 式划分。

例 7.9 设集合 U 含有 11 个元素，对其进行 4 式划分，即划分成 4 个集合，每个集合最多含有 4 个元素。

解：这个例子需要增加 5 个零元素，得到含有 16 个元素的集合 U'，然后进行 4 式划分。

一般结论：设集合 X 含有 N 个元素，要求对其进行 $k=2^L$ 式划分，使划分得到的每个集合最多含有 n 个元素。增加 $kn-N$ 个零元素，得到含有 kn 个元素的新集合 X'，对 X' 进行 L 次 2 式划分，就可以得到所要的划分结果。

情形 2：若 $k \neq 2^L$，则存在 m 使得 $2^{m-1}<k<2^m$。先对集合进行 2^m 式划分，即 m 次 2 式划分，然后对所有划分结果进行聚类合并，聚类合并时要满足聚类结果集中元素数小于等于 n 的要求，同时要使通信代价最小。

例 7.10 设集合 X 含有 15 个元素，对其进行 3 式划分，使得每个集合各含有 5 个元素。

解：由于 $2^1<3<2^2$，因此对集合 X 先进行 2^2 式划分：增加 5 个零元素($5\times4-15$)到集合 X 中，得到含有 20 个元素的集合 X'；对集合 X' 进行 2^2 式划分，得到集合块 A、B、C、D(每个模块各含有 5 个元素，其中也包括零元素)。去掉增加的 5 个零元素，得到 4 个模块 A'、B'、C' 和 D'，或 3 个模块 A'、B' 和 C'。若是 3 个模块，就不需要聚类了，A'、B' 和 C' 就是所要的划分结果。若是 4 个模块，则使用聚类把 A'、B'、C' 和 D' 合并，合并时注意使合并后模块的元素个数为 5，形成 3 式划分 A''、B''、C''。

算法 7-13 2^L 式划分算法

算法输入：有权图 G，以及 G 的通信代价矩阵 $\boldsymbol{C}$，正整数 L 和 n

算法输出：通信代价极小的 2^L 式划分 $A1$、$A2$、…、$A2^L$

//调用 L 次 KL 的 1 优化 2 式划分算法

第 1 步 初始步，令 S 是 G 的节点集。

第 2 步 判断 $k=2^L$ 是否成立，若等号成立则转向第 3 步，否则转向第 5 步。

第 3 步 调用 KL 的 1 优化 2 式划分算法，分 L 次进行划分。

第 1 次 2 式划分：将集合 S 划分成 $A^1 1$、$B^1 1$。

第 2 次 2 式划分：将集合 $A^1 1$、$B^1 1$ 分别划分成 $A^2 1$ 和 $A^2 2$、$B^2 1$ 和 $B^2 2$。

第 3 次 2 式划分：将集合 $A^2 1$、$A^2 2$、$B^2 1$、$B^2 2$ 分别划分成 $A^3 1$ 和 $A^3 2$、$A^3 3$ 和 $A^3 4$、$B^3 1$ 和 $B^3 2$、$B^3 3$ 和 $B^3 4$。

……

第 L 次 2 式划分：得到划分结果 $A^L 1$、$A^L 2$、$A^L 3$、…、$A^L 2^{L-1}$ 以及 $B^L 1$、$B^L 2$、$B^L 3$、…、$B^L 2^{L-1}$。

第 4 步 输出划分结果 $A^L 1$、$A^L 2$、$A^L 3$、…、$A^L 2^{L-1}$ 以及 $B^L 1$、$B^L 2$、$B^L 3$、…、$B^L 2^{L-1}$。

第 5 步 算法结束。

算法 7-14 多式划分算法

算法输入：带权图 G，以及 G 的通信代价矩阵 $\boldsymbol{C}$，正整数 k 和 n

算法输出：通信代价极小的 k 式划分 $A1$、$A2$、…、Ak

第 1 步 令 $m=|G|$，判断 $m=k\times n$ 是否成立。若成立，则转向第 2 步，否则转向

第 3 步。

第 2 步　判断是否有正整数 L 使得 $k=2^L$。若有，则转向第 4 步，否则转向第 5 步。

第 3 步　增加 $k\times n-m$ 个零元素，构造新的带权图 G 和 G 的通信代价矩阵 $\boldsymbol{C}$，转向第 1 步。

第 4 步　对 G 进行 2^L 式划分，得到划分结果 $A1$、…、Ak（已删零元素），转向第 6 步。

第 5 步　找正整数 T 使得 $2^{T-1}<m<2^T$，并进行 2^T 式划分，得到划分结果 $A1$、…、$A2^T$（已删零元素），将这 2^T 个集合聚类合并成 k 个集合 $A1$、…、Ak（注意聚类合并时模块的元素个数不超过 n），转向第 6 步。

第 6 步　输出 $A1$、…、Ak，算法终止。

算法 7-14 的流程图如图 7-10 所示。

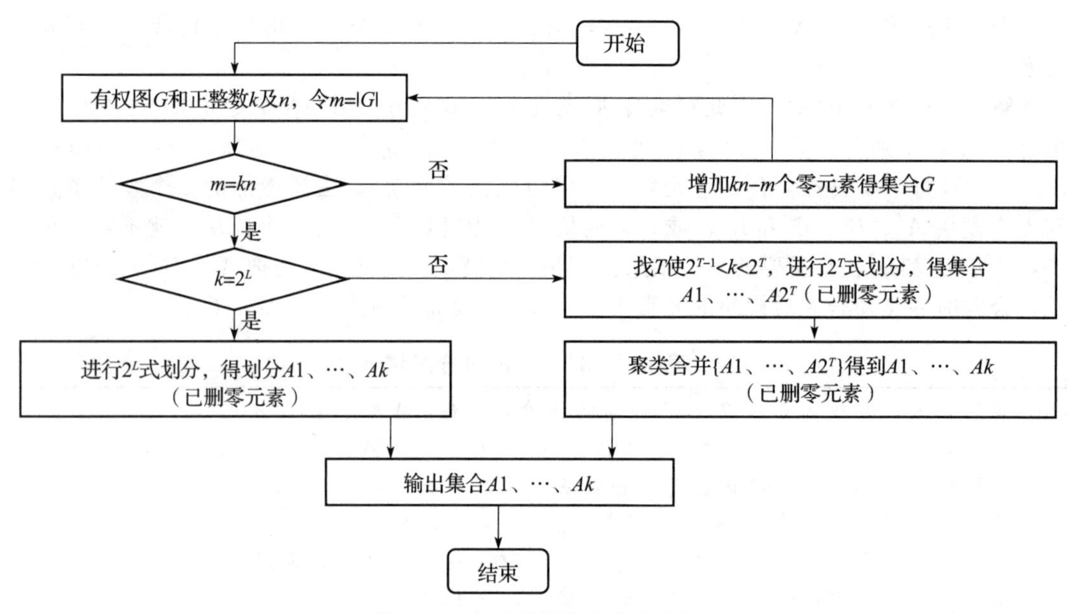

图 7-10　多式划分算法的流程图

7.5　本章小结

本章介绍了基于聚类算法的多模块划分方法和基于 KL 算法的多模块划分方法。划分目的是将整个系统的任务模块化，可以把各个模块安排给 FPGA、ASIC 或微处理器进行实现，划分的优化体现为模块间通信代价极小。从例子可以看出，不同划分方法会产生不能的划分结果，因而需要从这些不同的结果中选择恰当结果，作为最终的解决方案。

文献[35]提出一种异构分布式嵌入式系统的优化设计方法，该方法能在满足通信代价、能耗、硬件资源以及时间等指标约束的前提下，给出系统任务划分的最优策略，实现系统任务的合理调度。优化方法主要分为 3 步：第 1 步，将系统任务按照一定粒度大小划分为多个任务，并获取系统的任务指标；第 2 步，依据通信代价对系统任务进行模块化聚合，将各个模块分配到系统的某个异构嵌入式设备中运行；最后一步，对每个模块依据任务指标和设备资源进行软硬件划分，使各模块在满足其异构设备资源约束的前提下运行时间最短。该优化方法充分运用系统软硬件的资源和能效，得到高性能、低成本的优化设计方案，极大地提高了系统设计的合理性和效率。该方法可以提高异构分布式嵌入式系统中任务调度的合理性，在微电子技术和通信技术有着重要应用。该文献系统地比较了基于模块划分的软硬件划分方法以及 KL 划分算法的性能指标。从运行执行性能来看，基于单链接聚类算法有优越的时间性能。从划分结果上看，改进的 KL 算法通过多次迭，最后总能得到通信代价极小的划分方案。基于均链接聚类算法得到的划分方案仅次于 KL 算法，但运行时间远小于 KL 算法，因而是综合性能最好的算法。

7.6 习题

7.1 编程实现多模块化划分算法(单链接、全链接、均链接)，算法输入是通信代价、模块数、每个模块的最大任务数，算法输出是划分好的模块，并给出划分代价。

(1) 使用编写的程序将例 7.4 中的 10 个任务划分成 4 个模块，每个模块内任务个数均不超过 3，任务图见图 7-4。

(2) 使用编写的程序将图 7-7 中的 8 个任务 a、b、c、d、f、g、h 划分成 2 个模块，每个模块含有 4 个任务，要使模块间通信代价最小，任务间通信代价见表 7-7。

7.2 编程实现 KL 算法，从表 7-17 中的任务 a、b、c、d、f、g、h 中至少选取 3 组不同的初始分组进行 2 式划分，并计算划分代价，从中选择一个最优划分方案。表中数字为通信代价。

表 7-17　习题 7.2 的任务通信代价表

C_{xy}	***a***	***b***	***c***	***d***	***e***	***f***	***g***	***h***
a	0	1	0.5	0	0.5	1	0	0.5
b	1	0	0.5	0	0	0	0	0
c	0.5	0.5	0	0.5	1	0.5	0	0
d	0	0	0.5	0	0	1	0	0.5
e	0.5	0	1	0	0	0.5	1	0
f	1	0	0.5	1	0.5	0	0.5	0.5
g	0	0	0	0	1	0.5	0	0.5
h	0.5	0	0	0.5	0	0.5	0.5	0

7.3 编程实现 KL 多式划分算法，将图 7-11 中的任务划分成 3 组，使得每个组中元素不超过 4 个，且分组后组间通信代价最小，图中边的权值代表通信代价。

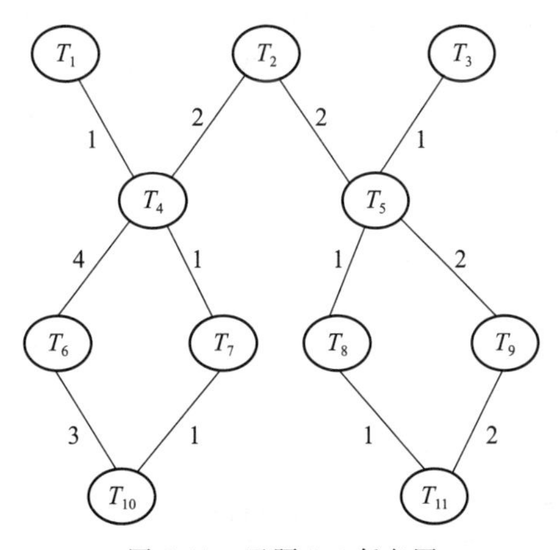

图 7-11　习题 7.3 任务图

第 8 章　微系统划分

鸢飞戾天，鱼跃于渊　《诗经·大雅·旱麓》

微系统是由若干模块组成的一个板上系统，一个模块上可以有多个处理器，包括异构多处理器，模块间通过通信完成数据传输，每个模块都完成若干任务，每个任务可以通过软件实现也可以通过硬件实现。微系统划分是将整个系统的 N 个任务划分成 M 个模块，使得模块间任务的通信代价最小，同时在每个模块内依据任务性能进行软硬件(多处理器)划分以实现性能最优，依据这些模块和软硬件划分计算整个系统的性能最优。最后确定的模块和软硬件划分结果成为这个系统的综合解决方案。

本章介绍 3 类微系统划分方法：基于模块的微系统划分方法、基于多核的微系统划分方法、基于遗传算法的微系统划分算法。

8.1　基于模块的微系统划分

本节介绍基于模块的微系统划分方法(示意图见图 8-1)，是将第 5 章和第 7 章的方法组合在一起进行微系统划分，首先基于通信代价将整个系统模块化，然后对每个模块依据任务的多维指标进行软硬件划分，构建基于模块的微系统划分方法。

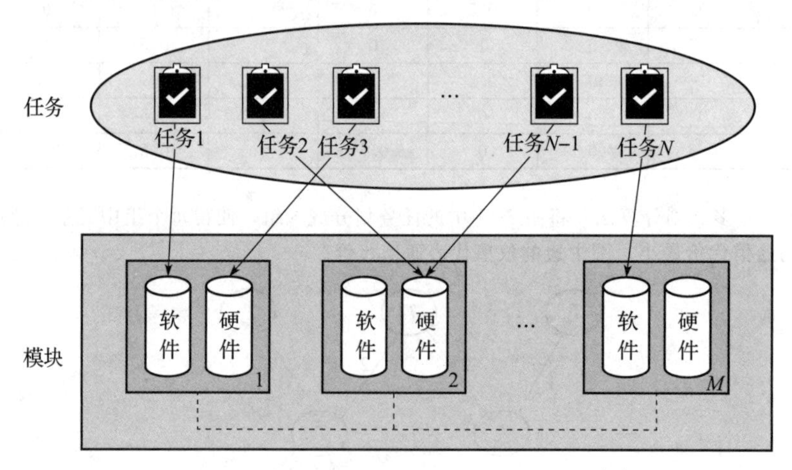

图 8-1　基于模块的微系统划分方法示意图[38]

8.1.1　划分算法

本节给出基于模块的微系统划分的划分算法。

算法 8-1　基于模块的微系统划分的划分算法

算法输入：含 n 个节点 $\{t_1, t_2, \cdots, t_n\}$ 的带权无向图 G，节点间通信代价矩阵 $\boldsymbol{C}$，模块个数 M，模块包含元素的最大个数 EN

算法输出：基于模块的微系统划分结果

第 1 步 调用多模块划分算法，依据输入的通信代价和模块数，将系统的任务划分到模块中，计算模块间的通信代价以及整个微系统的通信代价，通常要求微系统的通信代价最少。

第 2 步 调用多指标划分算法，对每个模块内的任务依据性能指标进行软硬件划分，计算出每个模块的指标。

第 3 步 依据微系统的通信代价和每个模块的指标，计算出整个系统的性能，求出任务划分和模块设定方案，通常这个不是最优解，需重复第 1 步或第 2 步，并进行比较，给出相对较优的方案。

第 4 步 算法结束。

算法 8-1 的示意图如图 8-2 所示。

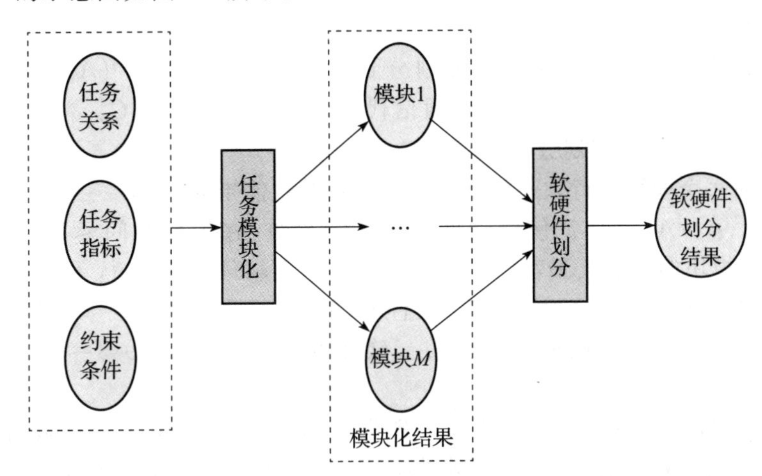

图 8-2 算法 8-1 的过程示意图[38]

8.1.2 划分示例

例 8.1 设一个系统有 8 个任务 $A_1,\cdots,A_8$，任务间的通信代价和各任务的性能指标如表 8-1 和表 8-2 所示。现将这 8 个任务分成 3 个模块，使得每个模块中的任务不超过 3 个，且多模块划分代价最小，即模块间通信代价之和最小，每个模块内依据任务的性能指标进行软硬件划分，使得总体性能最优。

表 8-1 例 8.1 的任务间通信代价矩阵

	A_1	A_2	A_3	A_4	A_5	A_6	A_7	A_8
A_1		1	3	6	10	2	5	7
A_2			8	2	10	12	13	15
A_3				8	20	13	15	17
A_4					19	18	17	5
A_5						20	11	18
A_6							12	13
A_7								5
A_8								

注：1. 通信代价矩阵为对称矩阵，该表中省略了左下部分的元素。

2. 对角线元素均为 0，该表中省略了这些 0。

表 8-2　例 8.1 中各任务的性能指标

任务	软件时间	硬件时间	硬件面积	软件可靠度	硬件可靠度
A_1	30	10	5	0.7	0.9
A_2	40	12	6	0.65	0.8
A_3	42	10	4	0.7	0.88
A_4	35	9	5	0.76	0.91
A_5	34	8	5	0.88	0.92
A_6	22	4	2	0.89	0.92
A_7	23	5	4	0.76	0.88
A_8	20	6	5	0.75	0.86

解：(A)系统性能模块约束

第 1 步：划分模块。

依据通信代价(单链接)将 8 个任务划分到 3 个模块中：$M_1=\{A_3,A_5,A_6\}$，$M_2=\{A_1,A_4,A_8\}$，$M_3=\{A_2,A_7\}$。模块间通信代价为 $C_{M_1M_2}=108$、$C_{M_1M_3}=45$ 和 $C_{M_2M_3}=68$，整个通信代价为 221(即划分代价)。

第 2 步：对每个模块进行软硬件划分，并计算其性能指标。

模块 $M_1=\{A_3,A_5,A_6\}$。使用线性规划进行划分(在软件时间$\leqslant$150，硬件面积$\leqslant$10 的约束下)，模块的可靠度最高。划分结果为 A_6 用软件实现，A_3 和 A_5 用硬件实现。划分结果的性能指标：软件时间=22，硬件时间=18，硬件面积=9。模块 M_1 的可靠度=(A_3 硬件可靠度+A_5 硬件可靠度+A_6 软件可靠度)/3=2.69/3=0.897。如图 8-3a 所示。

模块 $M_2=\{A_1,A_4,A_8\}$。使用线性规划进行划分(软件时间$\leqslant$75，硬件面积$\leqslant$10)，模块的可靠度最高。划分结果为 A_8 用软件实现，A_1 和 A_4 用硬件实现划分结果的性能指标：软件时间=20，硬件时间=19，硬件面积=10。模块 M_2 的可靠度=0.853(2.56/3)。如图 8-3b 所示。

模块 $M_3=\{A_2,A_7\}$。使用线性规划进行划分(软件时间$\leqslant$50，硬件面积$\leqslant$9 的约束下)，模块可靠度最高。划分结果为 A_7 用软件实现，A_2 用硬件实现。划分结果的性能指标：软件时间=23，硬件时间=12，硬件面积=6。模块 M_3 的可靠度=0.78(1.56/2)。如图 8-3c 所示。

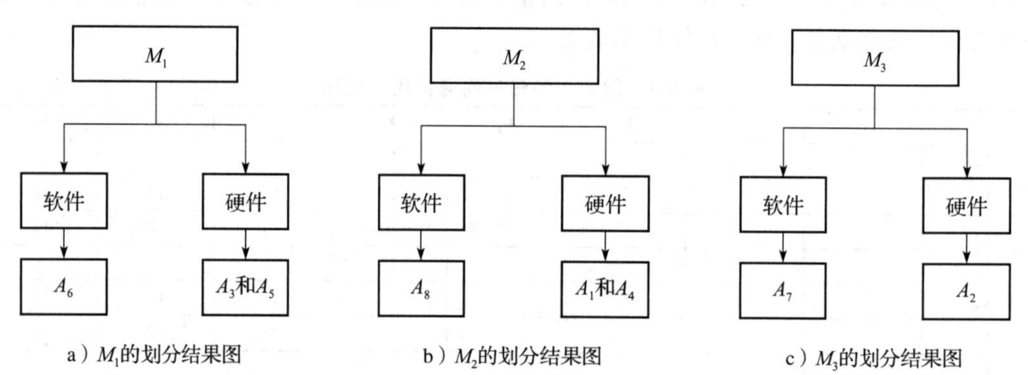

a) M_1的划分结果图　　b) M_2的划分结果图　　c) M_3的划分结果图

图 8-3　例 8.1 中 3 个模块的划分结果图

3 个模块的性能指标统计结果如表 8-3 所示。

表 8-3 模块约束划分结果的性能指标统计表

模块划分结果	软硬件划分结果	软件时间	硬件时间	硬件面积	可靠度
M_1： A_3、A_5、A_6	软件：A_6 硬件：A_3、A_5	22	18	9	0.897(2.69/3)
M_2： A_1、A_4、A_8	软件：A_8 硬件：A_1、A_4	20	19	10	0.853 (2.56/3)
M_3： A_2、A_7	软件：A_7 硬件：A_2	23	12	6	0.78 (1.56/2)

第 3 步：计算整个系统的性能指标，见表 8-4。

表 8-4 划分后整个系统的性能指标统计表

软件时间	硬件时间	硬件面积	通信代价	可靠度
65	49	25	221	0.843

(B)系统性能整体约束

整体考虑系统性能，就得到类似这样的(整体)约束条件：软件时间≤275，硬件面积≤29(3 个模块的约束条件之和)。依据这个约束条件进行整体软硬件划分，得到的划分结果及性能指标见表 8-5。由于任务的软硬件划分是整体进行的，没有考虑模块是否一定会有用软件实现和用硬件实现的任务，因而出现了模块 M_2 和 M_3 中的任务都是软件实现的情况。这是不同于情况(A)的。

表 8-5 系统性能整体约束的划分结果及性能指标统计表

模块划分结果	软硬件划分结果	软件时间	硬件时间	硬件面积	可靠度
M_1： A_3、A_5、A_6	软件：A_5、A_6 硬件：A_3	56	10	4	0.883 (2.65/3)
M_2： A_1、A_4、A_8	软件： 硬件：A_1、A_4、A_8	0	25	15	0.89 (2.67/3)
M_3： A_2、A_7	软件： 硬件：A_2、A_7	0	17	10	0.84 (1.68/2)

例 8.2 使用 KL 算法将一个包含 8 个任务 $T_1,\cdots,T_8$ 的系统划分成 2 个模块，并将每个模块中的任务划分成用软件实现和用硬件实现，使得第 1 要在一定的系统成本约束下保证执行时间最短，设成本恒为 1 000，硬件面积恒为 19；第 2 要在一定时间内保证系统成本最小，设总体执行时间恒为 80，硬件面积恒为 19。本例任务间的通信代价矩阵见表 8-6，任务性能指标见表 8-7。

表 8-6 例 8.2 的任务间通信代价矩阵

	T_1	T_2	T_3	T_4	T_5	T_6	T_7	T_8
T_1		1	3	6	10	2	5	7
T_2			8	2	10	12	13	15
T_3				8	20	13	15	17
T_4					19	18	17	5

（续）

	T_1	T_2	T_3	T_4	T_5	T_6	T_7	T_8
T_5						20	11	18
T_6							12	13
T_7								5
T_8								

表 8-7 例 8.2 任务性能指标表

任务	软件实现		硬件实现		
	软件时间	软件成本	硬件时间	硬件成本	硬件面积
T_1	30	80	10	210	5
T_2	40	100	12	263	6
T_3	42	95	10	175	11
T_4	35	76	9	182	7
T_5	34	75	8	156	5
T_6	22	63	7	163	2
T_7	23	51	5	144	4
T_8	20	49	6	99	8

解：分两步进行。

第 1 步：使用 KL 算法将任务模块化，划分结果为模块 $M_1=\{T_1,T_3,T_5,T_8\}$ 和模块 $M_2=\{T_2,T_4,T_6,T_7\}$，如图 8-4 所示，该划分结果的通信代价为 156。

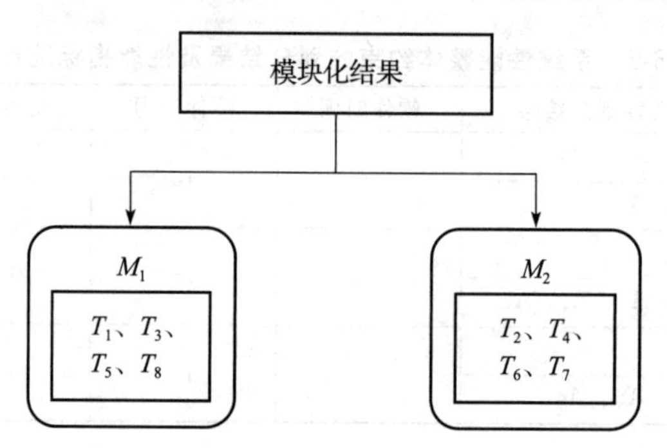

图 8-4 模块化结果图

第 2 步：对每一个模块进行软硬件划分。

若目标为在一定系统成本约束下使得执行时间最短，设开发成本的约束为 1 000，在硬件面积的约束分别为 19 和 15 的情况下求解。使用 LINGO 软件对每个模块进行软硬件划分，得到的模块划分结果如表 8-8 和表 8-9 所示，系统划分结果见表 8-10。

表 8-8 模块 M_1 软硬件划分的结果

目标	约束条件	软件实现	硬件实现	执行时间	开发成本	硬件面积
执行时间最短	开发成本≤1 000 硬件面积≤19	T_3	T_1、T_5、T_8	66	560	18
	开发成本≤1 000 硬件面积≤15	T_3，T_8	T_1、T_5	80	510	10

表 8-9　模块 M_2 软硬件划分的结果

目标	约束条件	软件实现	硬件实现	执行时间	开发成本	硬件面积
执行时间最短	开发成本≤1 000 硬件面积≤19		T_2、T_4、T_6、T_7	33	752	16
	开发成本≤1 000 硬件面积≤15	T_7	T_2、T_4、T_6	51	659	15

表 8-10　系统划分结果

约束条件	模块	任务	软件任务	硬件任务
开发成本≤1 000 硬件面积≤19	M_1	T_1、T_3、T_5、T_8	T_3	T_1、T_5、T_8
	M_2	T_2、T_4、T_6、T_7		T_2、T_4、T_6、T_7
开发成本≤1 000 硬件面积≤15	M_1	T_1、T_3、T_5、T_8	T_3、T_8	T_1、T_5
	M_2	T_2、T_4、T_6、T_7	T_7	T_2、T_4、T_6

8.2　基于多处理器的微系统划分

本节在第 6 章的基础上，介绍基于多处理器的微系统划分。本节的关键内容是任务划分。

任务划分是给任务划分计算单元、安排任务执行时间的过程，划分结果对软硬件协同设计中的系统性能有着关键性影响。

任务划分是智能嵌入式系统优化设计流程中的重要环节，既要考虑任务的执行顺序，又要考虑任务的软硬件配置，还要关注处理器间的通信时延。学习本节可以参考文献[38-40]。

图 8-5 是简化的多处理器系统异构片上系统结构图，其中处理器 1，处理器 2，…，处理器 P 可以是 CPU、MCU、GPU、ARM 等；硬件区域可以是 ASIC 或 FPGA。处理器间、处理器与硬件区域间的通信通过总线实现，因而会产生时延。处理器内部的通信以及硬件区域内部的通信看作内部通信，其通信时延不在统计范围。

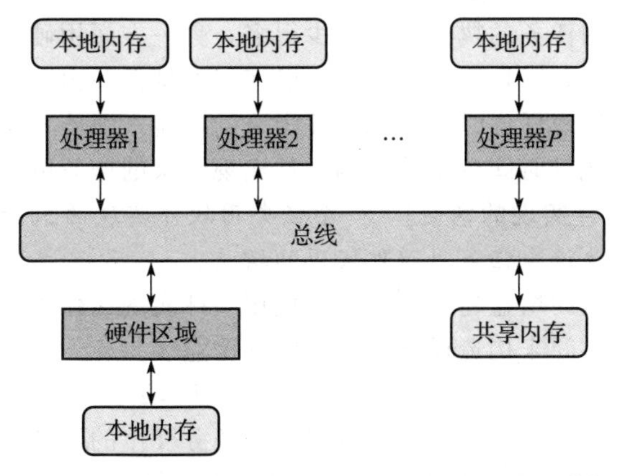

图 8-5　简化的多处理器系统异构片上系统结构[38]

设有向图 $G=(T,E)$表示含有 N 个任务的系统，T 是 N 个任务(即节点)之集，每个任务都有 3 个性能指标，分别为软件执行时间、硬件执行时间和硬件面积；E 为图 G 边的集合，$(T_i,T_j)\in E$ 是一条有向边，$e(T_i,T_j)$为边(T_i,T_j)的权值，表示任务 T_i 到 T_j 的通信时间。

注：使用图的邻接矩阵存放任务间的通信时间。由于任务图是有向图，因此这个邻接矩阵不是对称阵。

以例 8.3 来介绍本节要解决的问题。

例 8.3　已知一个系统有 11 个任务 $T_1,\cdots,T_{11}$，每个任务都有 3 个性能指标(软件执行时间、硬件执行时间、硬件面积)，释放时间都是 0，各任务的性能指标 3 元组见图 8-6。系统的硬件面积约束为 18，即任务的硬件面积之和应小于等于 18。分别在处理器 P_1、处理器 P_2 和一块硬件 H 上对系统进行软硬件划分，使得在满足硬件面积约束条件的前提下，系统执行时间最短。约定硬件可以 2 并行执行，即 2 个任务可以并行执行，系统通信通过总线完成。

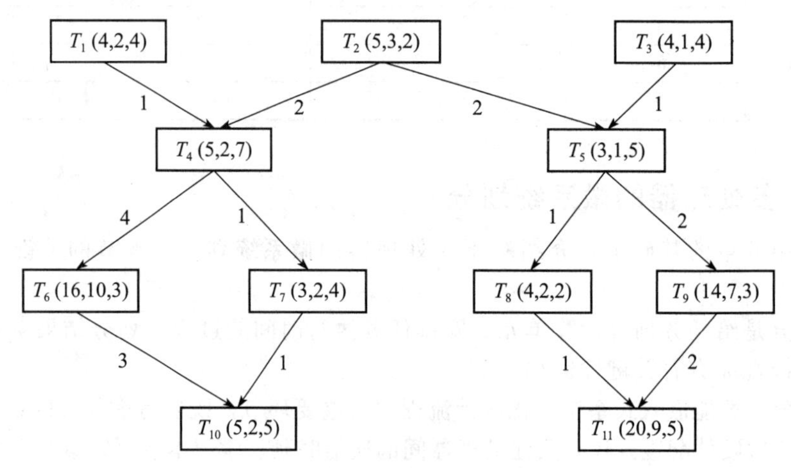

图 8-6　例 8.3 的任务性能指标图[25]

8.2.1　基于硬件实现增益的软硬件划分

智能嵌入式系统的硬件面积是非常重要的一个约束指标，一方面用硬件实现的任务的执行时间比用软件实现的任务的执行时间要少得多，另一方面用硬件实现的任务要占用硬件的面积。因此，从执行时间角度来说应尽可能多得安排任务由硬件实现，但硬件面积的约束导致在安排用硬件实现任务时要考虑由此带来的增益，即若一个任务用硬件实现的执行时间比用软件实现的执行时间少得多，则硬件实现带来的增益更大。

定义 8.1(任务用硬件实现的增益)　*一个任务用软件实现的执行时间减去用硬件实现的执行时间所得的差称为这个任务用硬件实现的增益。*

一个任务用硬件实现的增益越大，越应该使用硬件实现该任务。因此，我们可以依据任务的软件时间和硬件时间来构造任务的硬件实现增益表。

例 8.3 中 11 个任务的硬件实现增益表为：$(T_1,T_2,T_3,T_4,T_5,T_6,T_7,T_8,T_9,T_{10},T_{11})=(2,2,3,3,2,6,1,2,7,3,11)$。从中可以得到任务 T_{11} 的硬件实现增益最大(11)，任务 T_7 的硬件实现增益最小(1)。因此任务 T_{11} 最应该用硬件实现，任务 T_7 最不该用硬件实现。

将图 8-7 中的执行时间指标换成硬件实现增益，保留硬件面积，就得到一个新的性能指标图如图 8-7 所示。使用第 6 章介绍算法进行软硬件划分，但在计算任务优先级值时要使用任务的硬件实现增益值，在划分任务时要累计硬件面积，若硬件面积超过了约束，则停止将任务划分给硬件实现。

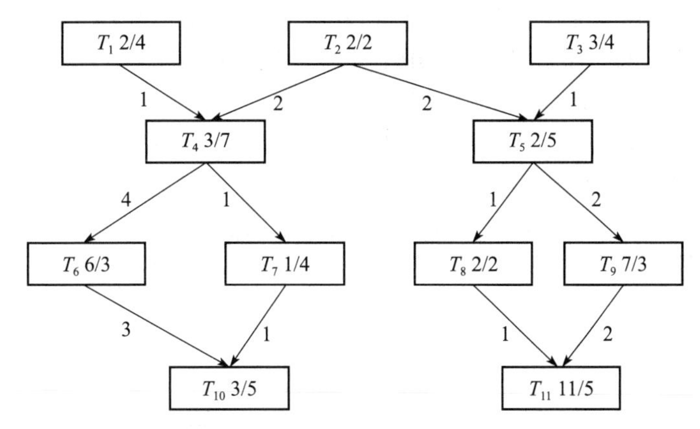

图 8-7　将执行时间改为硬件实现增益的性能指标图

算法 8-2　基于硬件实现增益的软硬件划分算法

算法输入：含有 n 个任务 $T_1,\cdots,T_n$ 的有向无环图和图的邻接矩阵，任务释放时间表，任务执行软件时间表、硬件时间表以及任务硬件面积表，k 个处理器 $P_1,\cdots,P_k$ 和一块硬件 H，H 可以 2 并行执行，硬件面积约束条件为 L

算法输出：将 n 个任务划分给 k 个处理器和硬件 H 的方案，每个任务的起止执行时间，总线通信顺序表(包括任务通信指向以及任务通信起止时间)，k 个处理器和硬件 H 的最大执行时间，每个处理器的使用率

第 1 步　计算 n 个任务的硬件实现增益。

第 2 步　依据 n 个任务的硬件实现增益，使用算法 6-1，建立任务的优先级表。

第 3 步　若任务优先级表为空则算法结束，否则按照任务优先级表检查所有任务的前驱任务以及指向该任务的所有通信是否执行完毕，在所有这些内容已执行完毕的任务中选择优先级最高的任务，对该任务按照第 4 步进行划分。

第 4 步　若硬件空闲，并且累计硬件面积+该任务的硬件面积小于等于硬件面积约束 L，则把该任务划分给硬件实现，同时更新已划分的硬件面积之和，按照该任务的硬件执行时间记录起止时间，从优先级表中删除该任务，转向第 7 步；若硬件不空闲或硬件空闲但累计硬件面积+该任务硬件面积大于硬件面积约束 L，则转向第 5 步。

第 5 步　若有空闲的处理器，则把该任务划分给空闲较久的处理器，记录该任务的处理器下标并按照该任务的软件执行时间记录该任务起止时间，从优先级表中删除该任务，并转向第 7 步，否则转向第 6 步。

第 6 步　暂停划分，直到硬件空闲后转向第 4 步，或直到有处理器空闲后转向第 5 步。

第 7 步　若任务执行完毕，则按照该任务的直接后继进行通信分配，记录该任务指向直接后继，按照通信时间记录通信的起止时间，直到所有直接后继都已通信划分。

第 8 步　若任务优先级表不为空，则转向第 3 步；否则计算每个处理器的使用率。

第 9 步　算法结束。

例 8.4　按照算法 8-2 对例 8.3 进行软硬件划分。

解： 分 8 步完成。

第 1 步：这 11 个任务的硬件实现增益值分别为 2，2，3，3，2，6，1，2，7，3，11。

第 2 步：计算各任务的优先级值，得到 OPri(T_{11})=11，OPri(T_{10})=3，OPri(T_9)=19，OPri(T_8)=14，OPri(T_7)=5，OPri(T_6)=10，OPri(T_5)=23，OPri(T_4)=15，OPri(T_3)=27，OPri(T_2)=27，OPri(T_1)=18。

优先级表：$T_2>T_3>T_5>T_9>T_1>T_4>T_8>T_{11}>T_6>T_7>T_{10}$。

第 3～7 步：系统划分过程见表 8-11。

表 8-11　第 3～7 步系统划分过程表

时刻	划分前任务优先级表	任务划分	划分后任务优先级表	通信分配	硬件面积累计
0	$T_2>T_3>T_5>T_9>T_1>T_4>T_8>T_{11}>T_6>T_7>T_{10}$	rT_3(H,0,1)[①] rT_2(H,0,3) rT_1(P_1,0,4) P_2 空闲	$T_5>T_9>T_4>T_8>T_{11}>T_6>T_7>T_{10}$		4+2=6<18
1	$T_5>T_9>T_4>T_8>T_{11}>T_6>T_7>T_{10}$	T_3 完工 rT_2(H,0,3) rT_1(P1,0,4) P_2 空闲		B(3->5,1,2)	
3	$T_5>T_9>T_4>T_8>T_{11}>T_6>T_7>T_{10}$	T_2 完工 rT_1(P_1,0,4) H/P_2 空闲		B(2->4,3,5), B(2->5,3,5)	
4	$T_5>T_9>T_4>T_8>T_{11}>T_6>T_7>T_{10}$	T_1 完工 $P_1/P_2/H$ 空闲		B(1->4,4,5)	
5	$T_5>T_9>T_4>T_8>T_{11}>T_6>T_7>T_{10}$	rT_5(H,5,6), rT_4(H,5,7) P_1/P_2 空闲	$T_9>T_8>T_{11}>T_6>T_7>T_{10}$		4+2+5+7=18
6	$T_9>T_8>T_{11}>T_6>T_7>T_{10}$	T_5 完工 rT_4(H,5,7) P_1/P_2 空闲		B(5->8,6,7) B(5->9,6,8)	
7	$T_9>T_8>T_{11}>T_6>T_7>T_{10}$	T_4 完工 rT_8(P_2,7,11) H/P_1 空闲,	$T_9>T_{11}>T_6>T_7>T_{10}$	B(4->6,7,11) B(4->7,7,8)	
8	$T_9>T_{11}>T_6>T_7>T_{10}$	rT_8(P_2,7,11) rT_9(P_1,8,22) H 空闲	$T_{11}>T_6>T_7>T_{10}$		
11	$T_{11}>T_6>T_7>T_{10}$	T_8 完工 rT_9(P_1,8,22) rT_6(P_2,11,27) H 空闲	$T_{11}>T_7>T_{10}$	B(8->11,11,12)	
22	$T_{11}>T_7>T_{10}$	T_9 完工 rT_6(P_2,11,27) rT_7(P_1,22,25) H 空闲	$T_{11}>T_{10}$	B(9->11,22,24)	
25	$T_{11}>T_{10}$	T_7 完工 rT_6(P_2,11,27) rT_{11}(P_1,25,45) H 空闲	T_{10}	B(7->10,25,26)	
27	T_{10}	T_6 完工 rT_{11}(P_1,25,45) H/P_2 空闲		B(6->10,27,30)	

（续）

时刻	划分前任务优先级表	任务划分	划分后任务优先级表	通信分配	硬件面积累计
30	T_{10}	$rT_{10}(P_2,30,35)$ $rT_{11}(P_1,25,45)$ H 空闲	空		
35	空	T_{10} 完工 $rT_{11}(P_1,25,45)$ P_1/H 空闲			
45	空	T_{11} 完工（结束） $P_1/P_2/H$ 空闲			

①　此处 rT_i 中 i 表示任务下标；其后 3 元组中第 1 个元素表示将任务划分给硬件或某一处理器，第 2 个元素表示任务的起始执行时间，第 3 个元素表示任务的结束执行时间。

划分结果统计：

P_1：$T_1(0,4)$、$T_9(8,22)$、$T_7(22,25)$、$T_{11}(25,45)$，执行时间之和为 $4+14+3+20=41$。

P_2：$T_8(7,11)$、$T_6(11,27)$、$T_{10}(30,35)$，执行时间之和为 $4+16+5=25$。

H：$T_3(0,1)$、$T_2(0,3)$、$T_4(5,7)$、$T_5(5,6)$，执行时间之和为 $3+2=5$，硬件执行面积之和为 $4+2+7+5=18$。

第 8 步：计算处理器使用率。整个系统完工时间为 45，硬件面积为 18，处理器 P_1 使用率为 68.9%，处理器 P_2 使用率为 55.6%，硬件时间使用率为 11.4%，硬件面积使用率为 100%。

划分结果见表 8-12。

表 8-12　划分结果表

处理器	P_1	P_2	H	硬件面积	总线
划分方案	$T_1(0,4)$ $T_9(8,22)$ $T_7(22,25)$ $T_{11}(25,45)$	$T_8(7,11)$ $T_6(11,27)$ $T_{10}(30,35)$	$T_3(0,1) \parallel T_2(0,3)$ $T_4(5,7) \parallel T_5(5,6)$	$4+2+7+5=18$	$B(3->5,1,2)$ $B(2->4,3,5)$ $B(2->5,3,5)$ $B(1->4,4,5)$ $B(5->8,6,7)$ $B(5->9,6,8)$ $B(4->6,7,11)$ $B(4->7,7,8)$ $B(8->11,11,12)$ $B(9->11,22,24)$ $B(7->10,25,26)$ $B(6->10,27,30)$
最大执行时间	45	35	7		
统计数据	31	25	5=(3+2)	18	
使用率	68.9%	55.6%	11.4%	100%	

划分结果甘特图见图 8-8。

8.2.2　基于硬件实现增益加硬件面积的软硬件划分

从图 8-8 可以看到，用硬件实现的任务聚集在任务划分的开始阶段，这是因为 8.2.1 节介绍的方法是基于硬件实现增益的，仅在软硬件划分时验证是否满足硬件面积约束条件。

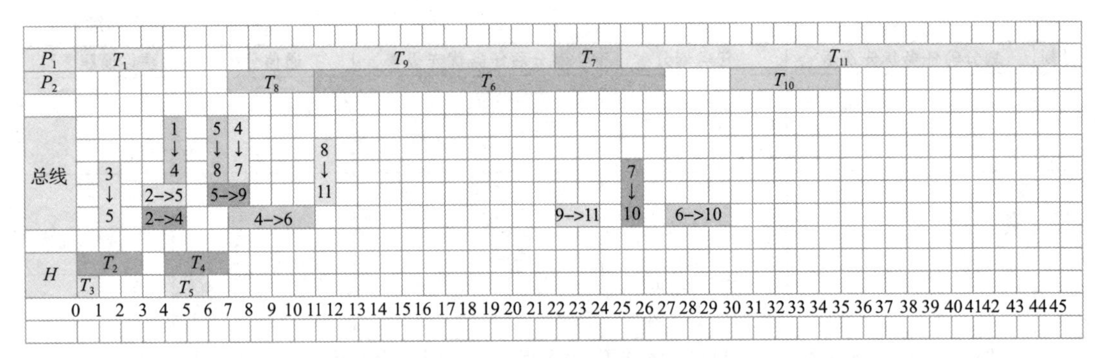

图 8-8 划分结果甘特图

本节介绍在考虑硬件实现增益的基础上，还考虑硬件面积的软硬件划分算法。该算法对任务按照硬件面积从小到大的顺序进行排序，得到任务优先执行表，硬件面积小的任务优先执行级别高，这样安排是基于贪心策略的——尽可能多地用硬件执行任务。同时计算所有任务的平均硬件面积，用硬件面积约束值除以该平均值，得到满足硬件面积约束的任务数。依据这个任务数和任务优先执行表，确定划分给硬件实现的任务、划分给软件实现的任务以及不能确定划分给软件还是硬件实现的任务。在对任务进行软硬件划分时将基于硬件实现增益的任务优先级表和基于硬件面积的任务优先执行表结合在一起。

依据硬件优先原则，将不能确定是用软件还是硬件实现的任务安排在硬件执行任务表，只是安排在应用硬件实现的任务的后面。这样就能确定了可能的硬件实现任务序列和软件实现任务序列。

再以例 8.3 为例，按照上述方法，得到任务硬件优先执行表：$T_2(2)>T_8(2)>T_6(3)>T_9(3)>T_1(4)>T_3(4)>T_7(4)>T_5(5)>T_{10}(5)>T_{11}(5)>T_4(7)$。平均硬件面积值为 4，硬件面积约束值为 18，$18\div4=4.5$，得到最多可以把 5 个任务划分给硬件实现。因此，T_2、T_8、T_6 和 T_9 最好用硬件实现，T_5、T_{10}、T_{11} 和 T_4 最好用软件实现，而 T_1、T_3 和 T_7 可能用硬件实现，只要它们的硬件面积满足约束条件。这 11 个任务的硬件实现增益值分别为 2、2、3、3、2、6、1、2、7、3 和 11。

算法 8-3 基于硬件实现增益加硬件面积的软硬件划分算法

算法输入：含有 n 个任务 T_1，…，T_n 的有向无环图及其任务邻接矩阵，任务释放时间表，任务执行软件时间表、硬件时间表以及任务硬件面积表，k 个处理器 P_1，…，P_k 和一块硬件 H，H 可以 2 并行执行，硬件面积约束条件 L

算法输出：把 n 个任务划分给 k 个处理器和硬件 H 的方案，每个任务的起止执行时间，总线通信顺序表，包括任务通信指向以及任务通信起止时间，k 个处理器和硬件 H 的最大执行时间，每个处理器的使用率

第 1 步 计算 n 个任务的硬件实现增益，并依据算法 6-1，建立任务优先级表。

第 2 步 对 n 个任务按照硬件面积从小到大的顺序进行排序，硬件面积相等时按照任务下标从小到大的顺序排序，建立任务硬件优先执行表。依据硬件面积约束值确立用硬件实现的任务个数，再依据任务硬件优先执行表，确定可能用硬件实现的任务序列和用软件实现的任务序列。

第 3 步 若任务优先级表为空则算法结束，否则按照任务硬件优先级表检查每个任务的前驱任务以及指向该任务的所有通信是否执行完毕，在这些内容已执行完毕的任务中选择优先级最高的任务，若该任务属于可能用硬件实现的任务序列，则转向第 4 步；若该任

务属于用软件实现的任务序列，则转向第 5 步。

第 4 步　若累计硬件面积＋该任务的硬件面积大于约束值，则转向第 5 步；否则若硬件空闲，则把该任务划分给硬件实现同时更新已划分的硬件面积之和，得到新的累计硬件面积按照该任务的硬件执行时间记录起止时间，从优先级表中删除该任务并转向第 7 步，若硬件不空闲则转向第 6 步。

第 5 步　若有空闲的处理器，若该任务在用软件实现的任务序列或是第 4 步转来的任务，则把该任务划分给空闲较久的处理器，记录该任务的处理器下标并按照该任务的软件时间记录该任务起止时间，从优先级表中删除该任务，并转向第 7 步，若无处理器空闲则转向第 6 步。

第 6 步　暂停划分，直到硬件空闲后转向第 4 步，或直到有处理器空闲后转向第 5 步。

第 7 步　若任务执行完毕，则按照该任务的直接后继进行通信分配，记录该任务指向直接后继，按照通信时间记录通信的起止时间，直到所有直接后继都已通信划分。

第 8 步　若任务优先级表不为空，则转向第 3 步；否则计算每个处理器的使用率。

第 9 步　算法结束。

依据上述算法解决例 8.3 的过程见表 8-13。

表 8-13　例 8.3 依据算法 8-3 划分的过程表

时刻	划分前任务优先级表/ 硬件执行优先表	任务划分	划分后优先级表/ 划分后硬件执行优先表	通信分配	硬件面积累计
0	$T_2>T_3>T_5>T_9>T_1>T_4>T_8>T_{11}>T_6>T_7>T_{10}/T_2>T_8>T_6>T_9>T_1>T_3>T_7$	r$T_2(H,0,3)$ r$T_3(H,0,1)$ r$T_1(P_1,0,4)$ P_2 空闲	$T_5>T_9>T_4>T_8>T_{11}>T_6>T_7>T_{10}/T_8>T_6>T_9>T_7$		$2+4=6<18$
1		T_3 完工 r$T_2(H,0,3)$ r$T_1(P_1,0,4)$ P_2 空闲		$B(3->5,1,2)$	
3		T_2 完工 r$T_1(P_1,0,4)$ H/P_2 空闲		$B(2->4,3,5)$, $B(2->5,3,5)$	
4		T_1 完工 $P_1/P_2/H$ 空闲		$B(1->4,4,5)$	
5	$T_5>T_9>T_4>T_8>T_{11}>T_6>T_7>T_{10}/T_8>T_6>T_9>T_7$	r$T_5(P_2,5,8)$, r$T_4(P_1,5,10)$ H 空闲	$T_9>T_8>T_{11}>T_6>T_7>T_{10}/T_8>T_6>T_9>T_7$		
8		T_5 完工 r$T_4(P_1,5,10)$ H/P_2 空闲		$B(5->8,8,9)$ $B(5->9,8,10)$	
9	$T_9>T_8>T_{11}>T_6>T_7>T_{10}/T_8>T_6>T_9>T_7$	r$T_4(P_1,5,10)$ r$T_8(H,9,11)$ P_2 空闲,	$T_9>T_{11}>T_6>T_7>T_{10}/T_6>T_9>T_7$		$2+4+2=8<18$
10	$T_9>T_{11}>T_6>T_7>T_{10}/T_6>T_9>T_7$	T_4 完工 r$T_8(H,9,11)$ r$T_9(H,10,17)$ P_1/P_2 空闲	$T_{11}>T_6>T_7>T_{10}/T_6>T_7$	$B(4->6,10,14)$ $B(4->7,10,11)$	$2+4+2+3=11<18$

（续）

时刻	划分前任务优先级表/硬件执行优先表	任务划分	划分后优先级表/划分后硬件执行优先表	通信分配	硬件面积累计
11	$T_{11}>T_6>T_7>T_{10}$/$T_6>T_7$	T_8 完工 r$T_9(H,10,17)$ r$T_7(H,11,13)$ P_1/P_2 空闲	$T_{11}>T_6>T_{10}/T_6$	B(8－>11，11，12)	2+4+2+3+4=15<18
13		T_7 完工 r$T_9(H,10,17)$ $H/P_1/P_2$ 空闲		B(7－>10，13，14)	
14	$T_{11}>T_6>T_{10}/T_6$	r$T_6(H,14,24)$ r$T_9(H,10,17)$ P_1/P_2 空闲	$T_{11}>T_{10}$		2+4+2+3+4+3=18=18
17	$T_{11}>T_{10}$	T_9 完工 r$T_6(H,14,24)$ P_2 空闲	$T_{11}>T_{10}$	B(9－>11，17，19)	
19	$T_{11}>T_{10}$	r$T_6(H,14,24)$ r$T_{11}(P_2,19,39)$ H/P_1 空闲	T_{10}		
24	T_{10}	T_6 完工 r$T_{11}(P_2,19,39)$ P_1/H 空闲	空	B(6－>10，24，27)	
27		r$T_{11}(P_2,19,39)$ r$T_{10}(P_1,27,32)$ H 空闲			
32		T_{10} 完工 r$T_{11}(P_2,19,39)$ P_1/H 空闲			
39		T_{11} 完工 $P_1/P_2/H$ 空闲			

划分结果分析见表 8-14。

表 8-14　例 8.3 依据算法 8-3 划分的结果分析表

	P_1	P_2	H	硬件面积	总线
划分方案	$T_1(0,4)$ $T_4(5,10)$ $T_{10}(27,32)$	$T_5(5,8)$ $T_{11}(19,39)$	$T_2(0,3)\parallel T_3(0,1)$ $T_8(9,11)\parallel T_9(10,17)$ $T_7(11,13)\parallel T_6(14,24)$	2+4+2+3+4+3=18	B(3－>5,1,2) B(2－>4,3,5) B(2－>5,3,5) B(1－>4,4,5) B(5－>8,8,9) B(5－>9,8,10) B(4－>6,10,14) B(4－>7,10,11) B(8－>11,11,12) B(7－>10,13,14) B(9－>11,17,19) B(6－>10,24,27)
最大执行时间	32	39	24		
统计数据	14	23	18=(3+15)	18	
使用率	35.9%	58.9%	46.2%	100%	

注意：系统完工时间是 39。硬件时间第一次为 3，第二次为从 9 到 24，因此为 15，两次合在一起为 18。

划分结果甘特图见图 8-9。

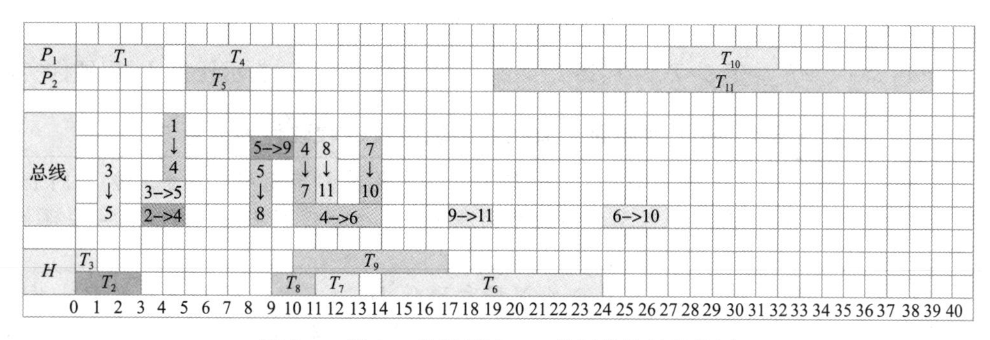

图 8-9 例 8.3 依据算法 8-3 的划分结果甘特图

从划分结果看，算法 8-3 比算法 8-2 好些，用硬件实现的任务多些了，也比较分散些。但任务 T_{11} 还是没有划分给硬件实现，这是因为它的优先级较低，在划分过程中总是排到最后。

8.2.3 基于硬件面积加硬件实现增益的软硬件划分

本节介绍的方法是首先把用硬件实现的任务确定下来，这样用软件实现的任务也就确定了下来。确定用硬件实现的任务时可以使用线性规划方法，要求硬件实现增益最大，约束条件依然是硬件面积。在计算任务的优先级值时，若任务是用硬件实现就计算硬件执行时间，若任务是用软件实现就计算软件执行时间，同时把任务的出度和直接后继中的最大通信时间也都考虑在内。任务优先级值计算公式为：

$$\mathrm{O^ePri}(T_i)=\begin{cases}S_i+\mathrm{O}(T_i)+\max\limits_{T_j\in \mathrm{Suc}(T_i)}\{\mathrm{e}(T_i,T_j)+\mathrm{OPri}(T_j)\}, & \text{若 } T_i \text{ 用软件实现}\\ H_i+O(T_i)+\max\limits_{T_j\in \mathrm{Suc}(T_i)}\{\mathrm{e}(T_i,T_j)+\mathrm{OPri}(T_j)\}, & \text{若 } T_i \text{ 用硬件实件}\end{cases} \tag{8-1}$$

其中 S_i 是任务 T_i 的软件执行时间，H_i 是任务 T_i 的硬件执行时间，$\mathrm{O}(T_i)$是任务 T_i 的出度，$\mathrm{e}(T_i, T_j)$是任务 T_i 向任务 T_j 传输数据的通信时间，从这个公式可以看到任务 T_i 的优先级值既依赖于任务的执行时间，又依赖于出度以及与直接后继的通信时间，这不同于式(6-1)，也不同于式(8-2)。

依据这个公式建立任务优先级表，依据优先级表进行软硬件划分，确定软硬件划分方案，统计方案的结果。

仍以例 8.3 为例，确定用硬件实现的任务。对任务按硬件实现增益从大到小的顺序排序：$T_{11}(11,5)>T_9(7,3)>T_6(6,3)>T_3(3,4)=T_4(3,7)=T_{10}(3,5)>T_1(2,4)=T_2(2,2)=T_5(2,5)=T_8(2,2)>T_7(1,4)$。其中括号里的第 1 个数字为硬件实现增益，第 2 个数字为硬件面积。

在硬件面积约束值为 18 的条件下，安排用硬件实现任务使得硬件实现增益最大，使用第 5 章的算法可以求得，用硬件实现的任务有 T_6、T_8、T_9、T_{10} 和 T_{11}，硬件实现增益之和为 59。相应地，用软件实现的任务有 T_1、T_2、T_3、T_4、T_5 和 T_7。注意，任务 T_{11} 划分给了硬件实现。

任务优先级值如下：

$O^ePri(T_{11})=9$，$O^ePri(T_{10})=2$，$O^ePri(T_9)=19$，$O^ePri(T_8)=13$，$O^ePri(T_7)=7$，$O^ePri(T_6)=16$，$O^ePri(T_5)=26$，$O^ePri(T_4)=27$，$O^ePri(T_3)=32$，$O^ePri(T_2)=36$，$O^ePri(T_1)=33$。

建立任务优先级表：

$T_2>T_1>T_3>T_4>T_5>\hat{T}_9>\hat{T}_6>\hat{T}_8>\hat{T}_{11}>T_7>\hat{T}_{10}$。（$\hat{T}_i$ 表示任务 T_i 用硬件实现）

算法 8-4　基于硬件面积加硬件实现增益的软硬件划分算法

算法输入：含有 n 个任务 $T_1,\cdots,T_n$ 的有向无环图及其邻接矩阵，任务释放时间表，任务执行软件时间表、硬件时间表以及任务硬件面积表，k 个处理器 $P_1,\cdots,P_k$ 和一块硬件 H，H 可以 2 并行执行，硬件面积约束条件 L

算法输出：把 n 个任务划分给 k 个处理器和硬件 H 的方案，每个任务的起止执行时间，总线通信顺序表，包括任务通信指向以及任务通信起止时间，k 个处理器和硬件 H 的最大执行时间，每个处理器的使用率。

第 1 步　计算 n 个任务的硬件实现增益。

第 2 步　依据硬件面积约束条件和硬件实现增益最大化原则确定用硬件实现的任务和用软件实现的任务，获得软硬件划分结果。

第 3 步　依据 n 个任务的硬件实现增益和软硬件划分结果，按照公式 8-1 计算任务优先级值，并使用第 6 章任务优先级表排序算法 6-1 确定任务优先级表。

第 4 步　按照任务优先级表检查每个任务的前驱任务以及指向该任务的所有通信是否执行完毕，在所有这些内容已执行完毕的任务中选择优先级最高的任务，若该任务属于用硬件实现的任务序列，则转向第 5 步；若该任务属于用软件实现的任务序列，则转向第 6 步。

第 5 步　若硬件空闲，则把该任务划分给硬件实现同时更新已划分的硬件面积之和，按照该任务的硬件执行时间记录起止时间，从优先级表中删除该任务并转向第 8 步，否则转向第 7 步。

第 6 步　若处理器有空闲的则把该任务划分给空闲较久的处理器，记录该任务的处理器下标并按照该任务的软件执行时间记录该任务起止时间，从优先级表中删除该任务，并转向第 8 步，否则转向第 7 步。

第 7 步　暂停划分，直到硬件空闲后转向第 5 步，或直到有处理器空闲后转向第 6 步。

第 8 步　若任务执行完毕，则按照该任务的直接后继进行通信分配，记录该任务指向直接后继，按照通信时间记录通信的起止时间，直到所有直接后继都已通信分配。

第 9 步　若任务优先级表不为空则转向第 4 步，否则计算每个处理器的使用率。

第 10 步　算法结束。

依据上述算法解决例 8.3 的过程见表 8-15。

表 8-15　例 8.3 依据算法 8-4 划分的过程表

时刻	划分前任务优先级表	任务划分	划分后优先级表	通信分配
0	$T_2>T_1>T_3>T_4>T_5>\hat{T}_9>\hat{T}_6>\hat{T}_8>\hat{T}_{11}>T_7>\hat{T}_{10}$	$rT_2(P_1,0,5)$ $rT_1(P_2,0,4)$ H 空闲	$T_3>T_4>T_5>\hat{T}_9>\hat{T}_6>\hat{T}_8>\hat{T}_{11}>T_7>\hat{T}_{10}$	
4	$T_3>T_4>T_5>\hat{T}_9>\hat{T}_6>\hat{T}_8>\hat{T}_{11}>T_7>\hat{T}_{10}$	T_1 完工 $rT_2(P_1,0,5)$ $rT_3(P_2,4,8)$ H 空闲	$T_4>T_5>\hat{T}_9>\hat{T}_6>\hat{T}_8>\hat{T}_{11}>T_7>\hat{T}_{10}$	$B(1->4,4,5)$

（续）

时刻	划分前任务优先级表	任务划分	划分后优先级表	通信分配
5	$T_4>T_5>\underset{\wedge}{T}_9>\underset{\wedge}{T}_6>\underset{\wedge}{T}_8>\underset{\wedge}{T}_{11}>T_7>\underset{\wedge}{T}_{10}$	T_2 完工 r$T_3(P_2,4,8)$ H/P_1 空闲		B(2—>4,5,7), B(2—>5,5,7)
7	$T_4>T_5>\underset{\wedge}{T}_9>\underset{\wedge}{T}_6>\underset{\wedge}{T}_8>\underset{\wedge}{T}_{11}>T_7>\underset{\wedge}{T}_{10}$	r$T_3(P_2,4,8)$ r$T_4(P_1,7,12)$ H 空闲	$T_5>\underset{\wedge}{T}_9>\underset{\wedge}{T}_6>\underset{\wedge}{T}_8>\underset{\wedge}{T}_{11}>T_7>\underset{\wedge}{T}_{10}$	
8		T_3 完工 r$T_4(P_1,7,12)$ H 空闲		B(3—>5,8,9)
9	$T_5>\underset{\wedge}{T}_9>\underset{\wedge}{T}_6>\underset{\wedge}{T}_8>\underset{\wedge}{T}_{11}>T_7>\underset{\wedge}{T}_{10}$	r$T_4(P_1,7,12)$ r$T_5(P_2,9,12)$ H 空闲	$\underset{\wedge}{T}_9>\underset{\wedge}{T}_6>\underset{\wedge}{T}_8>\underset{\wedge}{T}_{11}>T_7>\underset{\wedge}{T}_{10}$	
12		T_4 完工 T_5 完工 $H/P_1/P_2$ 空闲		B(5—>8,12,13) B(5—>9,12,14) B(4—>6,12,16) B(4—>7,12,13)
13	$\underset{\wedge}{T}_9>\underset{\wedge}{T}_6>\underset{\wedge}{T}_8>\underset{\wedge}{T}_{11}>T_7>\underset{\wedge}{T}_{10}$	r$T_7(P_1 13,16)$ r$T_8(H,13,15)$ P_2 空闲	$\underset{\wedge}{T}_9>\underset{\wedge}{T}_6>\underset{\wedge}{T}_{11}>\underset{\wedge}{T}_{10}$	
14	$\underset{\wedge}{T}_9>\underset{\wedge}{T}_6>\underset{\wedge}{T}_{11}>\underset{\wedge}{T}_{10}$	r$T_7(P_1,13,16)$ r$T_8(H,13,15)$ r$T_9(H,14,21)$ P_2 空闲	$\underset{\wedge}{T}_6>\underset{\wedge}{T}_{11}>\underset{\wedge}{T}_{10}$	
15		T_8 完工 r$T_7(P_1,13,16)$ r$T_9(H,14,21)$ H/P_1 空闲		B(8—>11,15,16)
16	$\underset{\wedge}{T}_6>\underset{\wedge}{T}_{11}>\underset{\wedge}{T}_{10}$	T_7 完工 r$T_6(H,16,26)$ r$T_9(H,14,21)$ P_1/P_2 空闲	$\underset{\wedge}{T}_{11}>\underset{\wedge}{T}_{10}$	B(7—>10,16,17)
21		T_9 完工 r$T_6(H,16,26)$ $H/P_1/P_2$ 空闲		B(9—>11,21,23)
23	$\underset{\wedge}{T}_{11}>\underset{\wedge}{T}_{10}$	r$T_6(H,16,26)$ r$T_{11}(H,23,32)$ P_1/P_2 空闲	$\underset{\wedge}{T}10$	
26		T_6 完工 r$T_{11}(H,23,32)$ $H/P_1/P_2$ 空闲		B(6—>10,26,29)
29	$\underset{\wedge}{T}_{10}$	r$T_{10}(H,29,31)$ r$T_{11}(H,23,32)$ P_1/P_2 空闲	空	
31		T_{10} 完工 r$T_{11}(H,23,32)$ $H/P_1/P_2$ 空闲	空	
32		T_{11} 完工 $H/P_1/P_2$ 空闲	空	

划分结果分析见表 8-16，其中系统完工时间为 32。

表 8-16　例 8.3 依据算法 8-4 划分的结果分析表

	P_1	P_2	H	硬件面积	总线
划分方案	$T_2(0,5)$, $T_4(7,12)$ $T_7(13,16)$	$T_1(0,4)$ $T_3(4,8)$ $T_5(9,12)$	$T_8(13,15) \parallel T_9(14,21)$ $T_9(14,21) \parallel T_6(16,26)$ $T_6(16,26) \parallel T_{11}(23,32)$ $T_{11}(23,32) \parallel T_{10}(29,31)$	2＋3＋3＋5＋5＝18	B(1—>4,4,5) B(2—>4,5,7) B(2—>5,5,7) B(3—>5,8,9) B(5—>8,12,13) B(5—>9,12,14) B(4—>6,12,16) B(4—>7,12,13) B(8—>11,15,16) B(7—>10,16,17) B(9—>11,21,23) B(6—>10,26,29)
最大执行时间	16	12	32		29
统计数据	13	11	19	18	14
使用率	40.6%	34.4%	59.4%	100%	48.3%

划分结果甘特图见图 8-10。

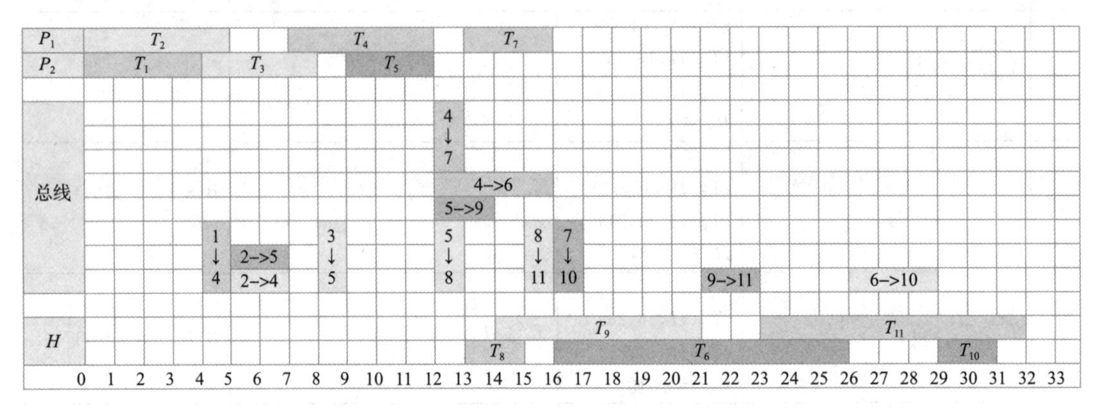

图 8-10　例 8.3 依据算法 8-4 的划分结果甘特图

本节介绍了 3 种软硬件划分算法，分别基于硬件实现增益、基于硬件实现增益加硬件面积和基于硬件面积加硬件实现增益。它们的系统执行时间分别为 45、39 和 32，用硬件实现的任务个数分别是 4、6 和 5。硬件实现增益最大的任务 T_{11} 在算法 8-4 下才划分给硬件实现。

8.3　基于遗传算法的微系统划分

本节介绍文献[38]的微系统划分算法，该算法将遗传算法与任务表划分算法结合在一起，在满足多处理器片上系统硬件面积约束的前提下，能够同时给出软硬件划分结果与任务划分序列，有效缩短系统总体运行时间。

本节介绍的算法与 8.2 节介绍的还有不同之处是：总线上不能同时进行两次数据传输，即同一时刻只能有一个任务在总线上进行数据传输，并且处理器内的数据传输无须使用总线，因而尽可能地将任务划分给同一处理器，即同核。

8.3.1　遗传算法与划分架构

遗传算法能够模拟一个种群的进化过程，通过选择、交叉以及变异等机制，在每次迭代中保留一组优秀个体，重复以上步骤，种群经过若干代进化后，在理想情况下其适应度可以达到近似最优的状态。

遗传算法自被提出以来，得到了广泛的应用，特别是在函数优化、生产划分、模式识别、神经网络、自适应控制等领域发挥了巨大作用，提高了一些问题求解的效率。

遗传算法中，个体是基本单位，一个种群中拥有若干个体，每次迭代中，种群中的个体数量不变。每个个体携带两个内容：染色体与适应度。

染色体表达了个体的某种特征；适应度函数值则用来评价一个个体的好坏，适应度函数值越大，个体越优秀，适应度函数能驱动遗传算法执行，是进行自然选择的唯一标准，对它的设计应结合求解问题本身的要求而定。

基于遗传算法的软硬件划分算法结合了遗传算法与任务表划分算法，以遗传算法为主体，嵌入基于静态优先级的任务表划分算法，算法流程图如图 8-11 所示。

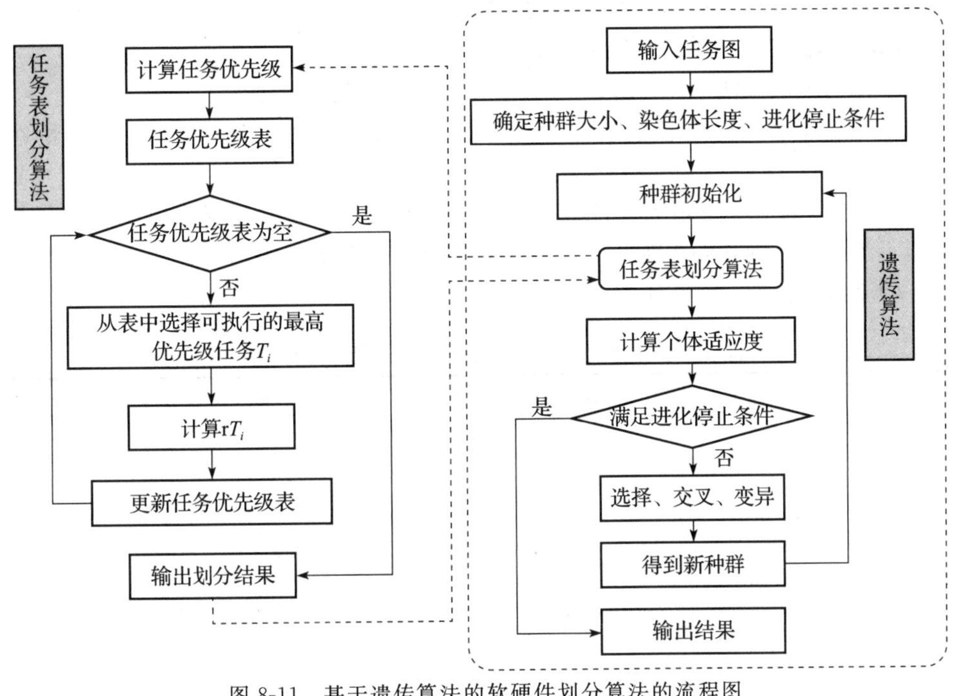

图 8-11　基于遗传算法的软硬件划分算法的流程图

流程图中右边的部分为遗传算法部分。首先根据输入的任务图确定遗传算法中的种群大小、染色体长度、进化停止条件；然后进行种群初始化，计算初始种群中每个个体的适应度；随后不断进行个体选择、交叉、变异等操作；直至满足设定的进化停止条件。

流程图中左边部分为任务表划分算法部分。遗传算法在为每个个体计算适应度时都会调用该算法一次，该算法将得到的划分结果返回给遗传算法。可以把每一代种群中每一个个体的染色体序列看作一种对任务集合的软硬件划分。在进行划分时，首先根据任务图以及其染色体编码计算每个任务的优先级；然后初始化就绪任务队列，不断选择队列中优先级最高的任务，为其分配最佳处理器并计算其开始和结束时间，直到所有任务完成划分；最终得到该个体的划分结果。

8.3.2　遗传算法相关参数

本节先介绍遗传算法的部分相关参数设定。

- **种群大小**：设定种群大小 Size=$2N$，其中 N 是任务个数，种群过小会降低基因多样性，过大会影响算法执行效率。
- **染色体长度**：N，一个个体(包含所有的任务)对应一种染色体编码，一个染色体有 N 个基因，第 i 个基因对应任务 T_i。
- **编码**：采用二进制编码，染色体中某个基因若为 0 则表示该任务用软件实现，若为 1 则表示该任务用硬件实现。如 00010100101 表示用软件实现的任务有 T_1、T_2、T_3、T_5、T_7、T_8 和 T_{10}，用硬件实现的任务有 T_4、T_6、T_9 和 T_{11}。
- **进化停止条件**：设定种群进化到 Gen=$3N$ 代就停止，代数过少可能找不到最佳个体，过多则会导致算法执行时间过长。
- **初始化种群**：为保证本算法能找到满足硬件面积约束的解，使用贪心策略生成一个个体 α 并将其加入初始种群，其他 $2N-1$ 个个体则随机产生。若找不到个体 α 则说明该问题在当前硬件面积约束下无解。

初始个体的生成算法 GeneAlpha 分成 2 个步骤，描述见算法 8-5。

步骤 1：计算每个任务 T_i 的硬件实现增益，并按照硬件实现增益从大到小的顺序对任务进行排序。

步骤 2：迭代查找具有最大硬件实现增益的任务，并将其放到用硬件实现的任务集合中，直到不满足硬件面积约束为止。将用硬件实现的任务集合中的任务对应的基因设为 1，其余任务的基因设为 0，就得到了一个初始个体 α。

算法 8-5　初始个体 α 的生成算法 GeneAlpha

算法输入：任务图 G，G 中任务的集合 T，硬件面积约束 S_L

算法输出：个体 α

```
1:  bool α[N] =0;
2:  for i =1 to N do
3:    Bi =TSi - THi;                    //计算任务 Ti 的硬件实现增益
4:  end for
5:  Sort tasks according to hardware benefit;
6:  Initialize S = 0; THW = ∅;
7:  while S < SL do
8:    Select Ti with highest hardware benefit Bi;
9:    if S + AHi <= SL then
10:     THW = THW ∪{Ti};
11:     S = S + AHi;
12:   end if
13:   T = T\{Ti};
14: end while
15: for i = 1 to N do
16:   if Ti ∈ THW then α[i] = 1 else α[i] = 0;
17:   end if
18: end for
19: return α
```

- **选择操作：** 精英机制与轮盘赌方法相结合。

  精英机制的意义在于保留种群中的优秀个体，对每一代种群中的个体按适应度从大到小的顺序排序，让种群中前 1/4 的个体直接进入下一代。进入下一代的其他个体由使用轮盘赌方法选出的父母个体进行交叉操作产生。

  用轮盘赌方法选出父母个体：给每个任务都生成一个概率，适应度越高的任务概率越大。然后给每个任务生成另一个概率，将此次概率大于原概率的任务选作下一代的父母。需选出剩下 3/4 的个体的父母。

- **交叉操作产生下一代：** 采用两点交叉法，选出父母个体后，随机选取它们染色体中两点间的基因进行交换以产生下一代个体。

  如以两个染色体长度为 11 的个体为例，交换它们第 5～7 位的基因，产生两个新个体的过程如图 8-12 所示。

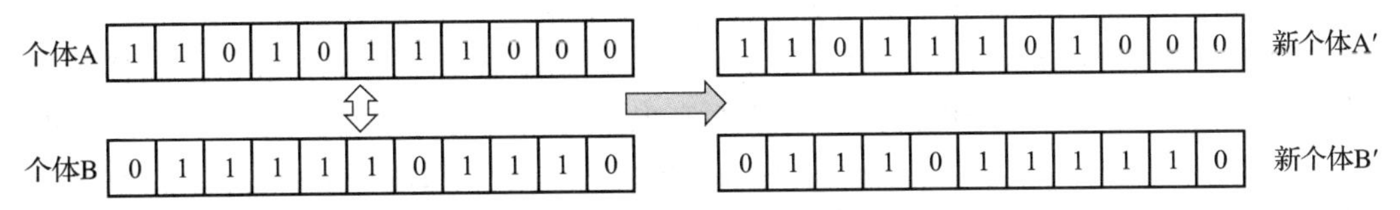

图 8-12 染色体交叉示例

- **变异操作：** 对新种群中的每个个体，按照 0.5%的变异概率进行变异操作，每次变异可随机改变 1～3 个基因，基因 0 变异为基因 1，基因 1 变异成基因 0。

  如某个体第 4、5 位基因发生突变的结果如图 8-13 所示。

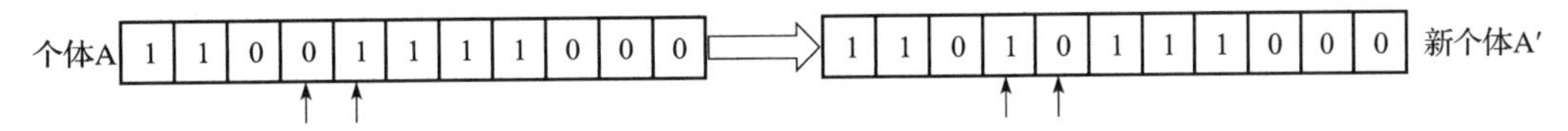

图 8-13 染色体变异示例

- **适应度函数：** 对于每个个体，其染色体序列表示了一种对任务的软硬件划分方案，该划分中硬件面积之和为 S，对划分后的任务采用基于静态优先级的任务表划分算法得到划分总时长 L。算法目标为使划分总时长最短，因此要求划分总时长越短的个体适应度 fitness 越高。所需硬件面积超过约束值的个体是无效个体，引入惩罚项以降低其适应度。根据以上分析，设计如下的个体适应度函数：

$$\text{fitness}=\frac{1}{\omega_1\cdot e^{\frac{S-S_L}{S_L}}\cdot\frac{|S-S_L|}{S_L}+\omega_2\cdot\frac{L}{\sigma}}$$

  其中 $e^{\frac{S-S_L}{S_L}}\cdot\frac{|S-S_L|}{S_L}$ 是惩罚项，当个体为无效个体时将受到惩罚，超过硬件面积约束值越多受到的惩罚就越大，且为了提高硬件使用率，对占用硬件面积过小的个体也进行一定的惩罚。σ 是所有任务的软件执行时间之和，是归一化因子，作用是减少硬件面积和执行时间在数量级上带来的差异。ω_1 和 ω_2 为惩罚项与划分长度的权重，设 $\omega_1=0.7$ 和 $\omega_2=0.3$，作用是尽量降低无效个体的适应度。

8.3.3 任务表划分算法

本算法的思想是首先计算出每个任务的静态优先级；然后按照优先级由高到低的顺序

对任务进行排序，构建一个任务队列；从此队列中取出具有最高优先级的任务，将其划分给当前最佳的处理器。

下面介绍算法的具体流程。

步骤 1：按照式(8-2)计算任务的静态优先级值。

$$\mathrm{p^e ri}(T_i)=\begin{cases} S_i+\max\limits_{T_j\in \mathrm{Suc}(T_i)}\{\mathrm{e}(T_i,T_j)+\mathrm{p^e ri}(T_j)\}, & \text{若 } T_i \text{ 用软件实现} \\ H_i+\max\limits_{T_j\in \mathrm{Suc}(T_i)}\{\mathrm{e}(T_i,T_j)+\mathrm{p^e ri}(T_j)\}, & \text{若 } T_i \text{ 用硬件实现} \end{cases} \tag{8-2}$$

在计算时，为了降低算法复杂度，避免递归调用导致的重复计算，需先对任务按照任务图进行拓扑排序，按照拓扑序从后向前计算任务的优先级，即可保证在原 DAG 图中自底(叶节点)向上(根节点)计算。

步骤 2：初始化就绪任务队列，任务就绪是指该任务的所有前驱任务都已经执行完毕。初始任务序列中包含直接前驱任务集为空集的所有任务。

步骤 3：当就绪任务队列非空时，从就绪任务队列中选出当前优先级最高的任务 T_i，计算 $\mathrm{r}T_i=(p_i,ts_i,tf_i)$，若该任务为用硬件实现则将其划分给硬件，若为用软件实现则为其选择最佳处理器。其中最佳处理器的选择标准为是否能使任务最早启动(若任务在几个处理器上的最早启动时间相同，那么选择能节省通信代价的处理器(优先划分给其直接前驱任务所在的处理器中)，若结果仍不唯一则选取下标最小的处理器)，即：

$$\mathrm{p_i}=\begin{cases} j, j\text{ 使得 } \mathrm{start}(T_i,j)=\min\limits_{k\in\{1,2,\cdots,P\}}\{\mathrm{start}(T_i,k)\}, & \text{若 } T_i \text{ 用软件实现} \\ 0, & \text{若 } T_i \text{ 用硬件实件} \end{cases}$$

其中 $\mathrm{start}(T_i, k)$表示把任务 T_i 划分给第 k 个处理器的时间。每个任务只有在得到其所有直接前驱任务传递至它的数据后才可开始执行，只有当总线空闲时才可以传输数据，则：

$$\mathrm{start}(T_i,k)=\max\left\{e_k,\max_{\{l\mid T_l\in \mathrm{Pre}(T_i)\}}\{\mathrm{tf}_l+\mathrm{e}(T_i,T_l)+\mathrm{tocc}\}\right\}$$

其中 e_k 表示处理器 k 的最早空闲时间，也就是当前处理器上所有任务都执行结束的最早时间；tocc 表示等待总线的时间。

任务之间通信时，总线上只能允许一个数据传输，这点不同于 8.2 节的任务通信方式。

算法 8-6　任务表划分算法 LSSP

算法输入：任务图 G，G 中任务的集合 T，处理器数 P，染色体(即软硬件划分结果)
算法输出：集合 $r(T)$

```
1: Tready =∅;
2: r(T) =∅;
3: Save the sequence numbers of tasks in list numList by topological order;
4: for i = N to 1 do
5:     num =numList.get(i);
6:     Compute pri(Tnum) according to the formula 8- 2;
7:     if Pre(Tnum) =∅ then
8:       Tready = Tready ∪ {Tnum};
9:     end if
10: end for
11: while |r(T)| ! = |T| do
12:     Select Ti with highest priority from Tready;
```

```
13:    Compute r(Ti) = (pi, tsi, tfi);
14:    r(T) = r(T) ∪ {rTi};
15:    Tready = Tready \ {Ti};
16:    for Tj ∈ Suc(Ti) do
17:      if Tj is ready then
18:          Tready = Tready ∪ {Tj};
19:      end if
20:    end for
21: end while
22: return r(T);
```

其中，任务开始时间 ts_i 为任务最早启动的时间，其计算公式为：

$$ts_i = \min_{j \in \{1,2,\cdots,P\}} \{\text{start}(T_i, j)\}$$

由于任务一旦开始就不会被打断，所以任务结束时间 tf_i 为任务开始时间加上任务在相应软硬件上的执行时间，即

$$tf_i = \begin{cases} ts_i + S_i, & \text{若 } T_i \text{ 用软件实现} \\ ts_i + H_i, & \text{若 } T_i \text{ 用硬件实现} \end{cases}$$

当一个任务结束执行之后，逐一检查其后继任务是否就绪，若有新的就绪任务就将其加到就绪任务队列中等待划分，不断重复此过程，直到所有任务划分完毕，此时可得出划分总时长 L 和占用的硬件面积 S。

定理 8.1 任务表划分算法的时间复杂度为 $O(PN^2)$。

证明：类似于定义 6.4 的证明。

8.3.4 遗传微系统划分算法

在遗传算法达到停止进化条件时，选择当前种群中适应度最高的个体作为本次遗传微系统划分算法运行的最优个体。在对最优个体的划分中，把最后一个任务完成的时间记为系统总体运行时间 L，把该个体的染色体中基因 1 对应的任务的硬件面积之和作为系统使用的硬件面积 S。

我们还可以计算得到系统的总通信代价为 $\sum_{(T_i,T_j)\in E} C(T_i, T_j)$，其中

$$C(T_i, T_j) = \begin{cases} 0, & \text{若 } T_i \text{ 和 } T_j \text{ 被划分给相同的处理单元} \\ e(T_i, T_j), & \text{若 } T_i \text{ 和 } T_j \text{ 被划分给不同的处理单元} \end{cases}$$

算法 8-7 基于遗传算法的软硬件划分算法

算法输入：任务图 G、处理器数 P、突变概率 P_m

算法输出：软硬件划分结果

```
1: Size = 2N; Gen = 3N; gen = 0;
2: Generate individual α by using GeneAlpha;
3: Generate other individuals of the first generation pop randomly;
4: for every individual in pop do
5:   r(T) - - - Hardware/Software Partitioning and Scheduling by LSSP;
6:   Compute the fifitness of r(T) by using Fitness Function;
7: end for
8: while gen < Gen do
9:     newpop = ∅;
10:       Select the 1/4*Size individuals with highest fitnesses and add them to newpop;
11:    while |newpop| < Size do
```

```
12:         Pick up two individuals indi1, indi2 in newpop;
13:         (indi3, indi4) = cross(indi1, indi2);
14:         Add indi3 and indi4 to newpop;
15:     end while
16:     for every individual in newpop do
17:         if random (0, 1) < Pm then
18:             Mutation;
19:         end if
20:     end for
21:     pop = newpop; gen ++;
22:     for every individual in pop do
23:       r(T)---Hardware/Software Partitioning and Scheduling by LSSP;
24:       Compute the fitness of r(T) by using Fitness Function;
25:     end for
26: end while
27: Pick up the individual with highest fitness in pop;
28: return Result for Hardware/Software Partitioning and Scheduling;
```

定理 8.2　*算法 8-7 的复杂度是 $O(PN^4)$。*

证明：在算法执行过程中，种群大小 Size、进化代数 Gen 等参数在 $O(1)$时间内即可完成设置。随后使用 Gene Alpha 算法生成初始种群：首先要生成个体 α，对每个任务计算硬件收益需要 $O(N)$时间，随后对硬件收益排序需要 $O(N^2)$时间，接下来将任务加入硬件集合中最多需要 $O(N)$时间，因此 GeneAlpha 的复杂度为$O(N^2)$。之后随机生成初始化种群中的其他个体，每个个体的生成需要 $O(N)$时间，共需 $O(N^2)$时间。则完成整个种群初始化过程需要 $O(N^2)$时间。

接下来进入进化过程，对每一代种群来说，有 $2N$ 个个体需要调用 LSSP 算法，其复杂度为 $O(PN^3)$；为所有个体计算适应度的复杂度为 $O(N)$，对个体按照适应度排序的复杂度为 $O(N^2)$，选择、交叉、变异过程复杂度均为 $O(N)$，因此每一代操作的复杂度为$O(PN^3)$。Gen 参数值为 3N，表示算法共迭代 $3N$ 次，因此需要 $O(PN^4)$时间。进化结束后在 $O(N)$时间内可以找到最优个体。综上所述，算法 8-7 的时间复杂度为 $O(PN^4)$。

8.3.5　遗传微系统划分算法示例

本节使用算法 8-7 对图 8-7 所示的任务图进行划分与划分，设定处理器数为 2，硬件面积约束值为 18。

首先根据任务数 $N=11$，设置种群大小为 22，染色体长度为 11，进化代数为 33 代。

然后初始化种群，根据 GeneAlpha 算法计算得到个体 α。

步骤 1：计算每个任务的硬件收益时间分别为 2、2、3、3、2、6、1、2、7、3 和 11。

步骤 2：依次选出硬件收益时间最大的任务为 $T11$、$T9$、$T6$ 和 $T4$，它们的硬件面积之和 5+3+3+7=18，得到的初始个体 α 为 00010100101。

其余 21 个初始个体随机产生，共产生 22 个个体，初始种群生成。

随后对种群中的每个个体都使用 LSSP 算法进行划分，并计算划分结果个体的适应度。以个体 α 为例，下面为使用 LSSP 算法对其进行划分的过程。

步骤 1：计算每个任务的静态优先级值。按照任务的拓扑序倒序计算，结果为计算：

$p^e ri(T_{10})=5$，$p^e ri(T_{11})=9$，$p^e ri(T_6)=18$，$p^e ri(T_7)=9$，$p^e ri(T_8)=14$，$p^e ri(T_9)=18$，$p^e ri(T_4)=24$，$p^e ri(T_5)=23$，$p^e ri(T_1)=29$，$p^e ri(T_2)=31$，$p^e ri(T_3)=28$。

排序得到任务优先级表：$T_2>T_1>T_3>\underset{\wedge}{T}_4>T_5>\underset{\wedge}{T}_6>\underset{\wedge}{T}_9>T_8>T_7>\underset{\wedge}{T}_{11}>T_{10}$。其中 $\underset{\wedge}{T}_4$、$\underset{\wedge}{T}_6$、$\underset{\wedge}{T}_9$ 和 $\underset{\wedge}{T}_{11}$ 用硬件实现。

步骤 2： 初始任务优先级表为 $T_2>T_1>T_3>\underset{\wedge}{T}_4>T_5>\underset{\wedge}{T}_6>\underset{\wedge}{T}_9>T_8>T_7>\underset{\wedge}{T}_{11}>T_{10}$。

步骤 3： 不断从非空的任务优先级表中挑出可以划分的优先级最高的任务，将硬件任务划分给硬件，将软件任务划分给最佳处理器。

首先，任务优先级表中优先级最高的是 T_2，处理器 1 与处理器 2 都可以使该任务在 0 时刻开始，选择将其划分给处理器 1，开始时间为 0，结束时间为 4。然后选择 T_1，此时处理器 1 被 T_2 占用，为了使其尽快开始，将 T_1 划分给处理器 2。同样，对 T_3，将其划分给处理器 2，这样它可以在时刻 4 开始。到了时刻 5，T_1 和 T_2 执行结束，T_4 的所有前驱任务都已经结束，T_4 是可以划分的优先级最高的任务。T_4 是硬件任务，所以直接将其划分给硬件，但是在时刻 7 之前 T_4 不能开始，因为它需要等待 T_1 和 T_2 通过总线传递给它的数据。

类似地，执行此过程直到所有任务完成划分，划分过程详见表 8-17。

表 8-17　个体 α 的划分过程表

时刻	划分前任务优先级表	任务划分	划分后优先级表	通信分配
0	$T_2>T_1>T_3>\underset{\wedge}{T}_4>T_5>\underset{\wedge}{T}_6>\underset{\wedge}{T}_9>T_8>T_7>\underset{\wedge}{T}_{11}>T_{10}$	rT_2(1,0,5) rT_1(2,0,4) H 空闲	$T_3>\underset{\wedge}{T}_4>T_5>\underset{\wedge}{T}_6>\underset{\wedge}{T}_9>T_8>T_7>\underset{\wedge}{T}_{11}>T_{10}$	
4	$T_3>\underset{\wedge}{T}_4>T_5>\underset{\wedge}{T}_6>\underset{\wedge}{T}_9>T_8>T_7>\underset{\wedge}{T}_{11}>T_{10}$	T_1 完工 rT_2(1,0,5) rT_3(2,4,8) H 空闲	$\underset{\wedge}{T}_4>T_5>\underset{\wedge}{T}_6>\underset{\wedge}{T}_9>T_8>T_7>\underset{\wedge}{T}_{11}>T_{10}$	B(1—>4,4,5)
5		T_2 完工 rT_3(2,4,8) H 空闲		B(2—>4,5,7)
7	$\underset{\wedge}{T}_4>T_5>\underset{\wedge}{T}_6>\underset{\wedge}{T}_9>T_8>T_7>\underset{\wedge}{T}_{11}>T_{10}$	rT_3(2,4,8) rT_4(0,7,9)	$T_5>\underset{\wedge}{T}_6>\underset{\wedge}{T}_9>T_8>T_7>\underset{\wedge}{T}_{11}>T_{10}$	
8		T_3 完工 rT_4(0,7,9)		B(3—>5,8,9)
9	$T_5>\underset{\wedge}{T}_6>\underset{\wedge}{T}_9>T_8>T_7>\underset{\wedge}{T}_{11}>T_{10}$	T_4 完工 rT_5(1,9,12) rT_6(0,9,19)	$\underset{\wedge}{T}_9>T_8>T_7>\underset{\wedge}{T}_{11}>T_{10}$	B(4—>7,9,10) T_4 与 T_6 都是硬件实现，因而不需要传输数据
10	$\underset{\wedge}{T}_9>T_8>T_7>\underset{\wedge}{T}_{11}>T_{10}$	rT_5(1,9,12) rT_6(0,9,19) rT_7(2,10,13)	$\underset{\wedge}{T}_9>T_8>\underset{\wedge}{T}_{11}>T_{10}$	
12	$\underset{\wedge}{T}_9>T_8>\underset{\wedge}{T}_{11}>T_{10}$	T_5 完工 rT_8(1,12,16) rT_6(0,9,19) rT_7(2,10,13)	$\underset{\wedge}{T}_9>\underset{\wedge}{T}_{11}>T_{10}$	B(5—>9,12,14) T_8 安排同 T_5 在一个处理器 1，因而不需要传输数据
13		T_7 完工 rT_8(1,12,16) rT_6(0,9,19)	$\underset{\wedge}{T}_9>\underset{\wedge}{T}_{11}>T_{10}$	B(7—>10,13,14)

（续）

时刻	划分前任务优先级表	任务划分	划分后优先级表	通信分配
14	$\underset{\wedge}{T_{9}}>\underset{\wedge}{T_{11}}>T_{10}$	$\mathrm{r}T_8(1,12,16)$ $\mathrm{r}T_6(0,9,19)$ $\mathrm{r}T_9(0,14,21)$	$\underset{\wedge}{T_{11}}>T_{10}$	
16		T_8 完工 $\mathrm{r}T_6(0,9,19)$ $\mathrm{r}T_9(0,14,21)$	$\underset{\wedge}{T_{11}}>T_{10}$	$B(8->11,16,17)$
19		T_6 完工 $\mathrm{r}T_9(0,14,21)$	$\underset{\wedge}{T_{11}}>T_{10}$	$B(6->10,19,22)$
21	$\underset{\wedge}{T_{11}}>T_{10}$	T_9 完工 $\mathrm{r}T_{11}(0,21,30)$	T_{10}	T_9 和 T_{11} 都是硬件实现，因而不需要传递数据
22	$T10$	$\mathrm{r}T_{11}(0,21,30)$ $\mathrm{r}T_{10}(2,22,27)$	空	
27		T_{10} 完工		
30		T_{11} 完工		

对个体 α 划分得到的结果如图 8-14 所示，划分长度 L 为 30。计算得到个体 α 适应度为 $\dfrac{1}{0.7\cdot \mathrm{e}^{\frac{18-18}{18}}\cdot\dfrac{|18-18|}{18}+0.3\cdot\dfrac{30}{83}}=9.222$。

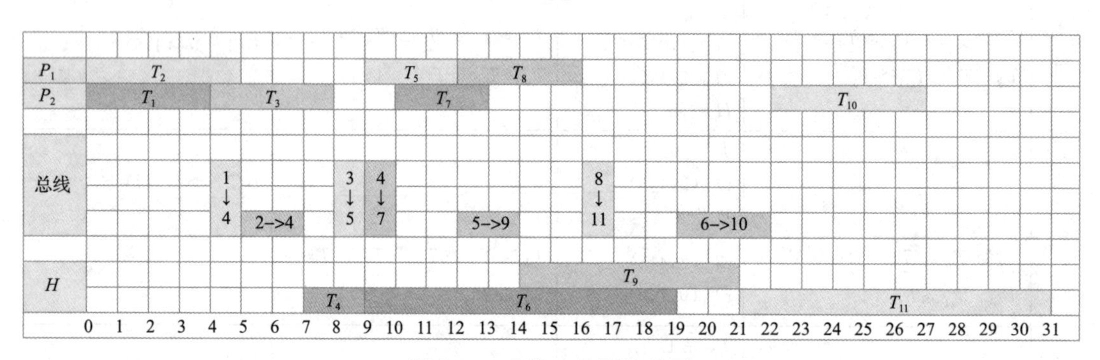

图 8-14　个体 α 的划分结果

以个体 α 为初始种群的种子，使用算法 8-7，对初始种群中每个个体进行划分，得到结果后计算其个体适应度，然后按适应度大小进行排序；选出每一代最优的个体，再进行选择、交叉、变异等一系列遗传算法操作，直到进化至 33 代，找到最优个体，记录其划分结果。最终选出最优的个体为 $\beta=01000100111$，由此可以得到软硬件划分结果：硬件任务集合$=\{T_2,T_6,T_9,T_{10},T_{11}\}$，其中任务的硬件面积之和等于 18。$\beta$ 的划分过程见表 8-18。

表 8-18　个体 β 的划分过程

时刻	划分前任务优先级表	任务划分	划分后优先级表	通信分配
0	$T_1>\underset{\wedge}{T_2}>T_3>T_4>T_5>\underset{\wedge}{T_6}>\underset{\wedge}{T_9}>T_8>T_7>\underset{\wedge}{T_{11}}>\underset{\wedge}{T_{10}}$	$\mathrm{r}T_1(1,0,4)$ $\mathrm{r}T_2(0,0,3)$ $\mathrm{r}T_3(2,0,4)$	$T_4>T_5>\underset{\wedge}{T_6}>\underset{\wedge}{T_9}>T_8>T_7>\underset{\wedge}{T_{11}}>\underset{\wedge}{T_{10}}$	

（续）

时刻	划分前任务优先级表	任务划分	划分后优先级表	通信分配
3		T_2 完工		B(2->4,3,5)
4		T_1 与 T_3 完工		
5	$T_4>T_5>\underset{\wedge}{T}_6>\underset{\wedge}{T}_9>T_8>T_7>\underset{\wedge}{T}_{11}>\underset{\wedge}{T}_{10}$	rT_4(1,5,10)	$T_5>\underset{\wedge}{T}_6>\underset{\wedge}{T}_9>T_8>T_7>\underset{\wedge}{T}_{11}>\underset{\wedge}{T}_{10}$	B(2->5,5,7) 不能同时通信
7	$T_5>\underset{\wedge}{T}_6>\underset{\wedge}{T}_9>T_8>T_7>\underset{\wedge}{T}_{11}>\underset{\wedge}{T}_{10}$	rT_5(2,7,10)	$\underset{\wedge}{T}_6>\underset{\wedge}{T}_9>T_8>T_7>\underset{\wedge}{T}_{11}>\underset{\wedge}{T}_{10}$	
10	$\underset{\wedge}{T}_6>\underset{\wedge}{T}_9>T_8>T_7>\underset{\wedge}{T}_{11}>\underset{\wedge}{T}_{10}$	T_4 与 T_5 完工 rT_7(2,10,13) rT_8(1,10,14)	$\underset{\wedge}{T}_6>\underset{\wedge}{T}_9>\underset{\wedge}{T}_{11}>\underset{\wedge}{T}_{10}$	B(5->9,10,12)
12	$\underset{\wedge}{T}_6>\underset{\wedge}{T}_9>\underset{\wedge}{T}_{11}>\underset{\wedge}{T}_{10}$	rT_9(0,12,19)	$\underset{\wedge}{T}_6>\underset{\wedge}{T}_{11}>\underset{\wedge}{T}_{10}$	B(4->6,12,16)
13		T_7 完工	$\underset{\wedge}{T}_6>\underset{\wedge}{T}_{11}>\underset{\wedge}{T}_{10}$	
14		T_8 完工	$\underset{\wedge}{T}_6>\underset{\wedge}{T}_{11}>\underset{\wedge}{T}_{10}$	
16	$\underset{\wedge}{T}_6>\underset{\wedge}{T}_{11}>\underset{\wedge}{T}_{10}$	rT_6(0,16,26)	$\underset{\wedge}{T}_{11}>\underset{\wedge}{T}_{10}$	B(7->10,16,17)
17				B(8->11,17,18)
19	$\underset{\wedge}{T}_{11}>\underset{\wedge}{T}_{10}$	T_9 完工 rT_{11}(0,19,28)	$\underset{\wedge}{T}_{10}$	T_9 与 T_{11} 同核
26	$\underset{\wedge}{T}_{10}$	T_6 完工 rT_{10}(0,26,28)		T_6 与 T_{10} 同核
28		T_{10} 与 T_{11} 完工		

个体 β 的划分过程和结果见图 8-15 和表 8-19。

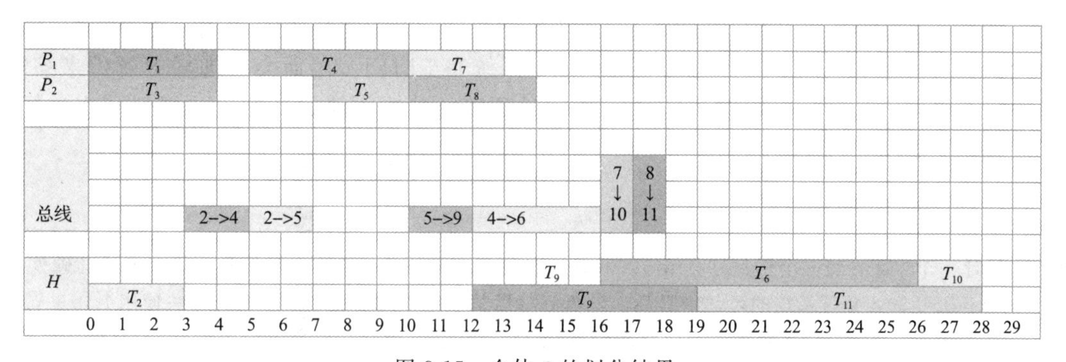

图 8-15　个体 β 的划分结果

表 8-19　个体 β 划分过程

任务 T_i	划分后任务			
	处理单元	开始时间	结束时间	通信分配
T_1	1(处理器 1)	0	4	
T_2	0(硬件)	0	3	B(2->4, 3, 5) B(2->5, 5, 7)
T_3	2(处理器 2)	0	4	
T_4	1(处理器 1)	5	10	B(4->6, 12, 16)

（续）

任务 T_i	划分后任务			
	处理单元	开始时间	结束时间	通信分配
T_5	2(处理器 2)	7	10	B(5－＞9，10，12)
T_6	0(硬件)	16	26	
T_7	1(处理器 1)	10	13	B(7－＞10，16，17)
T_8	2(处理器 2)	10	14	B(8－＞11，17，18)
T_9	0(硬件)	12	19	
T_{10}	0(硬件)	26	28	
T_{11}	0(硬件)	19	28	

算法 8-7 产生的个体 β 的划分长度 L 为 28。计算得到个体 β 的适应度为 $\dfrac{1}{0.7\cdot e^{\frac{18-18}{18}}\cdot\dfrac{|18-18|}{18}+0.3\cdot\dfrac{28}{83}}=9.8814$。比 α 的适应度提升了 7.15%。

注意： 若在划分时增大总线的性能，允许两个任务同时传递数据，则个体 β 的划分长度 L 可缩短到 26，此时个体 β 的适应度为 10.641，比 α 的适应度提升了 15.4%。

8.4　本章小结

本章介绍了微系统划分，包括基于模块的微系统划分、基于多处理器的微系统划分，以及基于遗传算法的微系统划分，从不同角度讨论智能嵌入式系统的软硬件划分。若不太重视通信延迟问题，则考虑使用基于模块的微系统划分，若很在意通信延迟则考虑使用基于多处理器的微系统划分，以及基于遗传算法的微系统划分。本章使用的例子还是比较简单，对于复杂情形需要使用其他方法进行微系统划分。如把遗传算法应用于微系统划分可参考文献[38-39-40-41]。由于通信时延会影响系统完工时间，因而会考虑任务备份来缩短系统完工周期，提高时间效率[42]。关于通信时延方面的软硬件划分的更一般性研究进展，可以参考文献[43]。

8.5　习题

8.1　设计一个方案，将 9 个任务划分给 3 个模块，使得每个模块最少包含 2 个任务，每个模块的硬件面积不超过 80，并且系统的可靠度最高，计算划分后整个系统的性能。模块划分算法使用 7.3.3 节中算法，其中链接使用单链接、全链接和均链接各进行一次，并比较结果，给出最好的划分方案。通信代价表见表 8-20，任务及其指标见表 8-21。

表 8-20　习题 8.1 的通信代价表

	T_1	T_2	T_3	T_4	T_5	T_6	T_7	T_8	T_9
T_1		20	12	21	16	15	23	12	17
T_2			23	24	26	16	18	20	12
T_3				21	21	23	28	22	26
T_4					25	23	28	30	22
T_5						26	21	13	25
T_6							24	25	32

（续）

	T_1	T_2	T_3	T_4	T_5	T_6	T_7	T_8	T_9
T_7								24	25
T_8									22
T_9									

表 8-21　习题 8.1 的多维指标表

任务	软件时间	硬件时间	硬件面积	软件可靠度	硬件可靠度
T_1	30	10	30	0.7	0.9
T_2	40	12	44	0.65	0.8
T_3	42	10	42	0.7	0.88
T_4	35	9	50	0.76	0.91
T_5	34	8	45	0.88	0.92
T_6	22	6	33	0.89	0.92
T_7	23	7	45	0.76	0.88
T_8	20	9	51	0.75	0.86
T_9	34	12	49	0.90	0.98

8.2　以例 8.3 的任务图为例，编程实现基于硬件面积加硬件实现增益的软硬件划分算法 8-4，并分别在硬件面积约束值为 20 的条件下，进行 2 处理器和硬件(2 并行)软硬件划分，以及 1 处理器和硬件(2 并行)的软硬件划分。(若不能编程实现算法，则用非编程方式实现软硬件划分方案，并给出划分过程表)。

8.3　对算法 8-2、算法 8-3、算法 8-4 进行实验，从实验结果来判定哪个算法最优。

8.4　在总线允许两个任务同时传输数据的条件下，对算法 8-7 的执行示例产生的个体 β 进行划分，给出划分过程表、软硬件划分结果、β 的适应度和数据传输甘特图。

8.5　阅读文献[43]并撰写阅读报告。

第三篇

实　践　篇

本篇将介绍智能嵌入式系统软硬件以及通信设计方法。旨在让大家掌握基于 Vivado HLS 的硬件 IP 核的生成方法，掌握基于 C++或 Python 的系统软件设计方法，掌握软硬件间批量传输通信和非批量传输通信方式设计方法。本篇将以基于卷积神经网络的交通标志识别系统为例，介绍在异构系统 PYNQ 平台上进行软硬件实现方法，提高交通标志牌识别速度。

通过本篇学习，掌握使用本教材内容设计开发智能嵌入式系统的解决过程。

第9章　系统设计

如刀如磋，如琢如磨《诗经·国风·卫风·淇奥》

系统设计是从系统的软件、硬件以及软硬件间通信3个方面进行设计。系统软件设计是使用软件设计语言实现系统的软件模块，系统硬件设计是使用硬件设计语言实现系统的硬件模块，软硬件间通信设计使用符合通信协议的编程语言实现软硬件间的通信模块。

本章使用Vivado工具进行硬件设计——生成IP核，使用编程语言C++或Python进行软件设计，使用C语言进行PS单元和PL单元之间AXI4协议的设计。

9.1　硬件设计

硬件IP核(Intellectual Property core)[44]是知识产权核或知识产权模块的意思，在EDA技术开发中具有十分重要的地位。美国的Dataquest咨询公司将半导体产业的IP核定义为“用于ASIC或FPGA中预先设计好的电路功能模块”。

9.1.1　硬件IP核的存在形式

硬件IP核有3种不同的存在形式：硬件语言形式、网表形式、版图形式。分别对应常说的3类IP内核：软核、固核和硬核。这种分类主要依据产品交付的方式，而这3种IP内核的实现方法也各具特色。

软核是用Verilog等硬件描述语言描述的功能块，并不涉及具体用什么电路元件实现这些功能。软核以源代码的形式提供，这样实际的RTL(寄存器转移级)文件对用户是不可见的，但布局和布线灵活。尽管软核可以采用加密方法，但其知识产权保护问题仍受到巨大挑战。不过大多数应用于FPGA的IP内核均为软核，软核有助于用户调节参数，增强可复用性。

硬核提供设计阶段最终的产品，以版图形式提供给用户。硬核会以经过完全的布局布线网表形式提供，这种硬核既具有可预见性，又可以针对特定工艺或购买商进行功耗和尺寸上的优化。由于硬核无须提供RTL文件，因而更易于实现IP保护。

固核则是综合的功能块。它有较大的设计深度，以网表文件的形式提交客户使用。如果客户与固核使用同一个IC生产线的单元库，那么IP应用的成功率会高得多。在这些加密的软核中，如果对内核进行了参数化，那么用户可通过头文件或图形用户界面方便地对参数进行操作。对于那些对时序要求严格的内核(如PCI-Peripheral Component Interconnect，接口内核)，可预布线特定信号或分配特定的布线资源，以满足时序要求。这些内核归为固核。

9.1.2　硬件IP核的生成

硬件IP核是使用硬件描述语言编写的功能块代码。第3章介绍了用硬件描述语言Verilog编写功能模块代码。第4章介绍了Vivado HLS工具。这里使用Vivado HLS工具生成硬件 IP 核。

首先是使用 C/C++语言编写代码，然后改成符合 Vivado HLS 标准的代码，这样就可以在 Vivado HLS 工具上运行并生成硬件 IP 核了。以例 4.5 为例，接下来介绍具体步骤。单击 Solution→Export RTL，或者单击工具栏快捷按钮 ⊞，打开 Export RTL 对话框，会弹出 IP Catalog 对话框，在对话框中选 Verilog，单击 OK 按钮。

命令行会显示整个 IP 封装过程，生成 IP 的过程结束后会产生如下信息：

```
Implementation tool: Xilinx Vivado v.2018.2
Project:            gcd
Solution:           solution1
Device target:      xc7z020clg484-1
Report date:        Sat Jun 06 17:30:55 +0800 2020

#===Post-Synthesis Resource usage ===
SLICE:            0
LUT:              39
FF:               96
DSP:              0
BRAM:             0
SRL:              1
#===Final timing ===
CP required:      10.000
CP achieved post-synthesis:    3.442
Timing met
INFO: [Common 17-206] Exiting Vivado at Sat Jun 6 17:30:55 2020...
Finished export RTL.
```

IP 封装完成后，gcd 文件夹下会出现 impl 文件夹，该文件夹下包含 ip、verilog、vdhl 这 3 个子文件夹。在 IP 文件夹中有 xilinx_com_hls_gcd_1_0. zip 文件，复制其就可以得到 IP 核文件。在 IP 文件夹的子文件夹 hdl 里，有两个文件 gcd. v 和 gcd_urem_8ns_8ns_bkb. v。这两个文件都是 Verilog 文件，它们是硬件 IP 核，同时也是生成图形化 IP 核的源文件，这两个文件详见本书的附录一和附录二。

9.1.3 硬件 IP 核图形化

使用 Vivado 工具(不是 Vivado HLS 工具)生成图形化硬件 IP 核。在 Vivado 工具的 Create New Project 选项下，填写 Project name 和 Location(如 C：/Vivado-files)，以及 Type 和 Sources(添加 IP 核的路径 Directories-xilinx_com_hls_gcd_1_0)，选定硬件编号(如 xc7z020clg484-1)，就完成了 Project 的建立。进入 Project Manager 界面，在 Settings→IP 下选择 Repository，添加 IP Repository--xilinx_com_hls_gcd_1_0，再打开 IP Catalog 下的 User Repository>Vivado HLS IP 就可以看到 Gcd，双击 Gcd 就可以生成 GCD 的图形 IP 核。具体操作工程可参考 Vivado 工具的说明书。图 9-1 是例 4.5 中算法的图形化硬件 IP 核。从这个图可以看到，有 4 个输入端口：clk、rst、m 和 n。其中 m 和 n 表示 8 位的输入端口，有 1 个输出端口 return，输出数据是 8 位

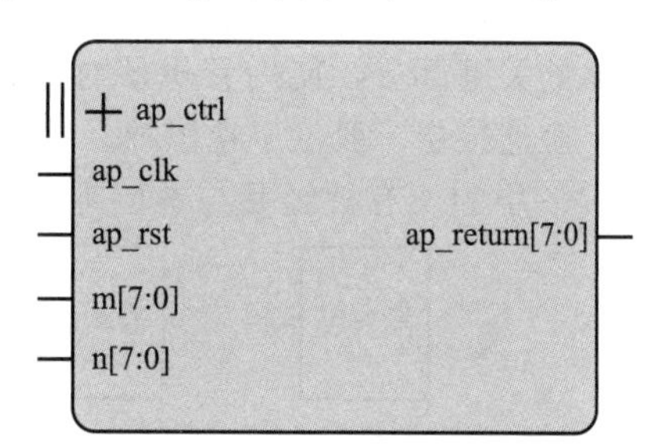

图 9-1 例 4.3 中算法的图形化硬件 IP 核

表示的 m 与 n 的最大公约数。

9.2 软件设计

软件在微处理器上运行。在含有 PS 单元和 PL 单元的异构系统中，软件主要有两个方面的功能：一是实现软件要实现的系统任务，二是实现 PS 单元与 PL 单元之间的协同工作。在进行软件设计时，这两个方面都要考虑。

9.2.1 实现软件任务

需选取合适的编程语言来实现软件任务，一般会选择 C/C++。有的异构平台自带类似 Python 的处理语言，也可以选用这种语言。

4.1 节介绍了欧几里得算法的 C/C++实现代码，这里使用 Python 语言实现，代码如下：

```
#定义一个函数
def gcd(x, y):
  """该函数返回两个数的最大公约数"""
  #获取最小值
  if x > y:
    smaller = y
  else:
    smaller = x
  for i in range(1, smaller +1):
    if ((x %i ==0) and (y %i ==0)):
      gcd =i
  return gcd
#用户输入两个数字
num1 =int(input("输入第一个数字: "))
num2 =int(input("输入第二个数字: "))
print(num1, "和", num2, "的最大公约数为", gcd(num1, num2))
```

下面介绍稍微复杂的卷积神经网络计算模型，这是第 10 章交通标志识别系统 TSR (Traffic Sign Recognition system)的基础[38]。

卷积神经网络 CNN(Convolutional Neural Networks)的雏形早在 1980 年就被提出[45]，在 1998 年 LéCUN 等人使用卷积神经网络识别手写数字后得到迅速发展，现在已被广泛应用于图像识别领域[46]。有关卷积神经网络的介绍也可参考文献[47]。一个卷积神经网络通常包括输入层(Input Layer)、卷积层(Convolutional Layer)、池化层(Pooling Layer)、全连接层(Fully Connected Layer)和输出层(Output Layer)，如图 9-2 所示。其中输入层和输出层分别是卷积神经网络的第 1 层和最后 1 层，用于数据的输入和输出；卷积层是卷积神经网络的关键部分，使用卷积核对数据进行局部感知；池化层可以将数据降维，减少参数个数；全连接层一般位于卷积神经网络的尾部，与传统神经网络中神经元的连接方式相同，将前一层的所有神经元与本层神经元相连。

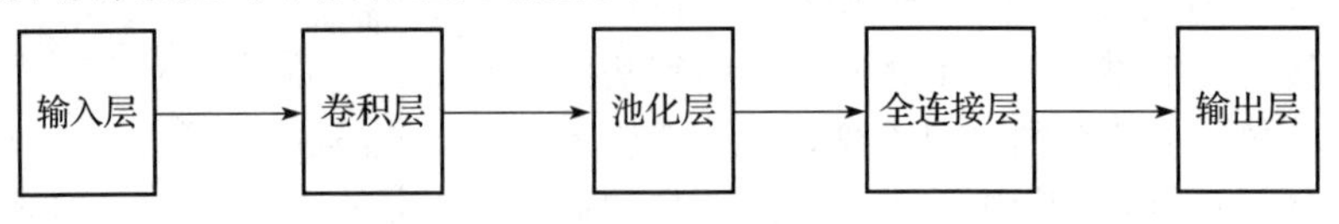

图 9-2 卷积神经网络结构图

文献[38]使用 C++语言对卷积神经网络的卷积层、池化层以及全连接层进行实现，这里摘录部分代码。其中 BNN 是二值神经网络(Binary Neural Network)，是对卷积神经网络的二值化结果。

(1)卷积层代码如下：

```
@file convlayer.h
 *
 *Library of templated HLS functions for BNN deployment.
 *This file lists a set of convenience funtions used to implement
 *convolutional layers
 *
 *
 ******************************************************************************/

template<
// convolution parameters
       unsigned int ConvKernelDim,   // e.g 3 for a 3x3 conv kernel (assumed square)
       unsigned int IFMChannels,     // number of input feature maps
       unsigned int IFMDim,          // width of input feature map (assumed square)
       unsigned int OFMChannels,     // number of output feature maps
       unsigned int OFMDim,          // IFMDim- ConvKernelDim+1 or less

       // matrix- vector unit parameters
       unsigned int SIMDWidth,       // number of SIMD lanes
       unsigned int PECount,         // number of PEs
       unsigned int PopCountWidth,   // number of bits for popcount
       unsigned int WMemCount,       // entries in each PEs weight memory
       unsigned int TMemCount        // entries in each PEs threshold memory
>
void StreamingConvLayer_Batch(stream<ap_uint<IFMChannels>>& in,
       stream<ap_uint<OFMChannels>>& out,
       const ap_uint<SIMDWidth>weightMem[PECount][WMemCount],
       const ap_uint<PopCountWidth>thresMem[PECount][TMemCount],
       const unsigned int numReps)
{
    // compute weight matrix dimension from conv params
    const unsigned int MatrixW =ConvKernelDim *ConvKernelDim *IFMChannels;
    const unsigned int MatrixH =OFMChannels;

#pragma HLS INLINE
    stream<ap_uint<IFMChannels>>convInp("StreamingConvLayer_Batch.convInp");
     WidthAdjustedOutputStream < PECount, OFMChannels, OFMDim * OFMDim * OFMChannels / PE-
         Count>mvOut (out,numReps);
    StreamingConvolutionInputGenerator_Batch<ConvKernelDim, IFMChannels, IFMDim, OFMDim,
        1>(in, convInp, numReps);
    WidthAdjustedInputStream <IFMChannels, SIMDWidth, OFMDim *OFMDim *ConvKernelDim *Conv-
        KernelDim>mvIn (convInp,  numReps);
    StreamingMatrixVector_Batch<SIMDWidth, PECount, PopCountWidth, MatrixW, MatrixH, WMem-
        Count, TMemCount>(mvIn, mvOut, weightMem, thresMem,
           numReps *OFMDim *OFMDim);
}

template<
```

```
// convolution parameters
        unsigned int ConvKernelDim,    // e.g 3 for a 3x3 conv kernel (assumed square)
        unsigned int IFMChannels,      // number of input feature maps
        unsigned int IFMDim,           // width of input feature map (assumed square)
        unsigned int OFMChannels,      // number of output feature maps
        unsigned int OFMDim,           // IFMDim- ConvKernelDim+1 or less

        // matrix- vector unit parameters
        unsigned int InpWidth,         // size of the fixed point input
        unsigned int InpIntWidth,      // number of integer bits for the fixed point input
        unsigned int SIMDWidth,        // number of SIMD lanes
        unsigned int PECount,          // number of PEs
        unsigned int AccWidth,         // number of bits for accumulation
        unsigned int AccIntWidth,      // number of integer bits for accumulation
        unsigned int WMemCount,        // entries in each PEs weight memory
        unsigned int TMemCount         // entries in each PEs threshold memory
>
void StreamingFxdConvLayer_Batch(stream<ap_uint<IFMChannels * InpWidth>>& in,
        stream<ap_uint<OFMChannels>>& out,
        const ap_uint<SIMDWidth>weightMem[PECount][WMemCount],
        const ap_fixed<AccWidth, AccIntWidth>thresMem[PECount][TMemCount],
        const unsigned int numReps)
{
    // compute weight matrix dimension from conv params
    const unsigned int MatrixW =ConvKernelDim * ConvKernelDim * IFMChannels;
    const unsigned int MatrixH =OFMChannels;
#pragma HLS INLINE
    stream< ap_uint< IFMChannels * InpWidth > > convInp ("StreamingFxdConvLayer_Batch.conv-
        Inp");

    WidthAdjustedOutputStream < PECount, OFMChannels, OFMDim * OFMDim * OFMChannels / PE-
        Count>  mvOut (out,  numReps);

    StreamingConvolutionInputGenerator_Batch<ConvKernelDim,
          IFMChannels, IFMDim, OFMDim, InpWidth>(in, convInp, numReps);

    WidthAdjustedInputStream <IFMChannels * InpWidth, SIMDWidth * InpWidth, OFMDim * OFMDim *
        ConvKernelDim * ConvKernelDim>  mvIn (convInp,  numReps);

    StreamingFxdMatrixVector_Batch< InpWidth, InpIntWidth, SIMDWidth, PECount, AccWidth, Ac-
        cIntWidth, MatrixW, MatrixH, WMemCount, TMemCount> (mvIn, mvOut, weightMem, thres-
        Mem, numReps * OFMDim * OFMDim);

}
```

注意：卷积层代码中出现了 4 个对象。其中 WidthAdjustedOutputStream、WidthAdjustedInputStream 定义在文件 Streamtools.h 中，StreamingConvolutionInputGenerator_Batch 定义在文件 Slidingwindow.h 文件中，StreamingFxdMatrixVector_Batch 定义在 matrixvector.h 文件中。

(2)池化层代码如下：

```
*@file maxpool.h
 *
```

```
 * Library of templated HLS functions for BNN deployment.
 * This file implement the BNN maxpool layer
 *
 *
 ***************************************************************************/

template<unsigned int ImgDim, unsigned int PoolDim, unsigned int NumChannels>
void StreamingMaxPool(stream<ap_uint<NumChannels>>& in,
        stream<ap_uint<NumChannels>>& out)
{
    CASSERT_DATAFLOW(ImgDim % PoolDim == 0);
    // need buffer space for a single maxpooled row of the image
    ap_uint<NumChannels>buf[ImgDim / PoolDim];
    for(unsigned int i = 0; i < ImgDim / PoolDim; i++)
    {
#pragma HLS UNROLL
      buf[i] - 0;
    }

    for (unsigned int yp = 0; yp < ImgDim / PoolDim; yp++)
      {
        for (unsigned int ky = 0; ky < PoolDim; ky++)
          {
            for (unsigned int xp = 0; xp < ImgDim / PoolDim; xp++)
              {
#pragma HLS PIPELINE II=1
                ap_uint<NumChannels> acc = 0;
                for (unsigned int kx = 0; kx < PoolDim; kx++) {
                    acc = acc | in.read();
                }
                // pool with old value in row buffer
                buf[xp] |= acc;
            }
        }

        for (unsigned int outpix = 0; outpix < ImgDim / PoolDim; outpix++)
        {
#pragma HLS PIPELINE II=1
            out.write(buf[outpix]);
            // get buffer ready for next use
            buf[outpix] = 0;
        }
    }

}

// calling 1- image maxpool in a loop works well enough for now
template<unsigned int ImgDim, unsigned int PoolDim, unsigned int NumChannels>
void StreamingMaxPool_Batch(stream<ap_uint<NumChannels>>& in,
        stream<ap_uint<NumChannels>>& out, unsigned int numReps)
{
    for (unsigned int rep = 0; rep < numReps; rep++)
    {
        StreamingMaxPool<ImgDim, PoolDim, NumChannels>(in, out);
```

```
    }
}
```

(3)全连接层代码如下:

```
/*****************************************************************************
 *
 *
 *@file fclayer.h
 *
 *Library of templated HLS functions for BNN deployment.
 *This file lists a set of convenience funtions used to implement fully
 *connected layers
 *****************************************************************************/

// helper function for fully connected layers
// instantiates matrix vector unit plus data width converters
template<unsigned int InStreamW, unsigned int OutStreamW,
        unsigned int SIMDWidth, unsigned int PECount,
        unsigned int PopCountWidth,
        unsigned int MatrixW, unsigned int MatrixH,
        unsigned int WMemCount, unsigned int TMemCount>
void StreamingFCLayer_Batch(stream<ap_uint<InStreamW>>& in,
        stream<ap_uint<OutStreamW>>& out,
        const ap_uint<SIMDWidth>weightMem[PECount][WMemCount],
        const ap_uint<PopCountWidth>thresMem[PECount][TMemCount],
        const unsigned int numReps)
{
#pragma HLS INLINE
  unsigned const  InpPerImage =MatrixW / InStreamW;
  unsigned const  OutPerImage =MatrixH / PECount;

  WidthAdjustedInputStream <InStreamW, SIMDWidth, InpPerImage>  wa_in (in,  numReps);
  WidthAdjustedOutputStream<PECount, OutStreamW, OutPerImage>  wa_out(out, numReps);

  StreamingMatrixVector_Batch<SIMDWidth, PECount, PopCountWidth, MatrixW, MatrixH, WMem-
      Count, TMemCount>(wa_in, wa_out, weightMem, thresMem, numReps);

}

// helper function for fully connected layers with no activation
// instantiates matrix vector unit plus data width converters
template<unsigned int InStreamW, unsigned int OutStreamW,
        unsigned int SIMDWidth, unsigned int PECount,
        unsigned int PopCountWidth, unsigned int MatrixW,
        unsigned int MatrixH, unsigned int WMemCount>

void StreamingFCLayer_NoActivation_Batch(stream<ap_uint<InStreamW>>& in,
        stream<ap_uint<OutStreamW>>& out,
        const ap_uint<SIMDWidth>weightMem[PECount][WMemCount],
        const unsigned int numReps)
{
#pragma HLS INLINE
    stream<ap_uint<SIMDWidth>>in2mvu("StreamingFCLayer_NoAct_Batch.in2mvu");
    stream<ap_uint<PECount *PopCountWidth>>mvu2out(
```

```
        "StreamingFCLayer_NoAct_Batch.mvu2out");
    const unsigned int InpPerImage =MatrixW / InStreamW;
    StreamingDataWidthConverter_Batch< InStreamW, SIMDWidth, InpPerImage> (in, in2mvu, num-
        Reps);
    StreamingMatrixVector_NoActivation_Batch< SIMDWidth, PECount, PopCountWidth, MatrixW,
        MatrixH, WMemCount> (in2mvu, mvu2out, weightMem, numReps);
    const unsigned int OutPerImage =MatrixH / PECount;
    StreamingDataWidthConverter_Batch< PECount * PopCountWidth, OutStreamW, OutPerImage>
        (mvu2out, out, numReps);
}
```

注：全连接层代码中出现了6个对象。WidthAdjustedInputStream、WidthAdjustedOutputStream定义在Streamtools.h文件中，StreamingMatrixVector_Batch、StreamingMatrixVector_NoActivation_Batch定义在matrixvector.h文件中，StreamingDataWidthConverter_Batch定义在Streamtools.h文件中。

9.2.2 实现协同任务

PS单元和PL单元之间的任务协调和调用需要用异构平台提供的语言实现。本节使用第10章将介绍的交通标志识别系统展示如何使用Python语言实现硬件和软件之间的协同，实现该系统所选取的异构系统PYNQ-Z1开发板顶层支持Python语言，因此使用平台提供的Python语言调用硬件IP核以及C++代码，以便系统集成。整个代码有109行，这里仅提供前16行，完整代码见本书附录三的TSR.py文件。从这16行代码可以看出是如何进行硬件和软件调用的。

```
1 from pynq import Overlay , PL #提供的包,用于调用硬件核 PYNQIP
2 from PIL import Image          #用于图片处理
3 import numpy as np
4 import cffi                    #用于调用 C++代码
5 import os
6 import tempfile
7
8 BNN_ROOT_DIR =os.path.dirname(os.path.realpath(-- file-- ))
9 BNN_LIB_DIR =os.path.join(BNN_ROOT_DIR , 'libraries ')
10 BNN_BIT_DIR =os.path.join(BNN_ROOT_DIR , 'bitstreams ')
11 BNN_PARAM_DIR =os.path.join(BNN_ROOT_DIR , 'params ')
12
13 RUNTIME_HW ="python_hw"
14 RUNTIME_SW ="python_sw"
15 _ffi =cffi.FFI()
16
```

9.3 软硬件间通信设计

PS单元和PL单元通过数据传输完成通信。数据传输涉及传输总线、传输协议、传输方式和传输接口。本节简单介绍这些基本内容，更详细的内容可以参阅文献[7]的第11章。

9.3.1 数据传输总线

PS单元和PL单元间通信的实质是由通信指令控制的通信电路和通信数据存储区的一系列操作。通信电路和通信数据存储区相对于微处理器来说是输入输出设备和存储器，微处理器可以通过外部系统总线访问它们。为了将外部系统总线与处理系统内部的总线区分，称这些外部总线为数据传输总线或通信总线。

ARM 公司研发推出了一种高级微控制器总线架构 AMBA(Advanced Microcontroller Bus Architecture)。目前常用 3 种总线：高级可扩展接口 AXI(Advanced Extensible Interface)、高级高性能总线 AHB(Advanced High-performance Bus)、高级外设总线 APB(Advanced Peripheral Bus)。

它们有机组合在一起构成了连接不同性能设备的微处理器系统总线，如图 9-3 所示。其中 SSI 是同步串行接口，GPIO 是通用输入输出，I2C 总线用于连接微控制器及其外部设备，I2S 总线是音频数据传输的一种总线标准。

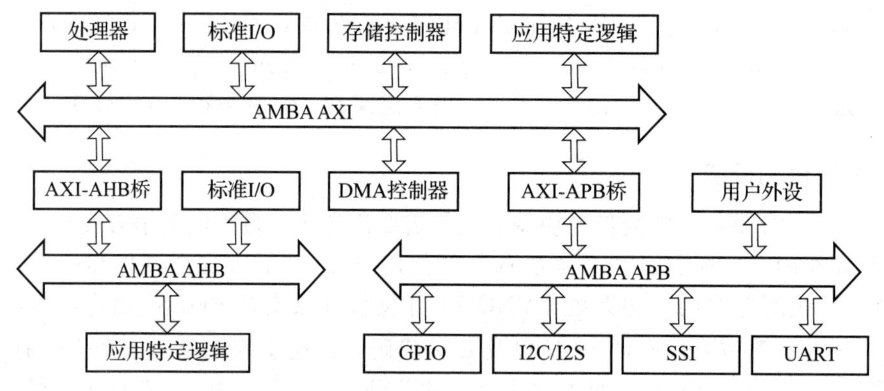

图 9-3　微处理器系统总线示意图

AXI 具有高速度、高带宽的特点，管道化互连，单向通道，只需要首地址即可进行读写，支持读写并行，支持乱序，支持非对齐操作，有效支持初始延迟较高的外设，连线非常多。

AHB 应用于高性能、高时钟频率的系统模块，它构成了高性能的系统骨干总线。它主要支持数据突发传输和数据分割传输，以流水线方式工作，一个周期内完成总线主设备对总线控制权的交接，单时钟沿操作，内部无三态，支持更宽的数据总线宽度。

APB 是本地二级总线，通过桥和 AXI 或 AHB 相连。它主要用于满足不需要高性能流水线接口或不需要高带宽接口设备的互连。APB 的总线信号经改进后和时钟上升沿相关，更易实现高频率的操作，使性能和时钟的占空比无关。APB 有一个 APB 桥，它将来自 AHB 的信号转换为合适的形式以满足挂在 APB 上的设备的要求。桥负责锁存地址、数据以及控制信号，同时进行二次译码以选择相应的 APB 设备。

9.3.2　数据传输协议

Xilinx 为 ZYNQ 系列的 PL 单元和 PS 单元的通信引入了 AXI 接口设计，帮助用户实现 ARM 和 FPGA 之间的高速数据传输。

AXI 是 ARM 公司提出的 AMBA3.0 协议中一部分。它是一种总线协议，主要用于描述主设备和从设备之间通过握手信号建立连接的数据传输方式。该协议是支持高带宽低延迟的片内总线传输方式。

目前最为流行的在 AMBA 4 中新增加的 3 个接口协议：AXI4、AXI4-Lite 和 AXI4-Stream。

AXI4 协议在用于多个主接口时，可提高互连的性能和利用率。它支持高达 256 位数据的突发传输，能够发送服务质量信号，支持多区域接口，有助于最大化性能和能效。

AXI4-Lite 是 AXI4 协议的子协议，适用于与组件中更简单且更小的控件寄存器式的接口通信。AXI4-Lite 接口的所有突发事务长度均为 1，所有数据存取大小均与数据总线的宽度相同，不支持独占访问。

AXI4-Stream 协议可用于从主接口到辅助接口单向数据传输，可显著降低信号路由速率。它使用同一组共享线支持单数据流和多数据流，在同一互连内支持多个数据宽度。

这 3 种总线的特性如表 9-1 所示。

表 9-1　3 种 AXI 总线的特性

AXI 协议	特性	控制方式	适合场景
AXI4	地址/突发数据传输 可对一片连续地址进行一次性读写	内存映射 ARM 将用户自定义 IP 编入某一地址进行访问	高性能内存映射需求
AXI4-Lite	地址/单数据传输 一次读写一位(32 位)	内存映射 ARM 将用户自定义 IP 编入某一地址进行访问	简单的低吞吐量内存映射通信(例如，往来于控制和状态寄存器)
AXI4-Stream	突发数据传输 连续流接口，不需要地址线	需要转换装置实现内存映射到流式接口的转换	高速流数据(例如，视频流处理)

9.3.3 数据传输方式

在实际系统中，总线访问时长因传输方式不同而有较大差异。在目前的处理器系统中，微处理器与内部存储器之间采用高速总线，与外部设备连接的总线则通常速率低一些。对外部访问有两种方式：一种是使用直接存储器访问 DMA(Direct Memory Access)方式，进行批量传输；另一种是使用非 DMA 方式，进行单独传输。

DMA 方式由 DMA 控制器进行操作，传输周期短、速率快。DMA 传输的源地址和目的地址是连续地址，不可以访问地址分散的存储空间。DMA 方式要求微处理器必须先将所传输的数据放在本地存储器中，增加了软件资源。

非 DMA 方式由微处理器进行操作，传输周期相对较长、速率慢，但数据地址可以是分散的，计算结果可以直接进行传输，可以不需要本地的存储空间，不会增加软件资源。

9.3.4 数据传输接口

将硬件电路作为一个外部设备，通过接口的寄存器进行数据交换和命令启动。外部设备的接口大多数采用寄存器方式进行数据交互以及控制操作，占用较少存储空间。如图 9-4 所示，接口电路至少含有两个寄存器，即控制寄存器 CR(Control Register)和数据寄存器 DR(Data Register)，还包含地址总线 AB(Address Bus)、数据总线 DB(Data Bus)、低读控制线 nRD(nil ReaD)和低写控制线 nWR(nil WRite)。

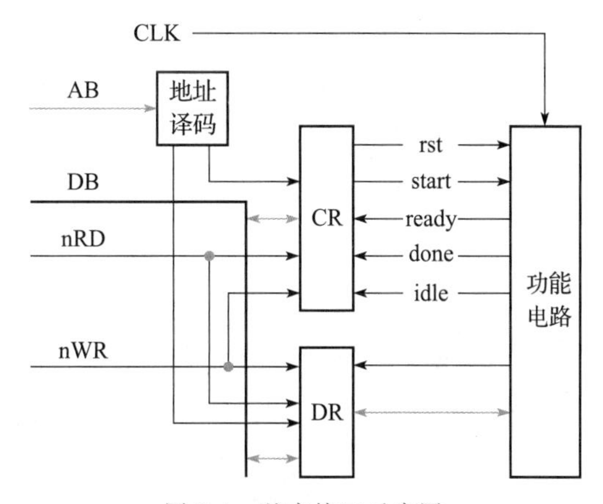

图 9-4　基本接口示意图

将硬件模块所需要的控制信号与 CR 相连，CR 中采用 2 个只写位来连接重启(rst)和启动(start)这 2 个控制信号，采用 3 个只读位来连接准备好(ready)、完成(done)和空闲(idle)这 3 个状态信号。

微处理器通过总线读写 CR，实现对硬件电路的控制。

DR 是软件与硬件之间数据的交换通道，微处理器的写操作实现软件向硬件传输数据，读操作实现硬件向软件传输数据。

为了加快数据传输，可以采用双口 RAM 作为数据通道的存储器，如图 9-5 所示，可以实现硬件功能电路的高速处理及控制的要求。需要提高实时性时，可以由功能电路提供中断信号供软件中断进行数据交互。

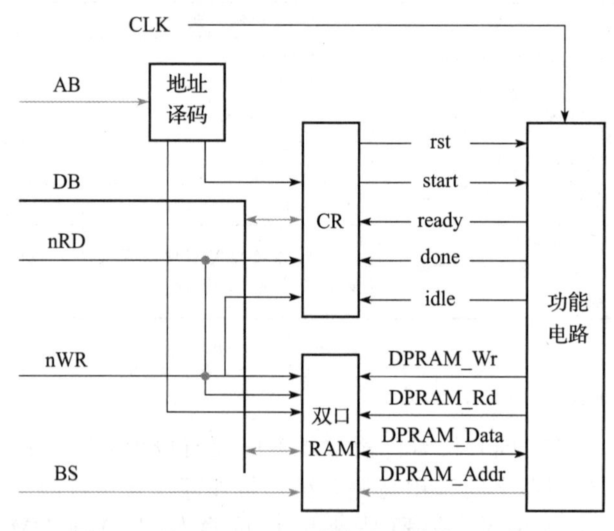

图 9-5　基于双口 RAM 数据交互的接口示意图

AXI 接口是 AXI 协议的物理实现，即针对协议在硬件上实现的传输接口设计。在 ZYNQ 中用硬件实现了 9 个物理接口，包括 4 个 AXI-GP 接口(AXI-GP0～AXI-GP3)、4 个 AXI-HP 接口(AXI-HP0～AXI-HP3)和 1 个 AXI-ACP 接口。AXI 接口分布如图 9-6 所示。

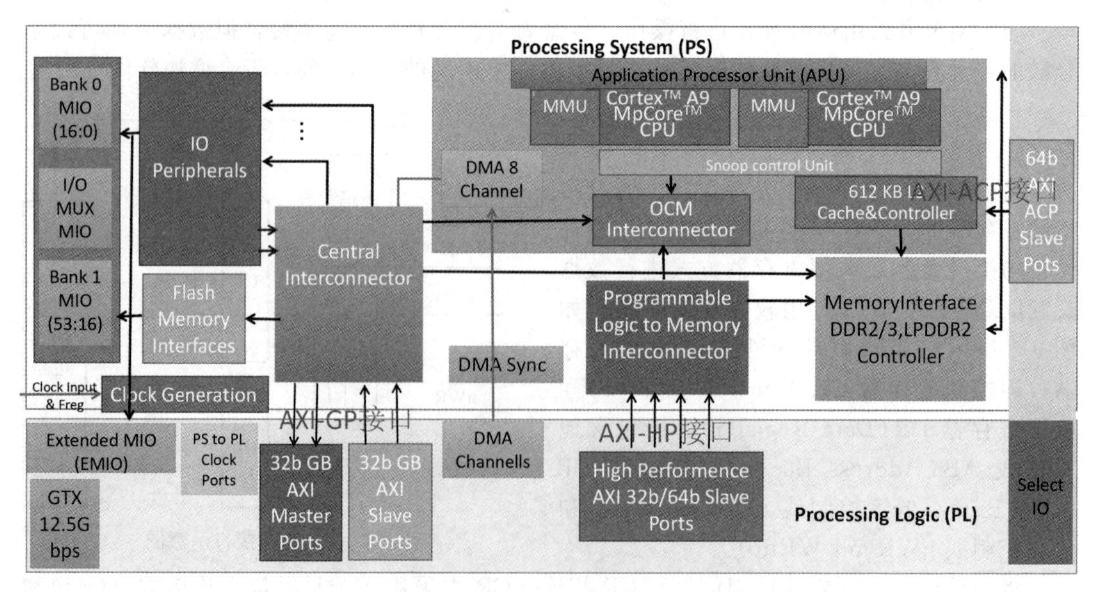

图 9-6　ZYNQ 芯片 AXI 接口分布图

根据图 9-6 可以总结出 ZYNQ 芯片 AXI 接口特性如表 9-2 所示。

表 9-2　ZYNQ 芯片 AXI 接口特性

名称	AXI 接口	个数	指标	理论带宽
通用端口	AXI-GP	4	2 个主接口 2 个从接口	32 位，600MB/s
高性能端口	AXI-HP	4	从接口	32 位/64 位，1 200MB/s
加速一致端口	AXI-ACP	1	从接口	64 位，1 200MB/s

由表 9-2 可以看出有 2 个 AXI-GP 接口是主接口(Master Port)，其余 7 个接口都是从接口(Slave Port)。PS 单元可以主动通过主接口访问 PL 单元。在其余从接口中，PS 单元只能被动接收来自 PL 单元的读写指令。

9.3.5　数据传输例子

下面以 ZYNQ7020 开发板为例，通过一个实例来完成通信电路的设计。

在 ZYNQ7020 中，双口 RAM 是由位于 PL 端的 BRAM 构建而成，PS 端通过工作时钟为 100MHz 的 AXI 总线与 BRAM 控制器相联，由 BRAM 控制器对该 BRAM 进行读写操作。访问方式分非 DMA 和 DMA 两种。

1. 非 DMA 方式

在 Vivado 中构建如图 9-7(同图 4-4)所示的测试电路图，其中 ZYNQ7 Processing System 是 ARM CORTEX A9 硬核，其他单元均为 PL 资源。AXI BRAM Controller 主要负责 AXI 总线与 Block Memory 总线的转换。

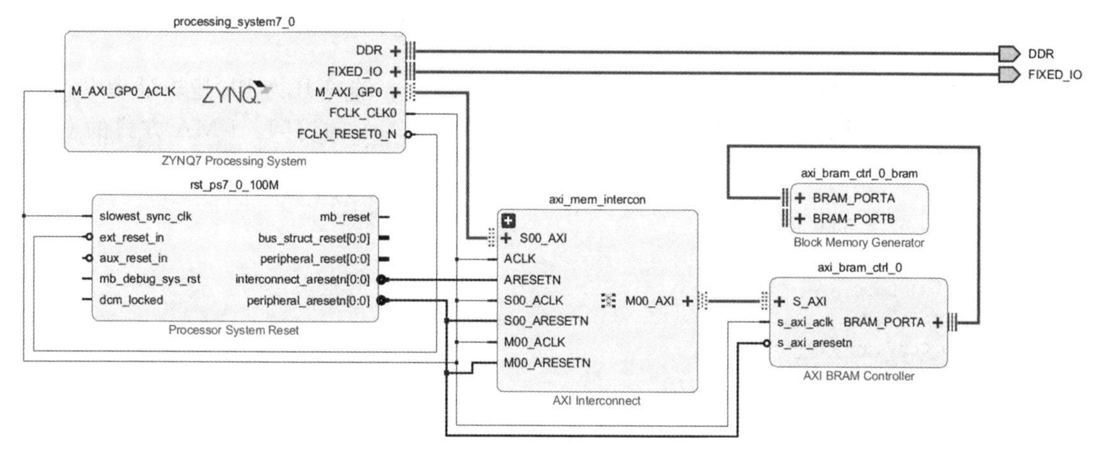

图 9-7　非 DMA 方式下软硬件间通信测试电路连接图

BRAM 端口 A 为 PS 使用端口，端口 B 为 PL 逻辑处理电路直接使用。软硬件间通信主要体现在微处理器对 BRAM 端口 A 的访问。

非 DMA 方式的 C 代码如下：

```
//XPAR_AXI_BRAM_CTRL_0_S_AXI_BASEADDR 是 axi_bram_ctrl_0 的地址 0x40000000
#define XPAR_AXI_BRAM_CTRL_0_S_AXI_BASEADDR ((volatile int *)0x40000000)
int main(){
int x;
init_platform();
XPAR_AXI_BRAM_CTRL_0_S_AXI_BASEADDR[0]=0;        //存储地址为 0x40000000
```

```
XPAR_AXI_BRAM_CTRL_0_S_AXI_BASEADDR[1]=1;       //存储地址为 0x40000004
XPAR_AXI_BRAM_CTRL_0_S_AXI_BASEADDR[2]=2;       //存储地址为 0x40000008
XPAR_AXI_BRAM_CTRL_0_S_AXI_BASEADDR[3]=3;       //存储地址为 0x4000000C
for(x=0; x<5; x++);                             //延时
x=XPAR_AXI_BRAM_CTRL_0_S_AXI_BASEADDR[0];       //存储地址为 0x40000000
x=XPAR_AXI_BRAM_CTRL_0_S_AXI_BASEADDR[1];       //存储地址为 0x40000004
x=XPAR_AXI_BRAM_CTRL_0_S_AXI_BASEADDR[2];       //存储地址为 0x40000008
x=XPAR_AXI_BRAM_CTRL_0_S_AXI_BASEADDR[3];       //存储地址为 0x4000000C
x=x+1;                                          //用来保证最后一个读操作执行
cleanup_platform();
return 0;
}
```

2. DMA 方式

在 Vivado 中构建如图 9-8(同图 4-7)所示的测试电路图，增加了 AXI Central DMA 和 AXI SmartConnect 部件。

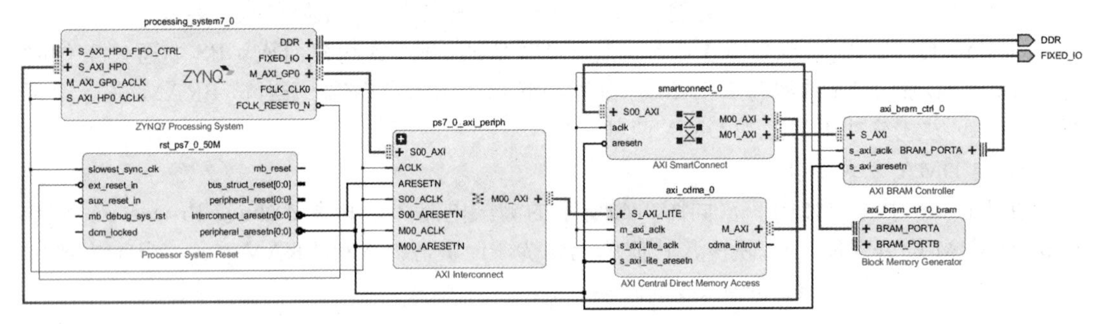

图 9-8　DMA 方式下软硬件间通信测试电路连接图

与非 DMA 方式相似，BRAM 端口 A 为 PS 使用端口，端口 B 为 PL 逻辑处理电路直接使用。软硬件间通信主要体现在微处理器对 BRAM 端口 A 的访问。DMA 方式的 C 代码如下：

```
#define PL_BRAM_Addr 0xC0000000                   //需要单独定义
#define BUFLEN 4
int main()
{
XAxiCdma_Config *axi_cdma_cfg;
XAxiCdma axi_cdma;
u32 *buf =(u32*)0x11000000;
int i;
for (i=0;i<BUFLEN;i++)  buf[i]=i;
init_platform();

axi_cdma_cfg =XAxiCdma_LookupConfig(XPAR_AXICDMA_0_DEVICE_ID);
XAxiCdma_CfgInitialize(&axi_cdma, axi_cdma_cfg, axi_cdma_cfg- >BaseAddress);
XAxiCdma_IntrDisable(&axi_cdma, XAXICDMA_XR_IRQ_ALL_MASK);
while (XAxiCdma_IsBusy(&axi_cdma));

Xil_DCacheFlush();
//ps to pl
//第 1 次 DMA 传输
XAxiCdma_WriteReg(axi_cdma.BaseAddr, XAXICDMA_SRCADDR_OFFSET, buf);
```

```
XAxiCdma_WriteReg(axi_cdma.BaseAddr, XAXICDMA_DSTADDR_OFFSET, PL_BRAM_Addr);
XAxiCdma_WriteReg(axi_cdma.BaseAddr,XAXICDMA_BTT_OFFSET,sizeof(u32)*BUFLEN);
//第 2 次 DMA 传输
XAxiCdma_WriteReg(axi_cdma.BaseAddr, XAXICDMA_SRCADDR_OFFSET, buf);
XAxiCdma_WriteReg(axi_cdma.BaseAddr, XAXICDMA_DSTADDR_OFFSET, PL_BRAM_Addr);
XAxiCdma_WriteReg(axi_cdma.BaseAddr,XAXICDMA_BTT_OFFSET,sizeof(u32)*BUFLEN);

Xil_DCacheFlush();
//pl to ps
//第 1 次 DMA 传输
XAxiCdma_WriteReg(axi_cdma.BaseAddr, XAXICDMA_SRCADDR_OFFSET, PL_BRAM_Addr);
XAxiCdma_WriteReg(axi_cdma.BaseAddr, XAXICDMA_DSTADDR_OFFSET, buf);
XAxiCdma_WriteReg(axi_cdma.BaseAddr,XAXICDMA_BTT_OFFSET,sizeof(u32)*BUFLEN);
//第 2 次 DMA 传输
XAxiCdma_WriteReg(axi_cdma.BaseAddr, XAXICDMA_SRCADDR_OFFSET, PL_BRAM_Addr);
XAxiCdma_WriteReg(axi_cdma.BaseAddr, XAXICDMA_DSTADDR_OFFSET, buf);
XAxiCdma_WriteReg(axi_cdma.BaseAddr,XAXICDMA_BTT_OFFSET,sizeof(u32)*BUFLEN);
Xil_DCacheFlush();

cleanup_platform();
return 0;
}
```

9.4　本章小结

本章介绍了系统的软件设计、硬件设计和软硬件间通信设计。对于软件，使用 C++或 Python 等编程语言实现其代码。对于硬件，使用 Vivado 工具将 C++代码自动生成硬件 IP 核，包括语言版和图形版。PS 单元与 PL 单元间通信使用由 C 语言编写的代码。使用 Vivado 工具实现 PS 单元与 PL 单元间通信电路图是实现整个系统的关键。

9.5　习题

9.1　从 3.1 节中的例子和 3.4 节的习题中选两个题目使用 Vivado 工具生成硬件 IP 核(Verilog 版和图形版两种)，同时与使用 Verilog 语言编程实现的 Verilog 代码进行比较，指明其相同和不同之处。

9.2　使用 Vivado 工具生成卷积神经网络的卷积层、池化层、全连接层的硬件 IP 核代码和图形。

9.3　使用 Vivado 工具生成 DMA 方式和非 DMA 方式的通信电路连接图。

第 10 章　系统集成

止于至善　《礼记·大学》

本章重点介绍基于二值神经网络的交通标志识别系统在 ARM+FPGA 异构平台上的系统集成，实现加速识别交通标志的目的。

10.1　道路交通标志识别系统

道路交通标志是重要交通设施[48]，用文字或符号传递引导、限制、警告或指示信息。道路交通标志分为主标志和辅助标志两大类。主标志又分为警告标志、禁令标志、指示标志、指路标志、旅游区标志和告示标志六类，共有 300 多种。警告标志起警告作用，是警告车辆驾驶人和行人注意危险地点的标志。禁令标志起到禁止某种行为的作用，是禁止或限制车辆驾驶人和行人做出某种行为的标志。指示标志起指示作用，是指示车辆、行人行进的标志。指路标志起指路作用，是传递道路方向、地点、距离信息的标志。旅游区标志是提供旅游景点方向、距离的标志。告示标志是告知路外设施、安全行驶信息以及其他信息的标志。辅助标志是在主标志无法完整表达或指示其内容时，为维护行车辆、行人安全与交通畅通而设置的标志，附设在主标志下，起辅助说明作用。

在无人驾驶或辅助驾驶中，车辆能自动、及时、正确地识别道路交通标志是非常重要的。文献[38]在 PYNQ-Z1 开发板上使用 ARM 和 FPGA 协同设计了一个基于卷积神经网络的道路交通标志自动识别系统，实验表明该自动识别系统识别一张交通标志用时 49 463μs，每秒可识别图片 20.22 张；而完全使用软件识别用时 812 910μs，每秒可识别图片 1.23 张。前者识别速度是后者的近 17 倍。

本章内容主要参考文献[38]。

10.2　系统建模

本节介绍交通标志识别系统的自动机模型和 SysML 模型，以及系统资源约束。

10.2.1　系统概述

交通标志识别系统的输入为交通标志图片，经过分类器识别输出该图片中标志的含义。系统可识别限速、停止、禁止左转、注意行人等 43 种常用交通标志。如图 10-1 所示，交通标志识别系统共包括 4 个模块：图片输入模块、图片预处理模块、二值神经网络

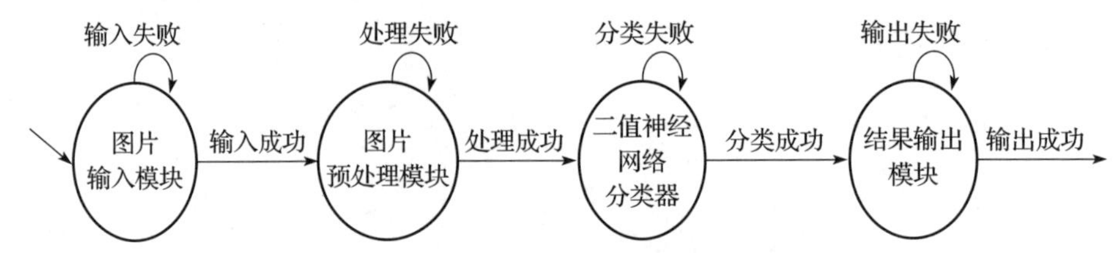

图 10-1　交通标志识别系统的功能有限自动机

BNN分类器[49]和结果输出模块。图片输入模块用于从用户端获取要识别的交通标志图片。图片预处理模块用于将输入图片的格式转换成与分类器匹配的格式(系统采用 Cifar-10 数据库中的图片格式)。二值神经网络分类器是系统重点部分，负责交通标志的识别分类。结果输出模块用于将结果返回给用户。

在传统的图像识别中，特征提取和特征分类是分开的两个步骤；而使用卷积神经网络进行图像识别时，无须专门设计特征提取算子，特征提取会在网络训练过程中自动学习。然而，卷积神经网络比传统图像识别分类方法需要更多的计算资源和更多的存储空间，大量的浮点数计算严重阻碍了其在移动设备上的应用。因此系统选用二值神经网络分类器进行标志识别，将卷积神经网络二值化，使得计算主要在+1和-1间进行，将大量数学计算变为位操作，减小了网络大小和计算量。

10.2.2 SysML 建模

依据10.2.1节的系统概述，使用 SysML 工具对系统进行建模，系统模块定义图如图10-2所示。

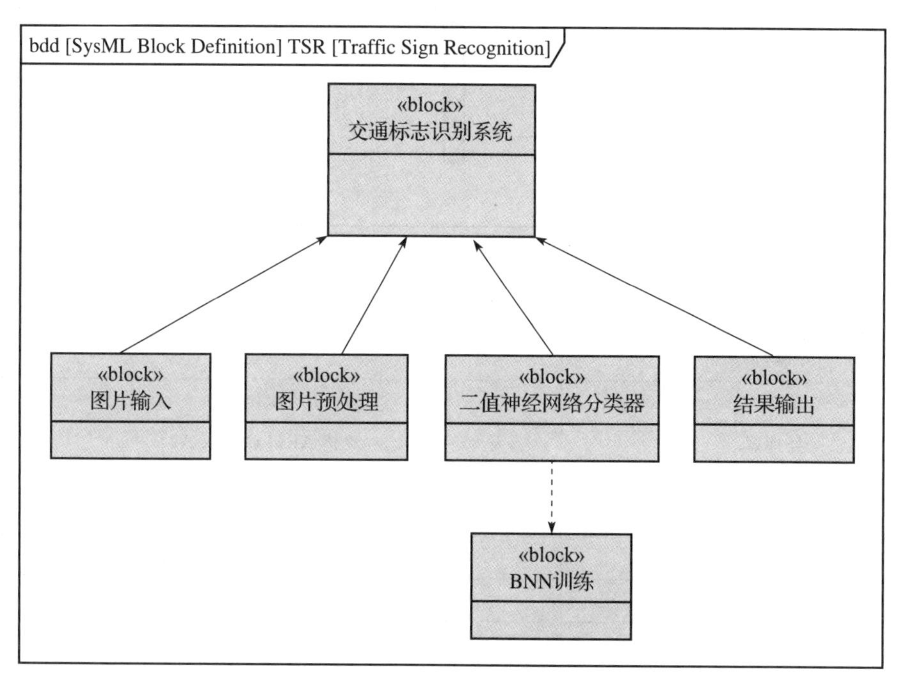

图10-2 交通标志识别系统的模块定义图

模块定义图展示了该系统的4个组成模块，其中二值神经网络分类器通过事先的训练得到。

序列图(图10-3)则展示了各个对象之间的时序交互关系。

10.2.3 系统资源约束

当交通标志识别系统应用于辅助驾驶或自动驾驶时，由于车辆在运动中速度较快，因此需要及时识别标志进行相应操作，对交通标志识别系统的时间性能要求很高。因此，使用 FPGA 对交通标志识别系统进行硬件加速。

系统采用 PYNQ-Z1 开发板进行开发，该开发板上集成了 ZYNQ-7020 SoC 器件，还给用户提供了丰富的硬件外设接口，具体参数如表 10-1 所示。

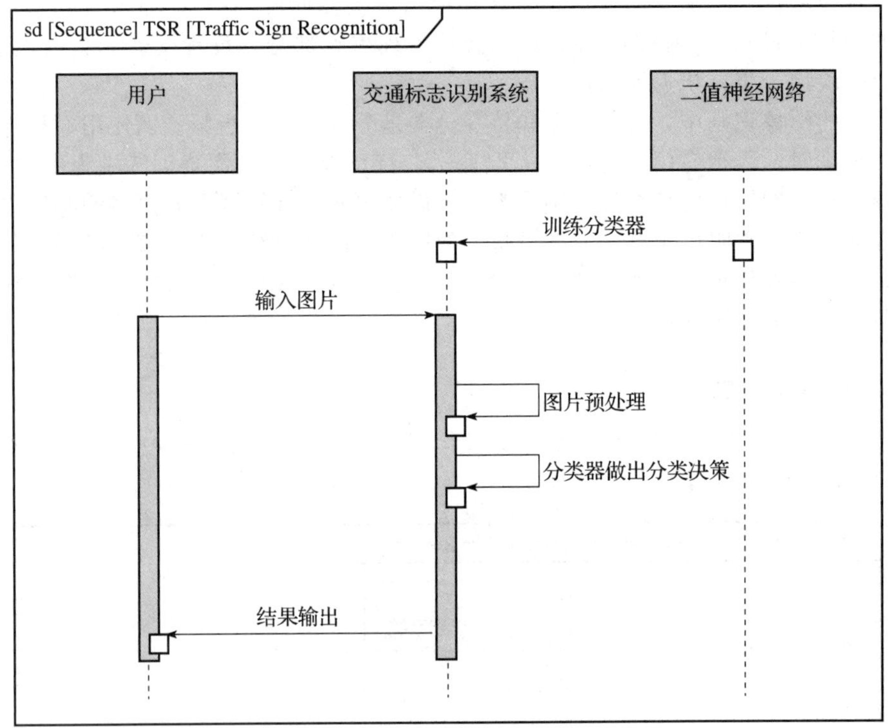

图 10-3 交通标志识别系统的序列图

表 10-1 PYNQ-Z1 开发板参数

参数	配置
尺寸	87mm×122mm
处理器	双核 ARM Cortex A9
FPGA	53 200 个 LUT 130 万个可重配置门电路
存储器	512MB DDR3/FLASH
存储	支持 Micro SD 卡
接口	HDMI 输入输出接口 音频输入输入接口 千兆以太网接口 USB OTG 接口 Arduino 和 Pmod 等
其他	LEDx6、按键 x4、开关 x2

从表 10-1 中可以看出该设备中 LUT 数量为 53 200 个，因此系统要求硬件部分使用的 LUT 数量不超过 53 200 个。

10.3 任务性能指标

本节介绍道路交通标志识别系统的软件时间指标和硬件时间指标，以及 FPGA 的 LUT 指标，最后使用第 5 章的算法给出软硬件划分结果。

10.3.1 任务提取

系统中图片输入、图片预处理和结果输出这3个过程十分简单，使用软件就可以实现，因此只需考虑将较为复杂、耗时较长的二值神经网络分类器分类决策部分采用硬件加速。

首先将二值神经网络分类器整体使用硬件实现，对C++代码使用Vivado HLS软件进行综合。二值神经网络分类器整体的综合结果如图10-4所示。

Utilization Estimates

Summary

Name	BRAM_18K	DSP48E	FF	LUT
DSP	-	-	-	-
Expression	-	-	0	2
FIFO	-	-	-	-
Instance	43	52	69569	65232
Memory	189	-	3104	416
Multiplexer	-	-	-	6939
Register	-	-	319	-
Total	232	52	72992	72589
Available	280	220	106400	53200
Utilization (%)	82	23	68	136

图10-4　二值神经网络分类器综合结果

从综合结果可知所需的LUT数量为72 589个，使用率为136%，超过了资源数量53 200(如果换成LUT数量更多的开发板，则会增加实现成本)。因此需要将二值神经网络分类器进行任务划分，选择其中部分任务使用硬件实现。

系统所用的二值神经网络分类器层次结构如图10-5所示，包括6个卷积层、2个池化层和3个全连接层。其中第1、2、4、5、7、8层为卷积层，用来进行特征提取。第3、6层为池化层，用于对输入的特征图进行压缩，一方面使特征图变小，简化网络计算复杂度；另一方面进行特征压缩，提取主要特征。因此，卷积层和池化层相连即可完成一次主要特征提取。最后3个全连接层则连接所有的特征，计算每个交通标志类别对应的得分。根据层次功能，把每次特征提取都看作一个任务，分别称之为特征提取1、特征提取2和特征提取3，再将最后3个全连接层看作一个整体，整个二值神经网络分类器就被分成了4个任务。我们将对这4个任务进行软硬件划分。

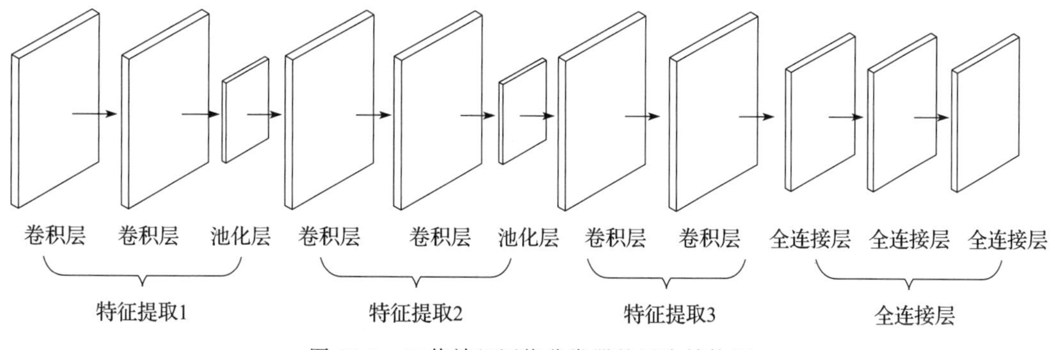

图10-5　二值神经网络分类器的层次结构图

10.3.2 获取任务性能指标

任务的软件执行时间的获取方式为：将任务使用C++实现，并加上时间戳，运行多次代码，获取每次的软件执行时间，对这些结果取平均值得到最终的软件执行时间。运行环境对软件执行时间有着很大影响，考虑到最终系统集成后软件部分在ARM处理器中运行，为了保证数据准确有效并具有参考价值，此处的运行环境与系统集成后的环境一致，即任务的软件执行时间为该任务在ARM处理器中运行所需的时间。经计算，得到4个任务所需的软件执行时间分别为534 910μs、240 385μs、32 629μs和9 467μs。

任务的硬件执行时间的获取方式为：将任务在Vivado HLS中用C++代码进行综合，

从综合结果报告中可得到每一部分的硬件执行时间。通过估算，得到 4 个任务所需的硬件执行时间分别为 7 293μs、4 018μs、514μs 和 377μs。

在系统中，任务的硬件面积以所占用的 FPGA 中 LUT 的数量为度量单位。分析 Vivado HLS 综合结果就可以得到估算的每一层所用 LUT 的数量。72 589 个 LUT 中约有 6 000 个用于存储、复用器或总线控制等，其他 LUT 则用在二值神经网络分类器的主体部分。LUT 的详细占用情况如图 10-6 所示。

Instance

Instance	Module	BRAM_18K	DSP48E	FF	LUT
DoCompute_Block_pro_U0	DoCompute_Block_pro	0	0	68	89
DoCompute_Block_pro_1_U0	DoCompute_Block_pro_1	0	4	287	71
DoCompute_Block_pro_2_U0	DoCompute_Block_pro_2	0	0	64	89
DoCompute_Block_pro_3_U0	DoCompute_Block_pro_3	0	4	287	71
DoCompute_Block_pro_4_U0	DoCompute_Block_pro_4	0	4	287	71
DoCompute_entry34512_U0	DoCompute_entry34512	0	0	3	92
Mem2Stream_Batch_U0	Mem2Stream_Batch	0	0	567	918
Stream2Mem_Batch_U0	Stream2Mem_Batch	0	0	557	959
StreamingConvolution_U0	StreamingConvolution	8	4	1159	1473
StreamingConvolution_1_U0	StreamingConvolution_1	0	4	1649	1518
StreamingConvolution_2_U0	StreamingConvolution_2	0	0	1050	1549
StreamingConvolution_3_U0	StreamingConvolution_3	0	0	3299	1510
StreamingConvolution_4_U0	StreamingConvolution_4	0	0	2037	1513
StreamingConvolution_5_U0	StreamingConvolution_5	16	4	1262	1457
StreamingDataWidthCo_U0	StreamingDataWidthCo	0	0	221	303
StreamingDataWidthCo_1_U0	StreamingDataWidthCo_1	0	0	67	155
StreamingDataWidthCo_10_U0	StreamingDataWidthCo_10	0	0	161	239
StreamingDataWidthCo_11_U0	StreamingDataWidthCo_11	0	0	161	239
StreamingDataWidthCo_12_U0	StreamingDataWidthCo_12	0	0	354	239

图 10-6　LUT 的详细占用情况(部分)

图 10-6 中前 6 个函数调用实例(`DoCompute\_*`)用于接口定义，之后的 2 个函数 `Mem2Stream_Batch_U0` 和 `Stream2Mem_Batch_U0` 用于数据流转换，这两部分不属于二值神经网络分类器的任何一层，因此不计算在内。根据剩下的函数调用实例可以得到每一层、每一个任务的 LUT 使用数量。例如，`StreamingConvolution_U0` 在第 1～6 个卷积层中得到调用，则第 1 个卷积层中 LUT 的数量计入 1 473，第 2 个卷积层中 LUT 的数量计入 1 518，第 3 个卷积层中 LUT 的数量计入 1 549，等等；`StreamingDataWidthCo_U0` 在全连接层中得到调用，每调用一次就会使用一次 LUT，因而把这些 LUT 的数量统计到全连接层中。然后根据层数与任务的对应关系计算出每个任务使用 LUT 的数量。

最终得到基于二值神经网络分类器的交通标志识别系统的任务性能指标表，如表 10-2 所示。

表 10-2　二值神经网络分类器任务性能指标表

任务	软件执行时间	硬件执行时间	硬件面积(LUT 的数量)
特征提取 1	534 910μs	7 293μs	24 956
特征提取 2	240 385μs	4 018μs	21 566
特征提取 3	32 629μs	514μs	9 045
全连接层	9 467μs	377μs	4 639

在目标开发板上，处理器(ARM)与硬件部分(FPGA)通过高速 AXI 总线进行数据传输，由于传输速度很快，传输时间在微秒级别内无法记录，因此任务间通信时间忽略不计。最终得到图 10-7 所示的二值神经网络分类器的任务图，其中每个框中的 3 个值分别为软件执行时间、硬件执行时间和硬件面积。

10.3.3　软硬件划分

对二值神经网络分类器中的任务进行软硬件划分。任务图为图 10-7，预留 6 000 个

LUT用于存储、复用器及总线控制，剩余的47 200个LUT则作为系统硬件面积约束。使用第5章的线性规划算法对二值神经网络分类器的4个任务进行软硬件划分：将时间作为总体极小化目标，约束条件是LUT数量不超过47 200个。划分结果为用硬件实现特征提取1和特征提取2，用软件实现特征提取3和全连接层，LUT使用了46 522个，时间为53 407μs。因此，二值神经网络分类器中特征提取1和特征提取2需要使用硬件进行加速，特征提取3和全连接层则由软件实现。虽然目标开发板提供了双处理器，但由于几个任务串行执行，所以此处并不涉及多个处理器上的任务调度问题。再加上图片输入和图片预处理等任务，最终完整的系统软硬件划分结果如图10-8所示。

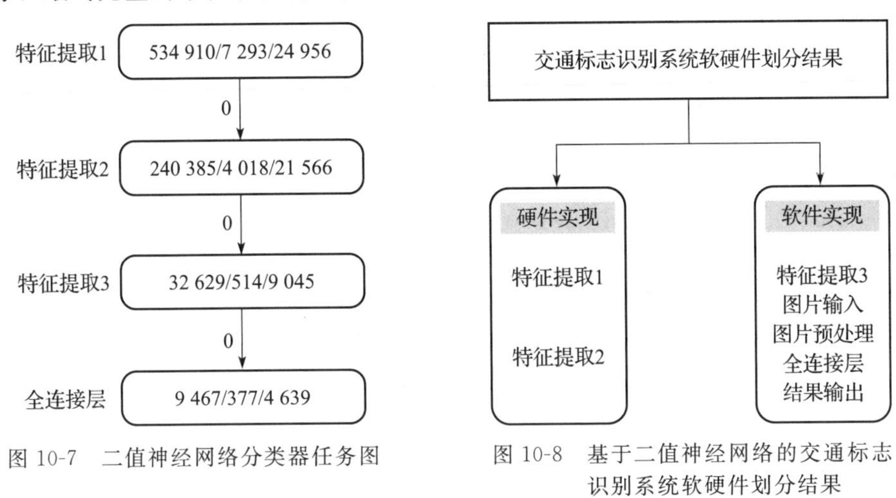

图10-7 二值神经网络分类器任务图

图10-8 基于二值神经网络的交通标志识别系统软硬件划分结果

10.4 软硬件综合

本节介绍在Vivado HLS平台上实现软硬件综合。软件综合使用C++和Python语言实现，硬件综合在Vivado HLS平台上进行，只是要选取合适的开发板型号。利用测试文件对综合结果进行测试，并进行C/RTL的协同仿真，验证所设计功能的正确性。

10.4.1 软件综合

软件综合需选取合适的语言实现软件任务。首先，对于特征提取3和全连接层这两个任务，由于在之前获取任务指标时该部分已经使用C++代码实现并进行过测试，因此为了提高代码复用性，减少工作量，此部分的软件实现沿用C++语言。

接下来考虑其他3个软件任务，即图片输入、图片预处理和结果输出的实现。Python中的Image库有着强大的图片处理能力，可以满足图片输入和图片预处理的需求，并且Python可以直接调用C++语言，再考虑到系统实现所选取的PYNQ-Z1开发板顶层支持Python语言，因此Python是实现这3个任务的最佳语言。

10.4.2 硬件综合

为了用硬件实现特征提取1和特征提取2这两个任务，需要创建相应IP核，这一过程仍然在Vivado HLS平台中进行。

为了创建所需要的IP核，需要在Vivado HLS中创建一个工程，导入实现特征提取1和特征提取2功能的C++代码并指定综合时的顶层函数，此处仍然复用之前综合时使用的代码，然后导入为该部分重新设计的测试文件，并选择开发板型号为“xc7z020clg400-1”（与目标开发板对应）。

顶层函数代码为：

```
void BlackBoxJam(ap_uint<64>*in, ap_uint<128>*out_inter6, bool doInit, unsigned int target-
    Layer, unsigned int targetMem, unsigned int targetInd, ap_uint<64>val, unsigned int num-
    Reps) {

#pragma HLS RESOURCE variable=thresMem1 core=RAM_S2P_LUTRAM
#pragma HLS RESOURCE variable=thresMem2 core=RAM_S2P_LUTRAM
#pragma HLS RESOURCE variable=thresMem3 core=RAM_S2P_LUTRAM

// pragmas for MLBP jam interface
// signals to be mapped to the AXI Lite slave port
#pragma HLS INTERFACE s_axilite port=return bundle=control
#pragma HLS INTERFACE s_axilite port=doInit bundle=control
#pragma HLS INTERFACE s_axilite port=targetLayer bundle=control
#pragma HLS INTERFACE s_axilite port=targetMem bundle=control
#pragma HLS INTERFACE s_axilite port=targetInd bundle=control
#pragma HLS INTERFACE s_axilite port=val bundle=control
#pragma HLS INTERFACE s_axilite port=numReps bundle=control
// signals to be mapped to the AXI master port (hostmem)
#pragma HLS INTERFACE m_axi offset=slave port=in bundle=hostmem depth=256
#pragma HLS INTERFACE s_axilite port=in bundle=control
#pragma HLS INTERFACE m_axi offset=slave port=out_inter6 bundle=hostmem depth=256
#pragma HLS INTERFACE s_axilite port=out_inter6 bundle=control

// partition PE arrays
#pragma HLS ARRAY_PARTITION variable=weightMem0 complete dim=1
#pragma HLS ARRAY_PARTITION variable=thresMem0 complete dim=1
#pragma HLS ARRAY_PARTITION variable=weightMem1 complete dim=1
#pragma HLS ARRAY_PARTITION variable=thresMem1 complete dim=1
#pragma HLS ARRAY_PARTITION variable=weightMem2 complete dim=1
#pragma HLS ARRAY_PARTITION variable=thresMem2 complete dim=1
#pragma HLS ARRAY_PARTITION variable=weightMem3 complete dim=1
#pragma HLS ARRAY_PARTITION variable=thresMem3 complete dim=1

  if (doInit) {
    DoMemInit(targetLayer, targetMem, targetInd, val);
  } else {
    DoCompute(in, out_inter6, numReps);
  }
}

//特征提取 1,特征提取 2
void DoCompute(ap_uint<64>*in, ap_uint<128>*out_inter6, const unsigned int numReps) {
#pragma HLS DATAFLOW

stream<ap_uint<64>>inter0("DoCompute.inter0");
stream<ap_uint<192>>inter0_1("DoCompute.inter0_1");
stream<ap_uint<24>>inter0_2("DoCompute.inter0_2");
#pragma HLS STREAM variable=inter0_2 depth=128
stream<ap_uint<64>>inter1("DoCompute.inter1");
#pragma HLS STREAM variable=inter1 depth=128
stream<ap_uint<64>>inter2("DoCompute.inter2");
```

```
stream<ap_uint<64>>inter3("DoCompute.inter3");
#pragma HLS STREAM variable=inter3 depth=128
stream<ap_uint<128>>inter4("DoCompute.inter4");
#pragma HLS STREAM variable=inter4 depth=128
stream<ap_uint<128>>inter5("DoCompute.inter5");
stream<ap_uint<128>>inter6("DoCompute.inter6");
#pragma HLS STREAM variable=inter6 depth=81

const unsigned int inBits =32*32*3*8;
const unsigned int outBits =L6_MH*16;

Mem2Stream_Batch<64, inBits/8>(in, inter0, numReps);
StreamingDataWidthConverter_Batch<64, 192, (32*32*3*8) / 64>(inter0, inter0_1, numReps);
StreamingDataWidthConverter_Batch<192, 24, (32*32*3*8) / 192>(inter0_1, inter0_2, numReps);
StreamingFxdConvLayer_Batch<L0_K, L0_IFM_CH, L0_IFM_DIM, L0_OFM_CH, L0_OFM_DIM, 8, 1, L0_
    SIMD, L0_PE, 24, 16, L0_WMEM,L0_TMEM>(inter0_2, inter1, weightMem0, thresMem0, numReps);
StreamingConvLayer_Batch<L1_K, L1_IFM_CH, L1_IFM_DIM, L1_OFM_CH, L1_OFM_DIM, L1_SIMD, L1_PE,
    16, L1_WMEM, L1_TMEM>(inter1, inter2, weightMem1, thresMem1, numReps);
StreamingMaxPool_Batch<L1_OFM_DIM, 2, L1_OFM_CH>(inter2, inter3, numReps);
StreamingConvLayer_Batch<L2_K, L2_IFM_CH, L2_IFM_DIM, L2_OFM_CH, L2_OFM_DIM, L2_SIMD, L2_PE,
    16, L2_WMEM, L2_TMEM>(inter3, inter4, weightMem2, thresMem2, numReps);
StreamingConvLayer_Batch<L3_K, L3_IFM_CH, L3_IFM_DIM, L3_OFM_CH, L3_OFM_DIM, L3_SIMD, L3_PE,
    16, L3_WMEM, L3_TMEM>(inter4, inter5, weightMem3, thresMem3, numReps);
StreamingMaxPool_Batch<L3_OFM_DIM, 2, L3_OFM_CH>(inter5, inter6, numReps);

Stream2Mem_Batch<128, 400>(inter6, out_inter6, numReps);
}

//特征提取3,全连接层
void Con_fcl(ap_uint<128>*in_inter6, ap_uint<64>*out, const unsigned int numReps){
stream<ap_uint<128>>inter6("DoCompute.inter6c");
stream<ap_uint<256>>inter7("DoCompute.inter7");
stream<ap_uint<256>>inter8("DoCompute.inter8");
stream<ap_uint<64>>inter9("DoCompute.inter9");
stream<ap_uint<64>>inter10("DoCompute.inter10");
stream<ap_uint<64>>memOutStrm("DoCompute.memOutStrm");

const unsigned int inBits =L6_MH*16;
const unsigned int outBits =L8_MH*16;
Mem2Stream_Batch<128, 400>(in_inter6, inter6, numReps);

StreamingConvLayer_Batch<L4_K, L4_IFM_CH, L4_IFM_DIM, L4_OFM_CH, L4_OFM_DIM, L4_SIMD, L4_PE,
    16, L4_WMEM, L4_TMEM>(inter6, inter7, weightMem4, thresMem4, numReps);
StreamingConvLayer_Batch<L5_K, L5_IFM_CH, L5_IFM_DIM, L5_OFM_CH, L5_OFM_DIM, L5_SIMD, L5_PE,
    16, L5_WMEM, L5_TMEM>(inter7, inter8, weightMem5, thresMem5, numReps);
StreamingFCLayer_Batch<256, 64, L6_SIMD, L6_PE, 16, L6_MW, L6_MH, L6_WMEM, L6_TMEM>(inter8,
    inter9, weightMem6, thresMem6, numReps);
StreamingFCLayer_Batch<64, 64, L7_SIMD, L7_PE, 16, L7_MW, L7_MH, L7_WMEM, L7_TMEM>(inter9,
    inter10, weightMem7, thresMem7, numReps);

StreamingFCLayer_NoActivation_Batch<64, 64, L8_SIMD, L8_PE, 16, L8_MW, L8_MH, L8_WMEM>(in-
    ter10, memOutStrm, weightMem8, numReps);

Stream2Mem_Batch<64, outBits/8>(memOutStrm, out, numReps);
}
```

注意： Mem2Stream_Batch 与 Stream2Mem_Batch 定义在文件 dma.h 中，StreamingDataWidthConverter_Batch 定义在文件 streamtools.h 中。

创建工程之后利用测试文件进行 C++仿真，测得仿真结果与预期相符。之后进行 C 综合，同样可以得到资源利用情况，此部分综合结果如图 10-9 所示，此时 LUT 使用情况已满足数量限制，且 BRAM、DSP、FF 等资源的使用数量均有所减少。综合过程中还会自动生成 RTL 设计，即相应的 VHDL 和 Verilog 代码；综合完成后可进行 C/RTL 协同仿真，验证设计的功能正确性；验证完成之后，即可将 RTL 封装成可重用 IP 核导出，随后可导入 Vivado IP Catalog 中用于之后的实现。

Utilization Estimates

Summary

Name	BRAM_18K	DSP48E	FF	LUT
DSP	-	-	-	-
Expression	-	-	0	8
FIFO	-	-	-	-
Instance	30	24	24881	46151
Memory	32	-	1888	96
Multiplexer	-	-	-	3813
Register	-	-	319	-
Total	62	24	27088	50068
Available	280	220	106400	53200
Utilization (%)	22	10	25	94

图 10-9　硬件综合结果

10.5　系统实现

在 ZYNQ-7020 开发板上实现道路交通标志自动识别系统。实验结果表明该系统能正确地识别交通标志的含义，识别速度比纯软件识别速度快近 17 倍。

10.5.1　实现环境

系统使用 PYNQ-Z1 开发板进行开发。PYNQ-Z1 由 Digilent 公司推出，基于 Xilinx ZYNQ-7020，并在其基础上添加了对 Python 的支持。ZYNQ-7020 是 Xilinx 公司推出的一款可扩展处理芯片，集成了双核 ARM 处理器和 FPGA 可编程逻辑器件，旨在为视频监视、汽车驾驶员辅助以及工厂自动化等高端嵌入式应用提供所需的处理与计算性能水平。而 Python 语言本身易学易用、扩展库丰富、讨论社区活跃，借助这些特性可以有效降低 ZYNQ 嵌入式系统的开发门槛。PYNQ 将 ARM 处理器与 FPGA 器件的底层交互逻辑完全封装起来，顶层封装使用 Python，使用时只需调用模块名称即可导入对应的硬件模块，进行底层到上层数据的交互或者为系统提供硬件加速。对于 PYNQ 的开发者来说，ARM 上运行着一个 Linux 系统，Python 运行在该系统上，需要硬件加速的模块被抽象为若干加速 IP 核，开发者运行一些简单的 Python 脚本即可使用这些 IP 核。

10.5.2　实现过程

在软硬件综合过程中已经实现了每一个任务的功能，但各个任务没有联系起来，系统功能还不能完整实现，在最后实现阶段要将每个任务模块集成起来，整个系统实现架构图如图 10-10 所示。

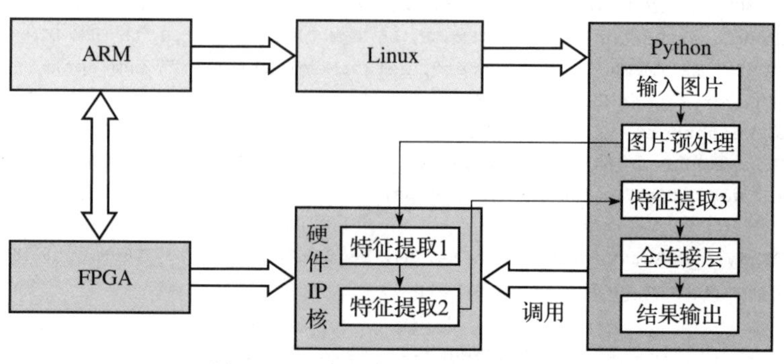

图 10-10　完整的系统实现架构图

开发板上集成 ZYNQ-7020 设备，包括 PS 端（双核 ARM 处理器）和 PL 端（FPGA）。PS 端运行着一个 Linux 系统，系统实现的顶层是运行在 Linux 系统上的 Python。最终系统运行时硬件部分在 FPGA 上运行，软件部分则在 ARM 处理器中运行。

软件实现部分：对于已经用 C++实现的代码，将其编译，生成共享对象库（. so 文件），Python 便可以使用 CFFI(Foreign Function Interface for Python)直接进行调用。

硬件实现部分：首先要在 Vivado 集成设计环境中选择开发板创建新的工程，加入硬件部分所需的 IP 核，在此过程中将之前在 Vivado HLS 中生成的 IP 核导入，IP 核的连接情况如图 10-11 所示。

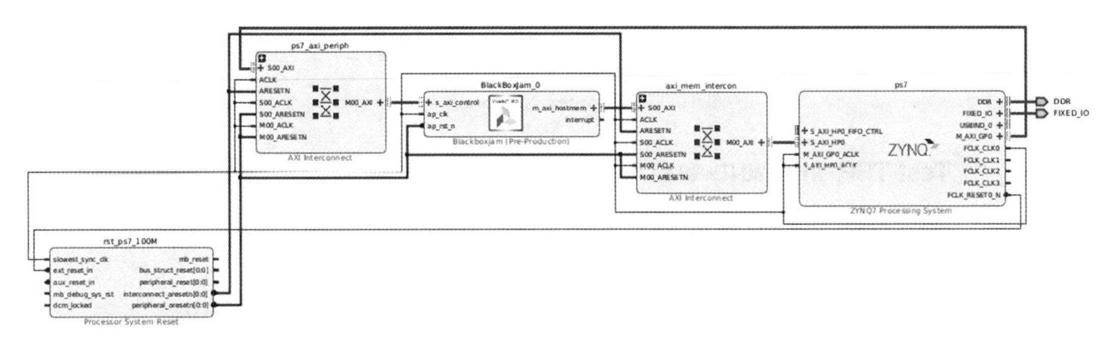

图 10-11　Vivado Block Design 中 IP 核的连接情况

图中间的 IP 核是硬件综合后生成的 IP 核，最右边的为 ZYNQ7 Processing System IP 核，其余 IP 核则用于 AXI 总线控制、内存访问和复位，这些 IP 核均由 Xilinx 提供。IP 核连接好之后可进行综合和布局布线，完成后生成二进制比特流文件。将其复制至 PYNQ 开发板即可使用 Python 提供的 `Overlay` 类进行加载。

10.5.3　实现结果

本节对系统实现结果进行验证。首先正确连接计算机和 PYNQ-Z1 开发板，随后在浏览器中通过开发板访问 Jupyter Notebook。Jupyter Notebook 是一个在线交互式计算环境，对 Python 有着很好的支持。在 Jupyter 中编辑 ipynb 文件调用我们写好的系统实现并运行就可以即时看到结果输出。

以一张含有停止标志的图片（见图 10-12）为例，将其输入交通标志识别系统中，对系统功能进行验证并计算执行时间。

图 10-12　测试图片——停止标志

验证时的 Jupyter Notebook 界面如图 10-13 所示，对于输入的图片，所得到的识别结果为“Stop”，说明系统实现正确。整个识别过程用时 49 463μs，每秒可识别图片 20.22 张。

为了说明软硬件协同设计对系统的加速情况，需进行对比实验，即所有任务都由软件实现，并在 ARM 处理器上运行。实验结果如图 10-14 所示。可以看到完全使用软件实现的系统识别交通标志用时 812 910μs，每秒可识别图片 1.23 张。

再以“注意前方儿童”“野生动物出没”“50KM/h”几个标志作为输入进行对比实验，结果如图 10-15 所示。

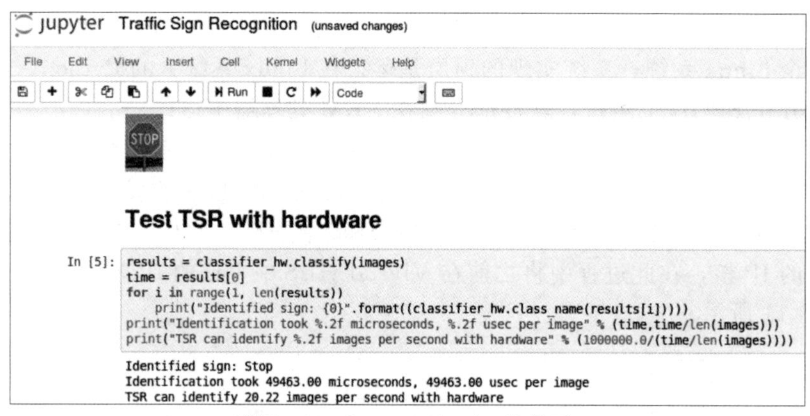

图 10-13　Jupyter Notebook 界面

Test TSR with software

```
results = classifier_sw.classify(images)
time = results[0]
for i in range(1, len(results))
    print("Identified sign: {0}".format((classifier_sw.class_name(results[i]))))
print("Identification took %.2f microseconds, %.2f usec per image" % (time,time/len(images)))
print("TSR can identify %.2f images per second with software" % (1000000.0/(time/len(images))))
```

```
Identified sign: Stop
Identification took 812910.00 microseconds, 812910.00 usec per image
TSR can identify 1.23 images per second with software
```

图 10-14　用软件实现的系统的识别结果

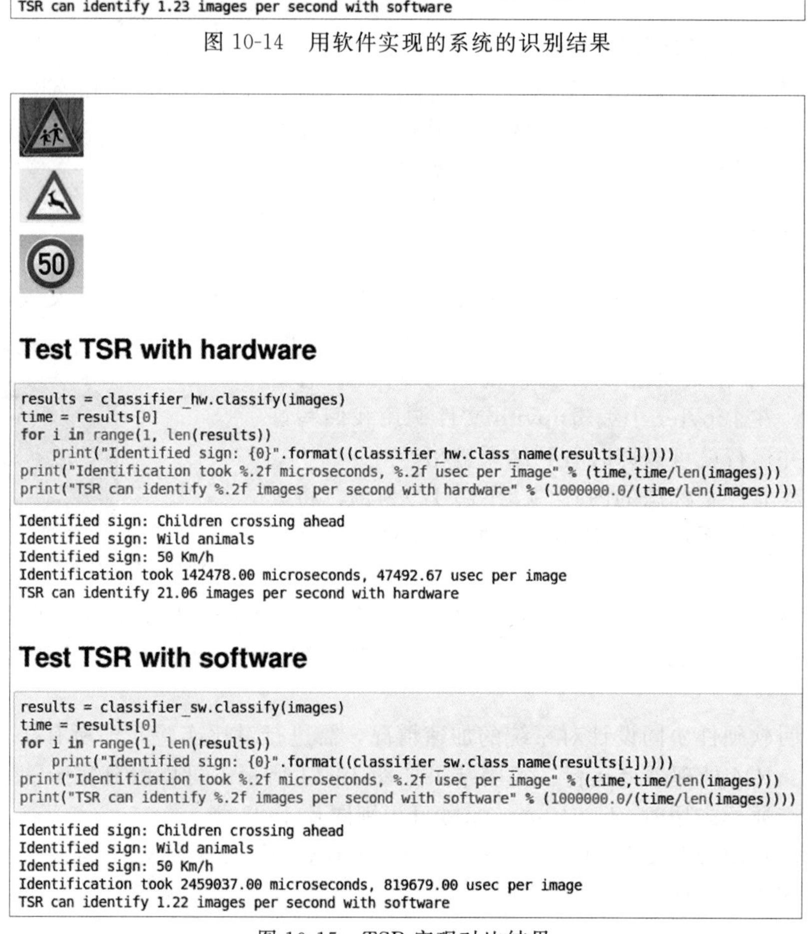

图 10-15　TSR 实现对比结果

实验结果如表 10-3 所示，采取软硬件协同设计方法对基于二值神经网络的交通标志识别系统进行开发，且 ARM 和 FPGA 协同工作时，相比于系统完全由软件实现，识别速度提升了约 17 倍。

表 10-3 软硬件实现系统速度对比

实现方式	识别单张图片用时	识别 3 张图片用时	平均每秒识别图片
ARM	812 910μs	245 037μs	1.22 张
ARM+FPGA	49 463μs	142 478μs	20.84 张

10.6 本章小结

本章以基于卷积神经网络的道路交通标志识别系统为例，在 ARM+FPGA 异构系统上进行智能嵌入式系统的综合开发，对第 2 章至第 9 章的内容进行了综合实践，为智能嵌入式系统设计和开发提供了一个示范工程。将本教材的内容应用到智能嵌入式系统的综合开发中是编写本教材的初衷。

附　　录

附录一　gcd. v 文件

gcd. v 文件内容如下：

```
// ==============================================================
// RTL generated by Vivado(TM) HLS - High-Level Synthesis from C, C++and SystemC
// Version: 2018.2
// Copyright (C) 1986-2018 Xilinx, Inc. All Rights Reserved.
//
// ===========================================================

'timescale 1 ns / 1 ps

(*CORE_GENERATION_INFO="gcd,hls_ip_2018_2,{HLS_INPUT_TYPE=c,HLS_INPUT_FLOAT=0,HLS_INPUT_
    FIXED=1,HLS_INPUT_PART=xc7z020clg484-1,HLS_INPUT_CLOCK=10.000000,HLS_INPUT_ARCH=others,
    HLS_SYN_CLOCK=3.412000,HLS_SYN_LAT=-1,HLS_SYN_TPT=none,HLS_SYN_MEM=0,HLS_SYN_DSP=0,HLS_
    SYN_FF=135,HLS_SYN_LUT=132,HLS_VERSION=2018_2}" *)

module gcd (ap_clk,ap_rst,ap_start,ap_done,ap_idle,ap_ready,m,n,ap_return);

parameter    ap_ST_fsm_state1 =13'd1;
parameter    ap_ST_fsm_state2 =13'd2;
parameter    ap_ST_fsm_state3 =13'd4;
parameter    ap_ST_fsm_state4 =13'd8;
parameter    ap_ST_fsm_state5 =13'd16;
parameter    ap_ST_fsm_state6 =13'd32;
parameter    ap_ST_fsm_state7 =13'd64;
parameter    ap_ST_fsm_state8 =13'd128;
parameter    ap_ST_fsm_state9 =13'd256;
parameter    ap_ST_fsm_state10 =13'd512;
parameter    ap_ST_fsm_state11 =13'd1024;
parameter    ap_ST_fsm_state12 =13'd2048;
parameter    ap_ST_fsm_state13 =13'd4096;

input   ap_clk;
input   ap_rst;
input   ap_start;
output   ap_done;
output   ap_idle;
output   ap_ready;
input   [7:0] m;
input   [7:0] n;
output   [7:0] ap_return;

reg ap_done;
reg ap_idle;
reg ap_ready;
```

```
(*fsm_encoding ="none" *) reg   [12:0] ap_CS_fsm;
wire    ap_CS_fsm_state1;
wire   [7:0] grp_fu_53_p2;
wire    ap_CS_fsm_state13;
reg   [7:0] m_assign_reg_26;
reg   [7:0] p_0_reg_36;
wire    ap_CS_fsm_state2;
wire   [0:0] tmp_fu_47_p2;
reg    grp_fu_53_ap_start;
wire    grp_fu_53_ap_done;
reg   [12:0] ap_NS_fsm;

// power-on initialization
initial begin
#0 ap_CS_fsm =13'd1;
end

gcd_urem_8ns_8ns_bkb #(
  .ID( 1 ),
  .NUM_STAGE( 12 ),
  .din0_WIDTH( 8 ),
  .din1_WIDTH( 8 ),
  .dout_WIDTH( 8 ))
gcd_urem_8ns_8ns_bkb_U1(
  .clk(ap_clk),
  .reset(ap_rst),
  .start(grp_fu_53_ap_start),
  .done(grp_fu_53_ap_done),
  .din0(p_0_reg_36),
  .din1(m_assign_reg_26),
  .ce(1'b1),
  .dout(grp_fu_53_p2)
);

always @ (posedge ap_clk) begin
  if (ap_rst ==1'b1) begin
    ap_CS_fsm <=ap_ST_fsm_state1;
  end else begin
    ap_CS_fsm <=ap_NS_fsm;
  end
end

always @ (posedge ap_clk) begin
  if ((1'b1 ==ap_CS_fsm_state13)) begin
    m_assign_reg_26 <=grp_fu_53_p2;
  end else if (((1'b1 ==ap_CS_fsm_state1) & (ap_start ==1'b1))) begin
    m_assign_reg_26 <=n;
  end
end

always @ (posedge ap_clk) begin
  if ((1'b1 ==ap_CS_fsm_state13)) begin
    p_0_reg_36 <=m_assign_reg_26;
  end else if (((1'b1 ==ap_CS_fsm_state1) & (ap_start ==1'b1))) begin
```

```
    p_0_reg_36 <=m;
  end
end

always @ (*) begin
  if (((tmp_fu_47_p2 ==1'd1) & (1'b1 ==ap_CS_fsm_state2))) begin
    ap_done =1'b1;
  end else begin
    ap_done =1'b0;
  end
end

always @ (*) begin
  if (((ap_start ==1'b0) & (1'b1 ==ap_CS_fsm_state1))) begin
    ap_idle =1'b1;
  end else begin
    ap_idle =1'b0;
  end
end

always @ (*) begin
  if (((tmp_fu_47_p2 ==1'd1) & (1'b1 ==ap_CS_fsm_state2))) begin
    ap_ready =1'b1;
  end else begin
    ap_ready =1'b0;
  end
end

always @ (*) begin
  if (((tmp_fu_47_p2 ==1'd0) & (1'b1 ==ap_CS_fsm_state2))) begin
    grp_fu_53_ap_start =1'b1;
  end else begin
    grp_fu_53_ap_start =1'b0;
  end
end

always @ (*) begin
  case (ap_CS_fsm)
    ap_ST_fsm_state1 : begin
      if (((1'b1 ==ap_CS_fsm_state1) & (ap_start ==1'b1))) begin
        ap_NS_fsm =ap_ST_fsm_state2;
      end else begin
        ap_NS_fsm =ap_ST_fsm_state1;
      end
    end
    ap_ST_fsm_state2 : begin
      if (((tmp_fu_47_p2 ==1'd1) & (1'b1 ==ap_CS_fsm_state2))) begin
        ap_NS_fsm =ap_ST_fsm_state1;
      end else begin
        ap_NS_fsm =ap_ST_fsm_state3;
      end
    end
    ap_ST_fsm_state3 : begin
      ap_NS_fsm =ap_ST_fsm_state4;
```

```
    end
    ap_ST_fsm_state4 : begin
      ap_NS_fsm =ap_ST_fsm_state5;
    end
    ap_ST_fsm_state5 : begin
      ap_NS_fsm =ap_ST_fsm_state6;
    end
    ap_ST_fsm_state6 : begin
      ap_NS_fsm =ap_ST_fsm_state7;
    end
    ap_ST_fsm_state7 : begin
      ap_NS_fsm =ap_ST_fsm_state8;
    end
    ap_ST_fsm_state8 : begin
      ap_NS_fsm =ap_ST_fsm_state9;
    end
    ap_ST_fsm_state9 : begin
      ap_NS_fsm =ap_ST_fsm_state10;
    end
    ap_ST_fsm_state10 : begin
      ap_NS_fsm =ap_ST_fsm_state11;
    end
    ap_ST_fsm_state11 : begin
      ap_NS_fsm =ap_ST_fsm_state12;
    end
    ap_ST_fsm_state12 : begin
      ap_NS_fsm =ap_ST_fsm_state13;
    end
    ap_ST_fsm_state13 : begin
      ap_NS_fsm =ap_ST_fsm_state2;
    end
    default : begin
      ap_NS_fsm ='bx;
    end
  endcase
end

assign ap_CS_fsm_state1 =ap_CS_fsm[32'd0];

assign ap_CS_fsm_state13 =ap_CS_fsm[32'd12];

assign ap_CS_fsm_state2 =ap_CS_fsm[32'd1];

assign ap_return =p_0_reg_36;

assign tmp_fu_47_p2 =((m_assign_reg_26 ==8'd0) ? 1'b1 : 1'b0);

endmodule //gcd
```

附录二　gcd_urem_8ns_8ns_bkb. v 文件

gcd_urem_8ns_8ns_bkb. v 文件内容如下：

```
// ==============================================================
// File generated by Vivado(TM) HLS - High-Level Synthesis from C, C++ and SystemC
// Version: 2018.2
// Copyright (C) 1986-2018 Xilinx, Inc. All Rights Reserved.
//
// ==============================================================

'timescale 1 ns / 1 ps

module gcd_urem_8ns_8ns_bkb_div_u
#(parameter
  in0_WIDTH = 32,
  in1_WIDTH = 32,
  out_WIDTH = 32
)
(
  input                      clk,
  input                      reset,
  input                      ce,
  input                      start,
  input      [in0_WIDTH-1:0] dividend,
  input      [in1_WIDTH-1:0] divisor,
  output wire                done,
  output wire [out_WIDTH-1:0] quot,
  output wire [out_WIDTH-1:0] remd
);

localparam cal_WIDTH = (in0_WIDTH > in1_WIDTH)? in0_WIDTH : in1_WIDTH;

//------------------------Local signal-------------------
reg     [in0_WIDTH-1:0] dividend0;
reg     [in1_WIDTH-1:0] divisor0;
reg     [in0_WIDTH-1:0] dividend_tmp;
reg     [in0_WIDTH-1:0] remd_tmp;
wire    [in0_WIDTH-1:0] dividend_tmp_mux;
wire    [in0_WIDTH-1:0] remd_tmp_mux;
wire    [in0_WIDTH-1:0] comb_tmp;
wire    [cal_WIDTH:0]   cal_tmp;

//------------------------Body---------------------------
assign  quot   = dividend_tmp;
assign  remd   = remd_tmp;

// dividend0, divisor0
```

```
always @ (posedge clk)
begin
  if (start) begin
    dividend0 <=dividend;
    divisor0  <=divisor;
  end
end

// One-Hot Register
// r_stage[0]=1:accept input; r_stage[in0_WIDTH]=1:done
reg     [in0_WIDTH:0]     r_stage;
assign done =r_stage[in0_WIDTH];
always @ (posedge clk)
begin
  if (reset ==1'b1)
    r_stage[in0_WIDTH:0] <={in0_WIDTH{1'b0}};
  else if (ce)
    r_stage[in0_WIDTH:0] <={r_stage[in0_WIDTH-1:0], start};
end

// MUXs
assign  dividend_tmp_mux =r_stage[0]? dividend0 : dividend_tmp;
assign  remd_tmp_mux     =r_stage[0]? {in0_WIDTH{1'b0}} : remd_tmp;

if (in0_WIDTH ==1) assign comb_tmp =dividend_tmp_mux[0];
else               assign comb_tmp ={remd_tmp_mux[in0_WIDTH-2:0], dividend_tmp_mux[in0_WIDTH-1]};

assign  cal_tmp  ={1'b0, comb_tmp} -{1'b0, divisor0};

always @ (posedge clk)
begin
  if (ce) begin
    if (in0_WIDTH ==1) dividend_tmp <=~cal_tmp[cal_WIDTH];
    else            dividend_tmp <={dividend_tmp_mux[in0_WIDTH-2:0], ~cal_tmp[cal_WIDTH]};
    remd_tmp        <=cal_tmp[cal_WIDTH]? comb_tmp : cal_tmp[in0_WIDTH-1:0];
  end
end

endmodule

module gcd_urem_8ns_8ns_bkb_div
#(parameter
    in0_WIDTH   =32,
    in1_WIDTH   =32,
    out_WIDTH   =32
)
(
    input                          clk,
    input                          reset,
    input                          ce,
    input                          start,
    output  reg                    done,
    input          [in0_WIDTH-1:0] dividend,
```

```
    input          [in1_WIDTH-1:0] divisor,
    output  reg    [out_WIDTH-1:0] quot,
    output  reg    [out_WIDTH-1:0] remd
);
//------------------------Local signal-------------------
reg                       start0 = 'b0;
wire                      done0;
reg    [in0_WIDTH-1:0] dividend0;
reg    [in1_WIDTH-1:0] divisor0;
wire   [in0_WIDTH-1:0] dividend_u;
wire   [in1_WIDTH-1:0] divisor_u;
wire   [out_WIDTH-1:0] quot_u;
wire   [out_WIDTH-1:0] remd_u;
//------------------------Instantiation------------------
gcd_urem_8ns_8ns_bkb_div_u #(
  .in0_WIDTH      ( in0_WIDTH ),
  .in1_WIDTH      ( in1_WIDTH ),
  .out_WIDTH      ( out_WIDTH )
) gcd_urem_8ns_8ns_bkb_div_u_0 (
  .clk       ( clk ),
  .reset     ( reset ),
  .ce        ( ce ),
  .start     ( start0 ),
  .done      ( done0 ),
  .dividend ( dividend_u ),
  .divisor  ( divisor_u ),
  .quot      ( quot_u ),
  .remd      ( remd_u )
);
//------------------------Body---------------------------
assign dividend_u =dividend0;
assign divisor_u =divisor0;

always @ (posedge clk)
begin
  if (ce) begin
    dividend0 <=dividend;
    divisor0  <=divisor;
    start0    <=start;
  end
end

always @ (posedge clk)
begin
  done <=done0;
end

always @ (posedge clk)
begin
  if (done0) begin
    quot <=quot_u;
    remd <=remd_u;
  end
```

```
end

endmodule



'timescale 1 ns / 1 ps
module gcd_urem_8ns_8ns_bkb(
  clk,
  reset,
  ce,
  start,
  done,
  din0,
  din1,
  dout);

parameter ID =32'd1;
parameter NUM_STAGE =32'd1;
parameter din0_WIDTH =32'd1;
parameter din1_WIDTH =32'd1;
parameter dout_WIDTH =32'd1;
input clk;
input reset;
input ce;
input start;
output done;
input[din0_WIDTH -1:0] din0;
input[din1_WIDTH -1:0] din1;
output[dout_WIDTH -1:0] dout;

wire[dout_WIDTH -1:0] sig_quot;


gcd_urem_8ns_8ns_bkb_div #(
.in0_WIDTH( din0_WIDTH ),
.in1_WIDTH( din1_WIDTH ),
.out_WIDTH( dout_WIDTH ))
gcd_urem_8ns_8ns_bkb_div_U(
  .dividend( din0 ),
  .divisor( din1 ),
  .remd( dout ),
  .quot( sig_quot ),
  .clk( clk ),
  .ce( ce ),
  .reset( reset ),
  .start( start ),
  .done( done ));

endmodule
```

附录三　TSR. py 文件

TSR. py 文件内容如下：

```
1 from pynq import Overlay , PL       #提供的包,用于调用硬件核 PYNQIP
2 from PIL import Image               #用于图片处理
3 import numpy as np
4 import cffi                         #用于调用 C++代码
5 import os
6 import tempfile
7
8 BNN_ROOT_DIR =os.path.dirname(os.path.realpath(__file__))
9 BNN_LIB_DIR =os.path.join(BNN_ROOT_DIR , 'libraries ')
10 BNN_BIT_DIR =os.path.join(BNN_ROOT_DIR , 'bitstreams ')
11 BNN_PARAM_DIR =os.path.join(BNN_ROOT_DIR , 'params ')
12
13 RUNTIME_HW ="python_hw"
14 RUNTIME_SW ="python_sw"
15 _ffi =cffi.FFI()
16
17 _ffi.cdef("""
18 void load_parameters(const char* path);
19 unsigned int inference(const char* path , unsigned int results[64], int number_class , float
    *usecPerImage);
20 unsigned int* inference_multiple(const char* path , int number_class ,
                  int *image_number , float *usecPerImage ,    unsigned int enable_detail);
21 void free_results(unsigned int *result);
22 void deinit ();
23 """
24 )
25
26 _libraries ={}
27
28 class TSR:
29 def __init__(self , runtime=RUNTIME_HW , load_overlay=True):
30     self.bitstream_name =None
31   if runtime ==RUNTIME_HW:
32       self.bitstream_name="cnv -pynq -pynq.bit".format(network)
33     self.bitstream_path=os.path.join(BNN_BIT_DIR , self.bitstream_name)
34   if PL.bitfile_name ! =self.bitstream_path:
35     if load_overlay:
36       #调用比特流文件
37       Overlay(self.bitstream_path).download ()
38   else :
39       raise RuntimeError("Incorrect Overlay loaded")
40     #调用 C++
41     dllname ="{0}-cnv -pynq.so".format(runtime, network)
42     if dllname not in _libraries:
43       _libraries[dllname] =_ffi.dlopen( os.path.join(BNN_LIB_DIR, dllname))
45     self.interface =_libraries[dllname]
```

```
46      self.num_classes = 0
47
48    def __del__(self):
49      self.interface.deinit ()
50
51    #加载参数 BNN
52    def load_parameters(self):
53         if not os.path.isabs("road - signs"):
54           params = os.path.join(BNN_PARAM_DIR, "road - signs")
55        self.interface.load_parameters(params.encode ())
56        self.classes = []
57        with open (os.path.join(params, "classes.txt")) as f:
58          self.classes = [c.strip () for c in f.readlines ()]
59        filter(None , self.classes)
60
61    #识别标志
62    def inference_multiple(self, path):
63        size_ptr = _ffi.new("int * ")
64        usecperimage = _ffi.new("float * ")
65        result_ptr = self.interface.inference_multiple(
66          path.encode (), len(self.classes), size_ptr,usecperimage,0)
67      result_buffer = _ffi.buffer(result_ptr, size_ptr[0] * 4)
68      result_array = np.copy(np.frombuffer(result_buffer,dtype=np.uint32))
69      self.interface.free_results(result_ptr)
70      time = usecperimage[0]* size_ptr[0]
71      result_array = result_array.tolist ().insert(0, time)
72      return result_array
73
74    def class_name(self, index):
75      return self.classes[index]
76
77 #分类器 BNN
78 class Classifier:
79     def __init__(self, runtime=RUNTIME_HW):
80      self.tsr = TSR(runtime)
81      self.tsr.load_parameters ()
82
83 #图像预处理
84    def image_to_cifar(self, im , fp):
85      im.thumbnail ((32, 32), Image.ANTIALIAS)
86      background = Image.new('RGBA', (32 , 32), (255 , 255 , 255 ,0))
87      background.paste( im , (int((32 - im.size[0]) / 2), int((32 - im.size[1]) / 2))
89        )
90        im = (np.array(background))
91        r = im[:,:,0].flatten ()
92        g = im[:,:,1].flatten ()
93        b = im[:,:,2].flatten ()
94        label = np.identity(1, dtype=np.uint8)
95        fp.write(label.tobytes ())
96        fp.write(r.tobytes ())
97        fp.write(g.tobytes ())
98        fp.write(b.tobytes ())
99
100 #图像识别
101    def classify_images(self, ims):
```

```
102        with tempfile.NamedTemporaryFile () as tmp:
103          for im in ims:
104            self.image_to_cifar(im , tmp)
105          tmp.flush ()
106          return self.tsr.inference_multiple(tmp.name)
107
108    def class_name(self, index):
109        return self.tsr.classes[index]
```

附录四 课程设计项目

A档

1. 基于异构平台的交通标志识别系统

当今智能交通系统快速发展，交通标志识别系统作为其重要模块之一也被研究开发人员所重视并被广泛应用于自动驾驶等领域。

设计实现交通标志识别系统，并使用本课程所讲授智能系统优化设计知识，对系统进行软硬件协同设计优化，并进行PYNQ-Z2上板实现，检查分析系统设计的合理性并进行效果分析。

2. 基于异构平台的交通信号灯智能识别系统

目前智慧交通和辅助驾驶是改善城市交通网络的关键所在，辅助驾驶将人工智能技术运用到城市交通运行中，协助交通部门，车辆驾驶员以及行人等缓解城市交通压力。交通信号灯作为道路交通中极其重要的标识之一，交通信号灯的识别对于智慧交通和辅助驾驶的重要性不言而喻。

设计实现红绿灯智能识别系统(识别灯向和灯色)，并使用本课程所讲授智能系统优化设计知识，对系统进行软硬件协同设计优化，并进行PYNQ-Z2上板实现，检查分析系统设计的合理性并进行效果分析。

3. 基于异构平台的面部微表情识别系统

微表情无处不在，对面部细微变化的识别存在于社会中的诸多领域。如在公安刑侦领域中，审讯人员可观察犯罪嫌疑人的微表情变化，更精确地判断证词的真实性。但由于微表情的动作幅度较小且持续时间短，其判断结果往往具有主观多样性。

设计实现面部微表情识别系统，并使用本课程所讲授的智能系统优化设计知识，对系统进行软硬件协同设计优化，并进行PYNQ-Z2上板实现，检查分析系统设计的合理性并进行效果分析。

4. 基于异构平台的人脸识别系统

近年来，人脸识别在支付、安保、机器人等领域得到了广泛应用，已成为计算机视觉领域的研究热点。人脸识别需要检测、对齐和识别等步骤，在PC上开发算力相对足够，但是较难部署在嵌入式终端，需要综合考虑实时性、准确率、算力、功耗、成本、便携性、开发难易程度等因素。

设计实现人脸识别系统，在嵌入式终端实现结合深度学习的人脸识别——实时视频输入、人脸识别、显示结果输出。使用本课程所讲授智能系统优化设计知识，对系统进行软硬件协同设计优化，并进行PYNQ-Z2上板实现，检查分析系统设计的合理性并进行效果分析。

B档

5. 基于异构平台的汽车自动防撞系统

自动驾驶技术作为目前人工智能技术一直研究的热点，是庞大而复杂的工程，为了一窥软硬件协同设计在自动驾驶领域的应用，利用本学期已经学习的软硬件协同课程设计的知识研究自动驾驶中的不可或缺的子系统——汽车自动防撞系统(包含行人检测)。

设计实现汽车自动防撞系统，并使用本课程所讲授智能系统优化设计知识，对系统进行软硬件协同设计优化，并进行 FPGA 上板实现，仿真系统设计的合理性。

6. 基于异构平台的实现汽车自适应巡航控制系统

汽车自适应巡航控制系统是在定速巡航控制系统基础上发展起来的新一代汽车先进驾驶辅助系统。它将汽车定速巡航控制系统(Cruise Control System，CCS)和车辆前向撞击报警系统(Forward Collision Warning System，FCWS)有机结合起来，既有定速巡航控制系统的全部功能，还可以通过车载雷达等传感器监测汽车前方的道路交通环境，一旦发现当前行驶车道的前方有其他前行车辆，将根据本车和前车之间的相对距离及相对速度等信息，对车辆进行纵向速度控制，使本车与前车保持安全距离行驶，避免追尾事故发生。

设计实现汽车自适应巡航控制系统，并使用本课程所讲授智能系统优化设计知识，对系统进行软硬件协同设计优化，并进行 FPGA 上板实现，仿真系统设计的合理性。

C 档

7. 基于异构平台的交通信号灯灯色识别系统

设计实现红绿灯灯色识别系统(不需识别灯向)，并使用本课程所讲授的智能系统优化设计知识，对系统进行软硬件协同设计优化，并进行 FPGA 上板实现，仿真系统设计的合理性。

8. 基于异构平台的交通信号灯灯向识别系统

设计实现红绿灯灯向识别系统(不需识别灯色)，并使用本课程所讲授的智能系统优化设计知识，对系统进行软硬件协同设计优化，并进行 FPGA 上板实现，仿真系统设计的合理性。

附录五　词语索引

参考文献

[1] 全国科学技术名词审定委员会．计算机科学技术名词[M]. 3版．北京：科学出版社，2018.

[2] 王泉，吴中海，陈仪香，等. 智能嵌入式系统专题前言[J]. 软件学报，2020，31(9)：2625-2626.

[3] 马威德尔．嵌入式系统设计：CPS与物联网应用：第3版[M]. 张凯龙，译．北京：机械工业出版社，2020.

[4] 阿什福德·李，塞希阿．嵌入式系统导论：CPS方法：第2版[M]. 张凯龙，译．北京：机械工业出版社，2018.

[5] 施部．嵌入式系统原理、设计及开发[M]. 伍微，译．北京：清华大学出版社，2012.

[6] 寇非，哈丁．FPGA快速系统原型设计权威指南[M]. 吴厚航，姚琪，杨碧波，译．北京：机械工业出版社，2014.

[7] 陆佳华，潘祖龙，彭竞宇，等．嵌入式系统软硬件协同设计实战指南：基于Xilinx ZYNQ[M]. 2版．北京：机械工业出版社，2014.

[8] 何小庆．嵌入式操作系统风云录：历史演进与物联网未来[M]. 北京：机械工业出版社，2016.

[9] VAHID F，GIVARGIS T. 嵌入式系统设计[M]. 骆丽，译．北京：北京航空航天大学出版社，2004.

[10] 张效祥．计算机科学技术百科全书[M]. 2版．北京：清华大学出版社，2005.

[11] MEALY G H. A method for synthesizing sequential circuits[J]. The Bell System technical Journal，1955，34：1045-1079.

[12] STAUNSTRUP J，WOLF W. Harware/software co-design principe and practice[M]. Boston：Kluwer Academic Publishers，1997.

[13] ALUR R，COURCOUBETIS C，et al. The algorithmic analysis of hybrid systems[J]. Theoretical Computer Science，1995，138(1)：3-34.

[14] DELLIGATTI L. SysML精粹[M]. 侯伯薇，朱艳兰，译．北京：机械工业出版社，2014.

[15] FRIEDENTHAL S，MOORE A，STEINER R. 系统建模语言SysML实用指南[M]. 陆亚东，陈向东，张利强，等译．3版．北京：国防工业出版社，2021.

[16] 钟雯．基于SysML的网络化嵌入式软件需求建模与仿真[D]. 上海：华东师范大学，2018.

[17] 王淑灵，詹博华，盛欢欢，等．可信系统性质的分类和形式化研究综述[J]. 软件学报，2022，33(7)：2367-2410.

[18] 李洪革，李峭，何锋．Verilog硬件描述语言与设计[M]. 北京：北京航空航天大学出版社，2017.

[19] SIMUNIC T，BENINI L，MICHELI G D. Energy-Efficient design of battery-powered embedded systems[J]. ISLPED，Electronics and Design，2001，9(1)：15.

[20] SIMUNIC T，MICHELI G D，BENINI L，et al. Source code optimization and profiling of energy consumption in embedded systems[J]. In Proceedings of the International Symposium on System Synthesis，2000(9)：193-198.

[21] KANDEMIR M，VI JA YKRISHNAN N，IRWIN M，et al. Influence of compiler optimizations on system power[J]. DAC'00：Proc. 37 th Design Automation Conference，2000：304-307.

[22] 段林涛，郭兵，等．Android应用程序能耗分析与建模研究[J]. 电子科技大学学报，2014，43(2)：272-277.

[23] 马昱春，张超，陆永青．基于混合式两阶段的动态部分重构FPGA软硬件划分算法[J]. 清华大学学报(自然科学版)，2016，56(3)246-252，261.

[24] 詹瑾瑜．SoC软/硬件协同设计方法学研究[D]. 成都：电子科技大学，2005.

[25] 钟丽，刘彦，余思洋，等．嵌入式系统芯片中SM2算法软硬件协同设计与实现[J]．计算机应用，2015，35(5)：1412-1416.

[26] 李正民，郭金金，吕莹莹．一种嵌入式系统软硬件划分算法[J]．计算机仿真，2011，28(10)：104-107.

[27] MUDRY P A，ZUFFEREY G，TEMPESTI G. A hybrid genetic algorithm for constrained hardware-software partitioning[J]. IEEE，2006，12(5)：79-85.

[28] 熊志辉，李思昆，陈吉华．遗传算法与蚂蚁算法动态融合的软硬件划分[J]．软件学报，2005，16(4)：503-512.

[29] 李春江．面向动态可重构片上系统的过程级设计方法研究[D]．长沙：湖南大学，2009.

[30] LIU J W S. 实时系统[M]. 姬孟洛，译．北京：高等教育出版社，2003.

[31] LI Q. 嵌入式系统的实时概念[M]. 王安生，译．北京：北京航空航天大学出版社，2004.

[32] ULLMAN J D. NP-Complete scheduling problems[J]. journal of computer and system sciences，1975，10(3)：384-393.

[33] LIU C L. Scheduling algorithms for multiprogramming in a hard real-time environment[J]. journal of the Association for Computing Machinery，1973，20(1)：46-61.

[34] DUNHAM M H. 数据挖掘教程[M]．郭崇慧，田凤占，靳晓明，译．北京：清华大学出版社，2005.

[35] 许巾一，陈仪香，李凯旋．异构分布式嵌入式系统的优化设计方法[J]．微纳电子与智能制造，2020，2(1)：45-55.

[36] KERNIGHAN B W，LIN S. An efficient heuristic procedure for partitioning graphs[J]. Bell System Technical Journal，1970，49：291-307.

[37] THIELE L. Hardware-Software codesign[D]. Swiss：Swiss Federal Institute of Technology，2019.

[38] 李金洋．软硬件划分若干算法研究及工具实现[D]．上海：华东师范大学，2018.

[39] 李春生．可重构多核片上系统软硬件协同优化算法研究[D]．北京：中国科学技术大学，2014.

[40] WU Jigang，SRIKANTHAN T，TAO Jiao. Algorithmic aspects for functional partitioning and scheduling in hardware/software co-design[J]. Design Automation for Embedded Systems，2008，(12)：345-375.

[41] JIANG Qingyuan，XU Jinyi，CHEN Yixiang. A genetic algorithm for scheduling in heterogeneous multicore system integrated with FPGA[J]. 2021 IEEE Intl Conf on Parallel & Distributed Processing with Applications，Big Data & Cloud Computing，Sustainable Computing & Communications，Social Computing & Networking(ISPA/BDCloud/SocialCom/SustainCom)，2021：594-602.

[42] SHI Hao，XU Jinyi，CHEN Yixiang. An efficient scheduling algorithm for distributed heterogeneous systems with task duplication allowed[J]. 2021 IEEE Intl Conf on Parallel & Distributed Processing with Applications，Big Data & Cloud Computing，Sustainable Computing & Communications，Social Computing & Networking(ISPA/BDCloud/SocialCom/SustainCom)，2021：578-587.

[43] XU Jinyi，LI Kaixuan，CHEN Yixiang. Real-Time task scheduling for FPGA-based multicore systems with communication delay[J]. Microprocessors and Microsystems，2022，90.

[44] 潘松，黄继业，陈龙．EDA技术与Verilog HDL[M]. 2版．北京：清华大学出版社，2010.

[45] FUKUSHIMA K. Neocognitron：a self-organizing neural network model for a mechanism of pattern recognition unaffffected by shift in position[J]. Biological Cybernetics，1980，36(4)：193-202.

[46] LÉCUN Y，BOTTOU L，BENGIO Y，et al. Gradient-Based learning applied to document recognition[J]. Proceedings of the IEEE，1998，86(11)：2278-2324.

[47] 陈云霁，李玲，李威，等．智能计算系统[M]．北京：机械工业出版社，2020.

[48] 中华人民共和国交通部．道路交通标志和标线：GB 5768-1999[S]．北京：中国标准出版社，2007.

[49] UMUROGLU Y，FRASER N J，GAMBARDERLLA G，et al. FINN：a Frame work for fast，scalable binarized neural network inference[C]//FPGA'17：Proceedings of the 2017 ACM/SIGDA International Symposium on Field- Programmable Gate Arrays，2017：65-74.

推荐阅读

嵌入式计算系统设计原理（原书第4版）

作者：(美) 玛里琳・沃尔夫（Marilyn Wolf 译者：宫晓利 谢彦苗 张金

ISBN：978-7-111-60148-7 定价：99.00元

本书从组件技术的视角出发，介绍了嵌入式系统设计技术和技巧，并将安全性贯穿全书。全书每一章涵盖一个专题，包括与嵌入式系统设计相关的若干主要内容：指令系统、CPU、计算平台、程序设计与分析、进程和操作系统、系统设计技术、物联网、汽车与航天系统以及嵌入式多处理器等。本书特别适合作为计算机、电子信息、通信工程、自动化、机电一体化、仪器仪表及相关专业高年级本科生和研究生的教材，也适合相关的工程技术人员参考。

嵌入式系统接口：面向物联网与CPS设计

作者：(美) 玛里琳・沃尔夫（Marilyn Wolf） 译者：王慧娟 刘云

ISBN：978-7-111-65537-4 定价：69.00元

本书是对作者所著《嵌入式计算系统设计原理（第4版）》的有益补充，对嵌入式系统与软件之间的接口进行了系统的介绍，更侧重于硬件方面的知识。通过阅读本书，你将了解数字接口和模拟接口的工作原理，以及如何为给定的应用程序设计新的接口。全书内容自成体系，包含大量实际应用中的真实案例，通过这些设计实例来说明重要的概念。相对于其他聚焦于软件的书籍，本书侧重于讲解围绕CPU的各类硬件。

嵌入式系统：硬件、软件及软硬件协同（原书第2版）

作者：(美) 塔米・诺尔加德（Tammy Noergaard） 译者：马志欣 苏锐丹 付少锋

ISBN：978-7-111-58887-0 定价：119.00元

本书是了解构成嵌入式系统体系结构组件的一本实用性与技术性指南，非常适合作为嵌入式系统的工程师、程序员和设计人员等技术人员的入门书籍，也适合计算机科学、计算机工程和电气工程专业的学生使用。它为刚毕业的工程师提供了一个迫切需要的“全景图”以供他们第一次学习了解实际应用系统的设计，并为专业人士提供了可以领会嵌入式设计的关键要素的系统级视图，为他们获得相关技能提供了坚实的基础。